随机生物模型和传染病模型的展望

季春燕　蒋达清　著

科学出版社

北京

内 容 简 介

本书介绍了建立随机生物模型和传染病模型的方法,研究一些基本的随机种群模型和传染病模型的渐近行为的方法,以及后续的一些工作和待解决的问题.随机生物模型主要介绍了基本的单种群模型、Lotka-Volterra型互惠和竞争模型以及具有不同功能反应函数的捕食–食饵模型在随机扰动下正解的存在性、灭绝性、持久性和平稳分布的存在性等.随机传染病模型主要介绍了 SIR 传染病模型在不同随机扰动下动力学行为,探讨了系统疾病流行和消失的条件.

本书可作为应用数学专业高年级本科生及学习随机微分方程的研究生的教材与参考书.

图书在版编目(CIP)数据

随机生物模型和传染病模型/季春燕,蒋达清著. —北京:科学出版社,
2018.4

ISBN 978-7-03-057003-1

Ⅰ. ①随⋯ Ⅱ. ①季⋯ ②蒋⋯ Ⅲ. ①随机微分方程–应用–生物模型–随机模式–高等学校–教材②随机微分方程–应用–传染病学–随机模式–数学模型–高等学校–教材 Ⅳ. ①Q141②R51③Q-332④O211.63

中国版本图书馆 CIP 数据核字 (2018) 第 053111 号

责任编辑:李 欣 / 责任校对:邹慧卿
责任印制:张 伟 / 封面设计:陈 敬

科学出版社 出版
北京东黄城根北街 16 号
邮政编码:100717
http://www.sciencep.com

北京凌奇印刷有限责任公司 印刷
科学出版社发行 各地新华书店经销
*
2018 年 4 月第 一 版 开本:720 × 1000 B5
2019 年 1 月第二次印刷 印张:13 1/2
字数:272 000

定价:98.00 元
(如有印装质量问题,我社负责调换)

前　　言

1951 年, 从日本数学家 Kiyoshi Itô (伊藤清) 引入 Itô 微积分对随机现象进行定量分析和研究开始, 历经半个多世纪的发展, 随机微分方程的研究取得了辉煌的成果. 随机微分方程具有非常广泛的应用背景, 在物理、力学、化学、生物学、经济与金融学、控制理论、航天工程、疾病传播等诸多领域中都扮演着重要角色. 随机微分方程的发展过程与其他数学分支 (如测度论、偏微分方程、微分几何、势论等) 都有着深刻的联系.

生物数学是生物学与数学之间的边缘学科. 它以数学方法研究和解决生物学问题, 并对与生物学有关的数学方法进行理论研究. 从 20 世纪 80 年代开始, 以中国科学院陈兰荪研究员为首的一批科研工作者长期从事与生物数学相关的研究工作, 并取得了丰富的成果, 积累了宝贵的经验. 传染病的防治是关系人类健康和国计民生的重大问题. 传染病动力学是对传染病进行理论性定量研究的一种重要方法. 1927 年, Kermack 与 McKendrick 创立了研究传染病动力学的著名的 "仓室" 模型. 至今, 很多研究工作者仍然不断使用和不断发展该数学模型, 并取得了辉煌的研究成果. 到了 21 世纪, 由于生物数学模型和传染病模型的广泛而深刻的实际背景, 对它们的研究显得越来越重要, 它们及其相关领域逐渐成为科学界研究的热点问题之一. 由于各种形式的随机干扰无处不在, 用确定性模型对系统行为所作的描述和预测并不总是令人满意. 因此, 许多经典的确定性模型的结果被推广到随机的情况. 特别地, 随着随机微分方程理论在生物数学模型和传染病模型中的广泛应用, 大量实际问题的研究与突破, 使生物数学与现代随机微分方程理论都得到了长足发展. 但对随机生物数学模型和传染病模型的研究只有二十多年的历史, 这方面的结果还是很少, 还存在许多有待解决的问题. 本书给出了由连续随机微分方程表示的随机生物模型、传染病模型的动力学性质, 包括系统正解的存在唯一性、种群的随机持久性、非持久性, 传染病的灭绝和流行, 以及系统平稳分布的存在行、遍历性等渐近性态.

感谢常熟理工学院和东北师范大学给作者提供了一个优越的工作学习环境! 感谢本书的合作者: 东北师范大学史宁中教授、李晓月教授、杨青山副教授, 爱尔兰国立大学的 Donal O'Regan 教授, 与他们的合作交流使得本书得以顺利完成! 感谢所有合作过的老师、朋友、讨论班的全体成员以及已经毕业和在读的研究生! 作者还要对国家自然科学基金委员会、江苏省自然科学基金委员会、中国博士后科学基金委员会、江苏省青蓝工程和 "333 工程" 等的一贯支持, 表示由衷的感谢!

　　由于作者水平有限, 本书可能有不当之处, 甚至失误或疏漏, 热诚地欢迎各位同行专家和读者批评指正!

季春燕　蒋达清

2017 年 1 月

目　　录

第1章 预备知识

本章将给出本书所需要的有关随机过程、随机微分方程等的一些基本定义和基本定理, 以及证明中要用到的图论知识、基本不等式等, 更详细的内容可参考文献 [2—5, 9, 10, 64, 73, 74, 81, 96, 110, 112, 124, 167, 184, 219].

记 $\mathbb{R}_+^n = \{x \in \mathbb{R}^n : x_i > 0 \text{ 对所有的 } 1 \leqslant i \leqslant n\}, \bar{\mathbb{R}}_+^n = \{x \in \mathbb{R}^n : x_i \geqslant 0 \text{ 对所有的 } 1 \leqslant i \leqslant n\}$, $J_i = \{1 \leqslant j \leqslant n, \text{ 但 } j \neq i\}, a \wedge b = \min\{a, b\}$, $a \vee b = \max\{a, b\}$, $\mathbb{S}_h = \{x \in \mathbb{R}^d : |x| < h\}$.

1.1 随 机 过 程

假设 $(\Omega, \mathcal{F}, P)$ 是完备概率空间. 考虑 $\mathcal{F}$ 的部分 σ- 代数构成的类 $\{\mathcal{F}_t\}_{t \geqslant 0}$, 如果满足以下条件:

(1) 当 $s \leqslant t$ 时, $\mathcal{F}_s \subset \mathcal{F}_t$;

(2) 对所有的 $t \geqslant 0, \mathcal{F}_t = \cap_{s > t} \mathcal{F}_s$,

则称这个类是 $(\Omega, \mathcal{F}, P)$ 上的一个流. 称流 $\{\mathcal{F}_t\}_{t \geqslant 0}$ 满足通常条件, 若其是单调递增右连续, 且 $\mathcal{F}_0$ 包含所有的零测集. 以后总假设这个通常条件成立. 直观地说, $\mathcal{F}_t$ 是到时刻 t 为止, 能够观测到的事件的全体.

定义在概率空间 $(\Omega, \mathcal{F}, P)$ 上的随机过程 $X = \{X_t\}_{t \geqslant 0}$ 被称为 $\{\mathcal{F}_t\}_{t \geqslant 0}$ 适应的, 如果对每个 $t \geqslant 0, X_t$ 是 $\mathcal{F}_t$-可测的.

称赋予流 $\{\mathcal{F}_t\}_{t \geqslant 0}$ 的概率空间 $(\Omega, \mathcal{F}, \{\mathcal{F}_t\}_{t \geqslant 0}, P)$ 为带流概率空间或漏斗空间.

一族 $\mathbb{R}^d$ 实值随机变量 $\{X_t\}_{t \in I}$ 称为指标集为 I、状态空间为 $\mathbb{R}^d$ 的随机过程.

定义 1.1.1 称定义在概率空间 $(\Omega, \mathcal{F}, P)$ 上的 $\{\mathcal{F}_t\}$-适应过程 $X = \{X_t\}_{t \geqslant 0}$ 为鞅, 若满足如下条件:

(1) 对每一个 $t \geqslant 0, E[\|X_t\|] < \infty$;

(2) 对于所有的 $s, t \geqslant 0, s \leqslant t, E[X_t|\mathcal{F}_s] = X_s$.

若上述的等号分别换成 $\leqslant$ 或 $\geqslant$, 则分别称其为下鞅或上鞅.

定义 1.1.2(停时) 设 $\{\mathcal{F}_t; t \in T\}$ 是定义在 $(\Omega, \mathcal{F}, P)$ 上的非降 σ-代数族, 称取值于 $T \cup \{\infty\}$ 的随机变量 $\tau(\omega)$ 是 $\mathcal{F}_t$ 停时, 若 $\forall t \in T$, 有 $\{\omega : \tau(\omega) \leqslant t\} \in \mathcal{F}_t$. 称 τ 是 $\{\mathcal{F}_t\}$ 宽停时, 若 $\{\omega : \tau(\omega) < t\} \in \mathcal{F}_t$.

显然, $\tau \equiv t$ (常数时间) 是一个停时. 可见停时是对时间的一个推广.

定理 1.1.1 (强大数定律) 设 $M = \{M_t\}_{t \geqslant 0}$ 是实值连续局部鞅, 且 $M(0) = 0$. 则

$$\lim_{t \to \infty} \langle M, M \rangle_t = \infty \text{ a.s.} \quad \Rightarrow \quad \lim_{t \to \infty} \frac{M_t}{< M, M >_t} = 0 \text{ a.s.}$$

以及

$$\limsup_{t \to \infty} \frac{\langle M, M \rangle_t}{t} < \infty \text{ a.s.} \quad \Rightarrow \quad \lim_{t \to \infty} \frac{M_t}{t} = 0 \text{ a.s.}$$

定理 1.1.2 设 $\{A_t\}_{t \geqslant 0}$ 和 $\{U_t\}_{t \geqslant 0}$ 是两连续的 $\mathcal{F}_t$ 适应的递增过程, 且 $A_0 = U_0 = 0$ a.s.; $M(t)$ 是一实值连续局部鞅, 且 $M(0) = 0$ a.s.; ξ 是一非负的 $\mathcal{F}_0$ 可测随机变量. 定义

$$X(t) = \xi + A(t) - U(t) + M(t) \quad (t \geqslant 0).$$

若 X_t 非负, 则

$$\left\{ \lim_{t \to \infty} A_t < \infty \right\} \subset \left\{ \lim_{t \to \infty} X_t \text{ 存在且有限} \right\} \cap \left\{ \lim_{t \to \infty} U_t < \infty \right\} \text{ a.s.,}$$

其中 $B \subset D$ a.s. 是指 $P(B \cap D^c) = 0$.

特别地, 若又有 $\left\{ \lim_{t \to \infty} A(t) < \infty \right\}$ a.s., 则对几乎所有的 $\omega \in \Omega$ 有

$$\lim_{t \to \infty} X(t, \omega) \text{ 存在且有限}, \quad \lim_{t \to \infty} U(t, \omega) < \infty.$$

定理 1.1.3 (控制收敛定理) 设 $p \geqslant 1, \{X_k\} \subset L^p(\Omega; \mathbb{R}^d), Y \in L^p(\Omega; \mathbb{R})$. 若 $|X_k| \leqslant Y$ a.s. 且 $\{X_k\}$ 依概率收敛于 X. 则 $X \in L^p(\Omega; \mathbb{R}^d), \{X_k\}$ L^p 收敛于 X, 且

$$\lim_{t \to \infty} E[X_k] = E[X].$$

当 Y 有界时, 此定理也称为有界收敛定理.

引理 1.1.1 (Borel-Cantelli 引理) (1) 若 $\{A_k\} \subset \mathcal{F}$, 且 $\sum_{k=1}^{\infty} P(A_k) < \infty$, 则

$$P\left(\limsup_{k \to \infty} A_k \right) = 0.$$

即, 存在一集合 $\Omega_0 \in \mathcal{F}$ 且 $P(\Omega_0) = 1$ 和一整值随机变量 k_0 使得对每一个 $\omega \in \Omega_0$, 当 $k \geqslant k_0(\omega)$ 时 $\omega \notin A_k$.

(2) 若序列 $\{A_k\} \subset \mathcal{F}$ 相互独立, 且 $\sum_{k=1}^{\infty} P(A_k) = \infty$, 则

$$P\left(\limsup_{k \to \infty} A_k \right) = 1.$$

即存在一集合 $\Omega_\theta \in \mathcal{F}$ 且 $P(\Omega_\theta) = 1$ 使得对每一个 $\omega \in \Omega$, 存在子序列 $\{A_{k_i}\}$, 使得 ω 属于每个 A_{k_i}.

定理 1.1.4 假设 n 维随机过程 $X(t)$ $(t \geqslant 0)$ 满足如下条件

$$E|X(t) - X(s)|^{\alpha} \leqslant c|t-s|^{1+\beta}, \quad 0 \leqslant s, t < \infty,$$

这里 α, β, c 都是正常数. 则存在 $X(t)$ 的连续修正 $\tilde{X}(t)$, 且对任意的 $\gamma \in (0, \beta/\alpha)$, 存在正的随机变量 $h(\omega)$ 满足

$$P\left\{ \omega : \sup_{0 < |t-s| < h(\omega), 0 \leqslant s, t < \infty} \frac{|\tilde{X}(t, \omega) - \tilde{X}(s, \omega)|}{|t-s|^{\gamma}} \leqslant \frac{2}{1 - 2^{-\gamma}} \right\} = 1.$$

换言之, $\tilde{X}(t)$ 的几乎每一个样本轨道都是依指数 γ 局部一致 Hölder 连续的.

定义 1.1.3 设 $(\Omega, \mathcal{F}, \{\mathcal{F}_t\}_{t \geqslant 0}, P)$ 是完备概率空间. 若一维实值连续 $\{\mathcal{F}_t\}$ 适应的随机过程 $B(t)$ 满足下列条件:

(1) $B(0) = 0$ a.s.;

(2) 对任意的 $0 \leqslant s < t < \infty, B(t) - B(s)$ 服从零均值, 方差为 $t-s$ 的正态分布, 即 $B(t) - B(s) \sim N(0, t-s)$;

(3) 对任意的 $0 \leqslant s < t < \infty, B(t) - B(s)$ 与 $\{\mathcal{F}_s\}$ 独立,

则称 $B(t)$ 为布朗运动, 或维纳过程.

称 n 维随机过程 $B(t) = (B_1(t), B_2(t), \cdots, B_n(t))^{\mathrm{T}}$ 为 n 维布朗运动, 若每个分量 $B_i(t)$ $(i = 1, 2, \cdots, n)$ 都是一维布朗运动, 且 $B_1(t), B_2(t), \cdots, B_n(t)$ 是相互独立的.

引理 1.1.2 布朗运动 $B(t)$ 具有如下性质:

(1) 布朗运动 $B(t)$ 几乎处处连续但无处可微;

(2) 布朗运动 $B(t)$ 在任意有限区间上是无界变差的;

(3) 布朗运动 $B(t)$ 是连续平方可积鞅, 其二次变分为 $\langle B_t, B_t \rangle_t = t$ $(t \geqslant 0)$;

(4) 由 (3) 和强大数定律可得

$$\lim_{t \to \infty} \frac{B(t)}{t} = 0 \quad \text{a.s.};$$

(5) (重对数定律)

$$\limsup_{t \to \infty} \frac{B(t)}{\sqrt{2t \log \log t}} = 1 \quad \text{a.s.};$$

$$\liminf_{t \to \infty} \frac{B(t)}{\sqrt{2t \log \log t}} = -1 \quad \text{a.s.}$$

定理 1.1.5 设 $M(t) = \int_0^t e^s dB(s)$, 其中 $B(t)$ 是一维标准布朗运动, 则

$$\limsup_{t \to \infty} \frac{|e^{-t}M(t)|}{\sqrt{\log t}} = 1 \quad \text{a.s.}$$

定义 1.1.4(四种收敛性)　设 X 和 X_k $(k \geqslant 1)$ 是 $\mathbb{R}^d$ 上的实值随机变量.

(a) 若存在一 P 零测集 $\Omega_0 \in \mathcal{F}$, 使得对每个 $\omega \notin \Omega_0$, 序列 $\{X_k(\omega)\}$ 在通常意义下收敛到 X, 则称 $\{X_k\}$ 几乎必然 (或以概率 1) 收敛到 X. 记为 $\lim_{k \to \infty} X_k = X$ a.s.

(b) 若对任意的 $\epsilon > 0$, 当 $k \to \infty$, 有 $P\{\omega : |X_k(\omega) - X(\omega)| > \epsilon\} \to 0$, 则称 $\{X_k\}$ 随机 (或依概率) 收敛到 X.

(c) 若 $X_k \in L^p, X \in L^p$, 且 $E|X_k - X|^p \to 0$, 则称 $\{X_k\}$ 在 p 阶矩意义下 (或 L^p 意义下) 收敛到 X.

(d) 若对任意的定义在 $\mathbb{R}^d$ 上的实值连续有界函数 g, 有 $\lim_{k \to \infty} Eg(X_k) = Eg(X)$, 则称 $\{X_k\}$ 依分布收敛到 X.

1.2　随机微分方程

设 $B(t) = (B_1(t), \cdots, B_m(t))^{\mathrm{T}}, t \geqslant 0$ 是定义在上述概率空间上的 m 维标准布朗运动. 设 $0 \leqslant t_0 < T < \infty, x_0$ 是 $\{\mathcal{F}_{t_0}\}$ 可测的 $\mathbb{R}^d$ 中取值的随机变量, 且 $E[x_0^2] < \infty$. 设 $f : \mathbb{R}^d \times [t_0, T] \to \mathbb{R}^d$ 和 $g : \mathbb{R}^d \times [t_0, T] \to \mathbb{R}^{d \times m}$ 都是 Borel 可测函数. 设初值为 $x(t_0) = x_0$ 的 d 维随机微分方程:

$$dx(t) = f(x(t), t)dt + g(x(t), t)dB(t), \quad t_0 \leqslant t \leqslant T, \tag{1.2.1}$$

其等价于下面的随机积分方程:

$$x(t) = x_0 + \int_{t_0}^{t} f(x(s), s)ds + \int_{t_0}^{t} g(x(s), s)dB(s), \quad t_0 \leqslant t \leqslant T. \tag{1.2.2}$$

定义 1.2.1　称取值于 $\mathbb{R}^d$ 中的随机过程 $\{x(t)\}_{t_0 \leqslant t \leqslant T}$ 为方程 (1.2.1) 的解, 若 $x(t)$ 具有如下性质:

(i) $\{x(t)\}$ 是连续的, 且是 $\{\mathcal{F}_t\}$ 适应的;

(ii) $f(x(t), t) \in \mathcal{L}^1([t_0, T]; \mathbb{R}^d), g(x(t), t) \in \mathcal{L}^2([t_0, T]; \mathbb{R}^{d \times m})$;

(iii) 当 $t \in [t_0, T]$ 时, 方程 (1.2.2) 以概率 1 成立.

定理 1.2.1　假设函数 $f : \mathbb{R}^d \times [t_0, T] \to \mathbb{R}^d$ 和 $g : \mathbb{R}^d \times [t_0, T] \to \mathbb{R}^{d \times m}$ 关于 $(x, t) \in \mathbb{R}^d \times [t_0, T]$ 可测, 且关于 x 满足局部 Lipschitz 条件, 即存在 $c_k > 0$ $(k = 1, 2, \cdots)$, 使得当 $\forall x, y \in \mathbb{R}^d, |x| \vee |y| \leqslant k$ 时, 满足

$$|f(x, t) - f(y, t)| \vee |g(x, t) - g(y, t)| \leqslant c_k |x - y|.$$

则随机微分方程 (1.2.1) 存在唯一连续的局部解 $x(t), t \in [t_0, \tau_e)$, 其中 τ_e 是爆破时刻.

定理 1.2.2(存在唯一性定理) 假设函数 $f : \mathbb{R}^d \times [t_0, T] \to \mathbb{R}^d$ 和 $g : \mathbb{R}^d \times [t_0, T] \to \mathbb{R}^{d \times m}$ 关于 $(x, t) \in \mathbb{R}^d \times [t_0, T]$ 可测, 且关于 x 满足局部 Lipschitz 条件和线性增长条件, 即存在 $c_k > 0$ $(k = 1, 2, \cdots)$, 使得当 $\forall x, y \in \mathbb{R}^d$ 且 $|x| \vee |y| \leqslant k$ 时, 满足不等式

$$|f(x,t) - f(y,t)| \vee |g(x,t) - g(y,t)| \leqslant c_k|x - y|.$$

同时存在 $c > 0$, 满足

$$|f(x,t)| \vee |g(x,t)| \leqslant c(1 + |x|).$$

则随机微分方程 (1.2.1) 存在唯一连续的全局解 $x(t)(t \in [t_0, T])$. 且对每个 $p > 0$, 有

$$E\left[\sup_{t_0 \leqslant s \leqslant T} |x(s; x_0)|^p\right] < \infty.$$

定理 1.2.3(Itô 公式) 设 $x(t)$ $(t \geqslant t_0 = 0)$ 是方程 (1.2.1) 的解, $V \in C^{2,1}(\mathbb{R}^n \times \mathbb{R}_+; \mathbb{R})$, 则 $V(x(t), t)$ 仍是 Itô 过程, 且其具有随机微分:

$$dV(x(t),t) = [V_t(x(t),t) + V_x(x(t),t)f(t) + \frac{1}{2}\text{trace}(g^{\mathrm{T}}(t)V_{xx}(x(t),t)g(t))]dt$$
$$+ V_x(x(t),t)g(t)dB(t) \text{ a.s.},$$

此式称为 Itô 公式.

设一维非齐次线性随机微分方程

$$dy(t) = (a(t)y(t) + \bar{a}(t))dt + \sum_{k=1}^{m}(b_k(t)y(t) + \bar{b}_k(t))dB_k(t), \quad t \in [t_0, T]. \qquad (1.2.3)$$

其相应的一维齐次线性随机微分方程

$$dy(t) = a(t)y(t)dt + \sum_{k=1}^{m} b_k(t)y(t)dB_k(t), \quad t \in [t_0, T]. \qquad (1.2.4)$$

定理 1.2.4 设 $a(\cdot), b_k(\cdot)$ 是定义在 $[t_0, T]$ 上的实值 Borel 可测有界函数, $y_0 \in L^2(\Omega; \mathbb{R})$ 是 $\mathcal{F}_{t_0}$ 可测. 则

$$\Phi(t) = \exp\left[\int_{t_0}^{t}\left(a(s) - \frac{1}{2}\sum_{k=1}^{m} b_k^2(s)\right)ds + \sum_{k=1}^{m}\int_{t_0}^{t} b_k(s)dB_k(s)\right] \qquad (1.2.5)$$

是一维线性随机微分方程 (1.2.4) 的基本解, $y(t) = y_0\Phi(t)$ 是一维线性随机微分方程 (1.2.4) 初值为 $y(t_0) = y_0$ 的解.

定理 1.2.5 设 $a(\cdot), \bar{a}(\cdot), b_k(\cdot), \bar{b}_k(\cdot)$ 是定义在 $[t_0, T]$ 上的实值 Borel 可测有界函数, $y_0 \in L^2(\Omega; \mathbb{R})$ 是 $\mathcal{F}_{t_0}$ 可测的. 则

$$y(t) = \Phi(t) \left[y_0 + \int_{t_0}^{t} \Phi^{-1}(s) \left(\bar{a}(s) - \sum_{k=1}^{m} b_k(s)\bar{b}_k(s) \right) ds \right.$$
$$\left. + \sum_{k=1}^{m} \int_{t_0}^{t} \Phi^{-1}(s)\bar{b}_k(s) dB_k(s) \right]$$

是一维线性随机微分方程 (1.2.3) 初值为 $y(t_0) = y_0$ 的解, 其中 $\Phi(t)$ 如 (1.2.5) 所定义.

定义 1.2.2 方程 (1.2.1) 中, 若对所有 $t \geqslant t_0$, $f(0,t) = 0$ 和 $g(0,t) = 0$. 则 $x(t) \equiv 0$ 是方程 (1.2.1) 的解, 称为方程 (1.2.1) 的平凡解 (或平衡点).

定义 1.2.3 (i) 称方程 (1.2.1) 的平凡解是随机稳定 (或依概率稳定) 的. 若 $\forall \epsilon \in (0,1)$ 和 $r > 0$, 存在 $\delta = \delta(\epsilon, r, t_0) > 0$ 使得当 $|x_0| < \delta$ 时有

$$P\left\{ |x(t; t_0, x_0)| < r, \text{对所有的 } t \geqslant t_0 \right\} \geqslant 1 - \epsilon.$$

否则称平凡解是不稳定的.

(ii) 称方程 (1.2.1) 的平凡解是随机渐近稳定的. 若它是随机稳定的, 且 $\forall \epsilon \in (0,1)$, 存在 $\delta_0 = \delta_0(\epsilon, t_0) > 0$ 使得当 $|x_0| < \delta_0$ 时,

$$P\left\{ \lim_{t \to \infty} x(t; t_0, x_0) = 0 \right\} \geqslant 1 - \epsilon.$$

(iii) 称方程 (1.2.1) 的平凡解是大范围随机渐近稳定的. 若它是随机稳定的, 且对所有的 $x_0 \in \mathbb{R}^d$ 有

$$P\left\{ \lim_{t \to \infty} x(t; t_0, x_0) \right\} = 1.$$

下面给出利用 Lyapunov 泛函方法给出方程 (1.2.1) 的平凡解的稳定性判据.

定理 1.2.6 若存在正定函数 $V(x,t) \in C^{2,1}(\mathbb{S}_h \times [t_0, \infty); \mathbb{R}_+)$, 使得对所有的 $(x,t) \in \mathbb{S}_h \times [t_0, \infty)$ 有

$$LV(x,t) \leqslant 0,$$

则称方程 (1.2.1) 的平凡解是随机稳定的.

定理 1.2.7 若存在正定、递减函数 $V(x,t) \in C^{2,1}(\mathbb{S}_h \times [t_0, \infty); \mathbb{R}_+)$, 使得 $LV(x,t)$ 是负定的, 则称方程 (1.2.1) 的平凡解是随机渐近稳定的.

定理 1.2.8 若存在正定的, 递减的, 径向无界的函数 $V(x,t) \in C^{2,1}(\mathbb{R}^d \times [t_0, \infty); \mathbb{R}_+)$, 使得 $LV(x,t)$ 是负定的, 则方程 (1.2.1) 的平凡解是大范围随机渐近稳定的.

定义 1.2.4 称方程 (1.2.1) 的平凡解是几乎必然指数稳定的. 如果对所有的 $x_0 \in \mathbb{R}^d$, 下式成立,

$$\limsup_{t \to \infty} \frac{1}{t} \log |x(t; t_0, x_0)| < 0 \quad \text{a.s.} \tag{1.2.6}$$

定理 1.2.9(随机比较定理) 设 $x_i(t)$ $(i = 1, 2)$ 分别是随机微分方程

$$dx_i(t) = f_i(x_i(t), t)dt + g(x_i(t), t)dB(t)$$

的解, 其中 $f(x, t) \in C([0, \infty) \times \mathbb{R}), g(x, t) \in C([0, \infty) \times \mathbb{R})$. 若还满足:

(1) 存在定义在 $[0, \infty)$ 上的满足 $\rho(0) = 0$ 以及 $\int_{0+}^{+\infty} \rho(s)ds = \infty$ 的函数 $\rho(s)$, 使得

$$|g(x, t) - g(y, t)| \leqslant \rho(|x - y|), \quad x, y \in \mathbb{R}, \ t \geqslant 0;$$

(2) $f_1(x, t) \leqslant f_2(x, t), x \in \mathbb{R}, t \geqslant 0$;

(3) $x_1(0) \leqslant x_2(0)$,

则

$$x_1(t) \leqslant x_2(t), \quad t \geqslant 0 \ \text{a.s.}$$

1.3 自治扩散过程

设自治扩散过程

$$dX(t) = \mu(X(t))dt + \sigma(X(t))dB(t). \tag{1.3.1}$$

设 L 为自治扩散过程的生成元, 则

$$Lf(x) = \frac{1}{2}\sigma^2(x)f''(x) + \mu(x)f'(x),$$

其中 $f(x)$ 是二阶连续可微函数. 若 $X(t)$ 是 (1.3.1) 的解, 则

$$df(X(t)) = Lf(X(t))dt + f'(X(t))\sigma(X(t))dB(t).$$

给定区间 (a, b). 定义 τ 为扩散过程首次溢出区间 (a, b) 的时刻, 即

$$\tau = \inf\{t > 0 : X(t) \notin (a, b)\}.$$

设 T_a 和 T_b 分别为首次到达 a 和 b 的时刻, 即 $T_a = \inf\{t > 0 : X(t) = a\}$ (约定 $\inf \varnothing = \infty$). 显然, $\tau = T_a \wedge T_b$.

定理 1.3.1 设 $\sigma(x) > 0$ 为定义在区间 (a, b) 上的连续函数, $X(t)$ 为扩散过程, 且 $X(0) = x, a < x < b$. 则对任意定义在 $\mathbb{R}$ 上的连续可微函数 $f(x)$,

$$f(X(t \wedge \tau)) - \int_0^{t \wedge \tau} Lf(X(s))ds$$

是一个鞅. 于是有

$$E_x\left(f(X(t \wedge \tau)) - \int_0^{t \wedge \tau} Lf(X(s))ds\right) = f(x).$$

扩散过程 $X(t)$ 在到达 a 之前先到达 b 的概率, 即 $P_x(T_b < T_a)$. 此概率的计算可以借助于尺度函数 $S(x)$, 其为如下方程的解

$$\frac{1}{2}\sigma^2(x)S''(x) + \mu(x)S'(x) = 0, \text{ 或者 } LS = 0. \tag{1.3.2}$$

显然, 方程 (1.3.2) 的解为

$$S(x) = \int^x \exp\left(-\int^u \frac{2\mu(y)}{\sigma^2(y)}dy\right)du, \tag{1.3.3}$$

其中有两个未定常数.

引理 1.3.1 设 $X(t)$ 是具有生成元 L 的扩散过程, 且 $\sigma(x) > 0$ 是定义在 $[a, b]$ 上的连续函数. 设 $X(0) = x, a < x < b$. 则

$$P_x(T_b < T_a) = \frac{S(x) - S(a)}{S(b) - S(a)}, \tag{1.3.4}$$

其中 $S(x)$ 如 (1.3.3) 所定义.

引理 1.3.2 设 $X(t)$ 是扩散过程 (1.3.1) 的解, 具有非随机初值 $X_0 = x \in \mathbb{R}$. 尺度函数 $S(x)$ 如 (1.3.3) 所定义. 有下列情形:

(a) 若 $S(-\infty) = -\infty, S(+\infty) = +\infty$, 则

$$P\left[\sup_{0 \leqslant t < +\infty} X(t) = +\infty\right] = P\left[\inf_{0 \leqslant t < +\infty} X(t) = -\infty\right] = 1.$$

特别地, 扩散过程 X 是常返的, 即对每个 $y \in \mathbb{R}$ 有

$$P[X(t) = y; 0 \leqslant t < \infty] = 1.$$

(b) 若 $S(-\infty) > -\infty, S(+\infty) = +\infty$, 则

$$P\left[\lim_{t \to +\infty} X(t) = -\infty\right] = P\left[\sup_{0 \leqslant t < +\infty} X(t) < +\infty\right] = 1.$$

(c) 若 $S(-\infty) = -\infty, S(+\infty) < +\infty$, 则

$$P\left[\lim_{t \to +\infty} X(t) = +\infty\right] = P\left[\inf_{0 \leqslant t < +\infty} X(t) > -\infty\right] = 1.$$

(d) 若 $S(-\infty) > -\infty, S(+\infty) < +\infty$, 则

$$P\left[\lim_{t \to +\infty} X(t) = -\infty\right] = 1 - P\left[\lim_{t \to +\infty} X(t) = r\right] = \frac{S(r-) - S(x)}{S(r-) - S(-\infty)}.$$

特别地, 若 $\sigma(x) = 1$, 即为如下的扩散过程

$$\begin{cases} dX(t) = b(X(t))dt + dB(t), \\ X(0) = x. \end{cases} \tag{1.3.5}$$

假设方程 (1.3.5) 在概率意义下存在唯一解, 且不爆破, 则如下结论成立.

引理 1.3.3 假设 $X(t)$ 是方程 (1.3.5) 的解. 令

$$\gamma(x) = \int_0^x e^{2\int_0^u b(v)dv} du, \quad \lambda(x) = \int_0^x e^{-2\int_0^u b(v)dv} du.$$

若

$$\gamma(-\infty) = -\infty, \quad \gamma(+\infty) < +\infty \quad 且 \quad \lambda(-\infty) = -\infty, \quad \lambda(+\infty) = +\infty,$$

则对任意的 $z \in \mathbb{R}$, 有 $\lim_{t \to +\infty} P^x(X_t < z) = 1$. 这表明 X_t 依分布趋于 $-\infty$.

1.4 平稳分布

(1) 考虑自治扩散过程 (1.3.1) 的平稳分布.

设扩散过程 (1.3.1) 的初值为 $X(0)$ 具有分布 $\nu(x) = P(X(0) \leqslant x)$. 称分布 $\nu(x)$ 是扩散过程 $X(t)$ 的平稳分布 (或不变分布), 若对任意的 t, $X(t)$ 的分布和 $\nu(x)$ 相同. 若用 $P(t, x, y)$ 表示过程 $X(t)$ 的转移概率函数, 即 $P(t, x, y) = P(X(t) \leqslant y | X(0) = x)$, 则平稳分布 $\nu(x)$ 满足

$$\nu(y) = \int P(t, x, y) d\nu(x).$$

若平稳分布存在密度, 设为 $\pi(x) = d\nu(x)/dx$, 则称 $\pi(x)$ 为平稳 (或不变) 密度. 若 $p(t, x, y) = \partial P(t, x, y)/\partial y$ 表示 $P(t, x, y)$ 的密度, 则平稳分布 π 满足

$$\pi(y) = \int p(t, x, y)\pi(x)dx.$$

定理 1.4.1   若扩散过程 (1.3.1) 的系数 μ 和 σ 是二阶连续可微的, 且其二阶偏导满足 Hölder 条件, 则 (1.3.1) 存在平稳分布当且仅当下面两个条件成立:

1) $\displaystyle\int_{-\infty}^{x_0} \exp\left(-\int_{x_0}^{x} \frac{2\mu(s)}{\sigma^2(s)}ds\right)dx = \int_{x_0}^{\infty} \exp\left(-\int_{x_0}^{x} \frac{2\mu(s)}{\sigma^2(s)}ds\right)dx = \infty$

2) $\displaystyle\int_{-\infty}^{+\infty} \frac{1}{\sigma^2(x)} \exp\left(\int_{x_0}^{x} \frac{2\mu(s)}{\sigma^2(s)}ds\right)dx < \infty.$

进一步地, 若平稳密度是二阶连续可微的, 则其满足如下的常微分方程:

$$L^*\pi = 0, \quad \text{即} \quad \frac{1}{2}\frac{\partial^2}{\partial y^2}(\sigma^2(y)\pi) - \frac{\partial}{\partial y}(\mu(y)\pi) = 0.$$

该方程的解为

$$\pi(x) = \frac{C}{\sigma^2(x)} \exp\left(\int_{x_0}^{x} \frac{2\mu(y)}{\sigma^2(y)}dy\right),$$

其中常数 C 满足 $\displaystyle\int \pi(x)dx = 1.$

(2) 考虑 $X(t)$ 是 E_l (l 维欧几里得空间) 中的一自治 Markov 过程, 其可表示为如下随机微分方程的解:

$$dX(t) = b(X)dt + \sum_{r=1}^{k} g_r(X)dB_r(t). \tag{1.4.1}$$

该方程的扩散阵为

$$\Lambda(x) = (\lambda_{ij}(x)), \quad \lambda_{ij}(x) = \sum_{r=1}^{k} g_r^i(x)g_r^j(x).$$

假设 B: 存在具有正则边界 Γ 的有界区域 $U \subset E_l$ 具有如下性质:

(B.1) 在 U 和它的一些邻域, 扩散阵 $A(x)$ 的最小特征值是非零的.

(B.2) 当 $x \in E_l \setminus U$ 时, 从 x 出发的轨道到达集合 U 的平均时间 τ 是有限的, 且对每个紧子集 $K \subset E_l$ 有 $\sup_{x \in K} E_x\tau < \infty.$

定理 1.4.2   若假设 (B) 成立, 则 Markov 过程 $X(t)$ 存在平稳分布 $\mu(\cdot)$. 令 $f(\cdot)$ 为关于测度 μ 可积的函数. 则对所有的 $x \in E_l$ 成立

$$P_x\left\{\lim_{T\to\infty} \frac{1}{T}\int_0^T f(X(t))dt = \int_{E_l} f(x)\mu(dx)\right\} = 1.$$

注记 1.4.1   定理的证明见文献 [81]. 具体地, 平稳分布的存在性见定理 4.1, P.119 和引理 9.4, P.138. 弱收敛性和遍历性见定理 5.1, P.121 和定理 7.1, P.130. 验证 (B.1) 成立, 只需证明 F 在 U 中是一致椭圆的, 其中 $Fu = b(x) \cdot u_x +$

$\frac{1}{2}\text{tr}(A(x)u_{xx})$, 即证存在正数 M 满足

$$\sum_{i,j=1}^{l} a_{ij}(x)\xi_i\xi_j \geqslant M|\xi|^2, \quad x \in U, \ \xi \in \mathbb{R}^l$$

(见文献 [64] 第 3 章, P.103 以及文献 [199] 第 6 章 P.349 的 Rayleigh 法则). 验证 (B.2), 只需证明存在邻域 U 和非负 C^2 函数, 使得对任意的 $E_l \setminus U$, LV 是负的 (详见文献 [252], P.1163).

引理 1.4.1 设 $X(t)$ 为 E_l 中的正则自治 Markov 过程. 若 $X(t)$ 相对于某个有界区域 U 是常返的, 则它相对于 E_l 中的任一非空区域是常返的.

1.5 图论知识

设矩阵 $E = (e_{ij})_{n \times n}, F = (f_{ij})_{n \times n}$ 是非负的, 即, 矩阵的每个元素是非负的. 可表述为: $E \geqslant F$, 若对所有的 k, j 有 $e_{kj} \geqslant f_{kj}$; $E > F$, 若 $E \geqslant F$, 且 $E \neq F$. 称 $n > 1$ 的 $n \times n$ 的矩阵 E 是可约的, 若存在置换矩阵 Q, 使得

$$QEQ^{\mathrm{T}} = \begin{pmatrix} E_1 & 0 \\ E_2 & E_3 \end{pmatrix},$$

其中 E_1 和 E_3 是方阵. 否则, 称矩阵 E 是不可约的. 下面列出非负矩阵一些常见的性质.

引理 1.5.1 非负矩阵具有如下性质:

(P1) 若矩阵 E 是非负的, 则 E 的谱半径 $\rho(E)$ 是 E 的一个特征值, 且相应于 $\rho(E)$ 的特征向量是非负的.

(P2) 若矩阵 E 是非负、不可约的, 则特征根 $\rho(E)$ 是单重的, 且相应于 $\rho(E)$ 的特征向量是正的.

(P3) 若 $0 \leqslant E \leqslant F$, 则 $\rho(E) \leqslant \rho(F)$. 进一步地, 若 $0 \leqslant E < F$, 且 $E + F$ 仍是可约的, 则 $\rho(E) < \rho(F)$.

(P4) 若矩阵 E 是非负、不可约的, 且对角阵 F 是正的 (即, 矩阵的每个元素是正的), 则矩阵 EF 是不可约的.

矩阵是否可约可以由相应的有向图检验. 一有向图 $\mathcal{G} = (V, E)$ 包含顶点集 $V = \{1, 2, \cdots, n\}$ 和一个有向线 (k, j) (表示从 k 到终点 j) 的集合 E. 若对有向线 (j, k) 赋予一正的值 a_{kj}, 则图 $\mathcal{G}$ 是有权重的. 给定一个具有 n 个顶点的权重图 $(\mathcal{G}, A)$, 其中 $A = (a_{kj})_{n \times n}$ 表示权重矩阵, 若 a_{kj} 存在则表示有向线 (j, k) 的权重, 否则为 0. 称有向图 $\mathcal{G}$ 是强相关的, 若任意两个不同的顶点之间存在从这一点到另一点的路. 一个权重的有向图 $(\mathcal{G}, A)$ 是强相关的当且仅当权重矩阵 A 是不可约的. 于是有下面的性质.

(P5) 矩阵 E 是不可约的, 当且仅当 $G(E)$ 是强相关的.

图 $(\mathcal{G}, A)$ 的 Laplacian 矩阵定义如下

$$L_A = \begin{pmatrix} \displaystyle\sum_{k\neq 1} a_{1k} & -a_{12} & \cdots & -a_{1n} \\ -a_{21} & \displaystyle\sum_{k\neq 2} a_{2k} & \cdots & -a_{2n} \\ \vdots & \vdots & & \vdots \\ -a_{n1} & -a_{n2} & \cdots & \displaystyle\sum_{k\neq n} a_{nk} \end{pmatrix}. \tag{1.5.1}$$

引理 1.5.2 若矩阵 A 是非负不可约的, 则 A 的谱半径 $\rho(A)$ 是一个简单特征值, 且存在相应于 $\rho(A)$ 的特征向量 $\omega = (\omega_1, \omega_2, \cdots, \omega_n)$.

设 c_k 表示矩阵 L_A 的第 k 个对角元的余子式, 则其具有如下性质.

引理 1.5.3 设 $n \geqslant 2$.

(1) 若有向图 $(\mathcal{G}, A)$ 是强相关的, 则对 $1 \leqslant k \leqslant n$, $c_k > 0$.

(2) 如下等式成立:

$$\sum_{k,j=1}^{n} c_k a_{kj} G_k(x_k) = \sum_{k,j=1}^{n} c_k a_{kj} G_j(x_j),$$

其中 $G_k(x_k), 1 \leqslant k \leqslant n$ 是任意函数.

1.6   重要不等式

定理 1.6.1(常用的初等不等式)   (i) Young 不等式

$$\prod_{i=1}^{k} |a_i|^{\beta_i} \leqslant \sum_{i=1}^{k} \beta_i |a_i|,$$

其中 $a_i \in R$ 且 $\beta_i \geqslant 0$ 满足 $\displaystyle\sum_{i=1}^{k} \beta_i = 1$.

(ii) Hölder 不等式

$$\left| \sum_{i=1}^{k} a_i b_i \right| \leqslant \left(\sum_{i=1}^{k} |a_i|^p \right)^{1/p} \left(\sum_{i=1}^{k} |b_i|^q \right)^{1/q},$$

若 $p, q > 1, \dfrac{1}{p} + \dfrac{1}{q} = 1, a_i, b_i \in \mathbb{R}$ 且 $k \geqslant 2$. 特别地, 对所有的 $1 \leqslant i \leqslant k$, 有

$$\left|\sum_{i=1}^{k} a_i\right|^p \leqslant k^{(p-1)} \sum_{i=1}^{k} |a_i|^p, \quad p \geqslant 1;$$

$$\left|\sum_{i=1}^{k} a_i\right|^p \leqslant k^p \sum_{i=1}^{k} |a_i|^p, \quad p \in (0,1).$$

(iii)

$$a^p - b^p \leqslant p(a-b)(a^{p-1} + b^{p-1}), \quad a,b \geqslant 0, \quad p \geqslant 1.$$

(iv) Cauchy 不等式

$$\left(\sum_{i=1}^{k} a_i^2\right)\left(\sum_{i=1}^{k} b_i^2\right) \geqslant \left(\sum_{i=1}^{k} a_i b_i\right)^2,$$

其中 $a_i \geqslant 0, b_i \geqslant 0$.

定理 1.6.2 (常用的随机不等式) (i) Hölder 不等式

$$|E(X^{\mathrm{T}}Y)| \leqslant (E|X|^p)^{1/p}(E|Y|^q)^{1/q},$$

若 $p > 1, \dfrac{1}{p} + \dfrac{1}{q} = 1, X \in L^p, Y \in L^q$.

(ii) Lyapunov 不等式

$$(E|X|^r)^{1/r} \leqslant (E|X|^p)^{1/p},$$

若 $0 < r < p < \infty, X \in L^p$.

(iii) Minkowski 不等式

$$(E|X+Y|^p)^{1/p} \leqslant (E|X|^p)^{1/p} + (E|Y|^p)^{1/p},$$

若 $p > 1, X, Y \in L^p$.

(iv) Chebyshev 不等式

$$P\{\omega : |X(\omega)| \geqslant c\} \leqslant c^{-p} E|X|^p,$$

若 $c > 0, p > 0, X \in L^p$.

定理 1.6.3 (指数鞅不等式) 设 $g = (g_1, \cdots, g_m) \in \mathcal{F}^2(\mathbb{R}_+; \mathbb{R}^{1 \times m}), T, \alpha, \beta$ 是任意正数. 则

$$P\left\{\sup_{0 \leqslant t \leqslant T}\left[\int_0^t g(s)dB(s) - \frac{\alpha}{2}\int_0^t |g(s)|^2 ds\right] > \beta\right\} \leqslant e^{-\alpha\beta}.$$

定理 1.6.4 (Doob 鞅不等式) 设 $\{M_t\}_{t\geqslant 0}$ 是 $\mathbb{R}^n$ 实值鞅, $[a,b]$ 是 $\mathbb{R}_+$ 的有界区间.

(i) 若 $p \geqslant 1, c > 0$ 且 $M_t \in L^p(\Omega;\mathbb{R})$, 则

$$P\left\{\omega : \sup_{a\leqslant t\leqslant b}|M_t(\omega)| \geqslant c\right\} \leqslant \frac{E|M_b|^p}{c^p}.$$

(ii) 若 $p > 1$ 且 $M_t \in L^p(\Omega;\mathbb{R})$, 则

$$E\left\{\sup_{a\leqslant t\leqslant b}|M_t|^p\right\} \leqslant \left(\frac{p}{p-1}\right)^p E|M_b|^p.$$

定理 1.6.5 (Burkholder-Davis-Gundy 不等式) 设 $g \in \mathcal{L}^2(\mathbb{R}_+;\mathbb{R}^{d\times m})$. 对 $t \geqslant 0$, 定义

$$x(t) = \int_0^t g(s)dB(s), \quad A(t) = \int_0^t |g(s)|^2 ds.$$

则对每个 $p > 0$ 存在只依赖于 p 的常数 $c_p > 0$ 和 $C_p > 0$ 使得

$$c_p E|A(t)|^{p/2} \leqslant E\left(\sup_{0\leqslant s\leqslant t}|x(s)|^p\right) \leqslant C_p E|A(t)|^{p/2}, \quad t \geqslant 0.$$

特别地, 当 $0 < p < 2$ 时, $c_p = \left(\dfrac{p}{2}\right)^p, C^p = \left(\dfrac{32}{p}\right)^{p/2}$;

当 $p = 2$ 时, $c_p = 1, C^p = 4$;

当 $p > 2$ 时, $c_p = (2p)^{-p/2}, C^p = \left[\dfrac{p^{p+1}}{2(p-1)^{p-1}}\right]^{p/2}$.

第2章　随机单种群模型

种群生态学是研究生物种群发展规律的科学, 关注生物个体的数量和质量. 通过数学模型理解、解释、预测生态社会各物种数量的变化, 从而更好地管理自然界中的生物种群. 种群生态学起源于人口统计学、应用昆虫学和水产资源学. Lotka-Volterra [162, 216] 模型是理论生态的一个里程碑, 它也由此进入了黄金时代. 此后, 很多生态学和生物数学研究工作者通过数学模型研究种群之间的相互关系, 通过实际数据论证模型的合理性, 并不断改善模型, 以更好地反映自然现象. 随着常微分方程、偏微分方程和泛函微分方程在生物数学中的广泛应用, 各种生态模型及其衍生模型相继提出, 如 Brauer, Castillo-Chavez [44] 和 Hastings [82] 用常微分方程表示种群生态模型, 并有很多学者 (如 Golpalsam [70–72]、Kuang [115, 116]、Levin [123] 和 Thieme [208]) 系统地研究了确定性种群系统的动力学性质.

自然界中任何种群都不是孤立的, 而是与生物群落中其他种群密切相关的. 但是, 单种群模型形式简单, 研究起来比较方便. 此外, 由于一些复杂的生态系统 (如互惠、竞争、捕食–食饵系统) 都是由单种群构成的, 所以研究单种群系统的一些性质有助于研究复杂的生态系统. 确定性的单种群模型已经有大量研究工作, 参见文献 [45, 66, 67, 117, 174, 198]. 经典的单种群模型是 Logistic 模型:

$$\dot{\tilde{N}}(t) = \tilde{N}(t)[a - b\tilde{N}(t)], \tag{2.0.1}$$

其中 $\tilde{N}(t)$ 表示种群在 t 时刻的数量, $a > 0$ 表示种群的内禀增长率, $\frac{a}{b} > 0$ 表示环境的容纳量. 若系统 (2.0.1) 在初始时刻 $t = 0$ 时种群数量为 $\tilde{N}_0$, 则其解的表达式为

$$\tilde{N}(t) = \frac{a\tilde{N}_0}{ae^{-at} + b\tilde{N}_0(1 - e^{-at})}, \quad t \geqslant 0. \tag{2.0.2}$$

由表达式易知系统 (2.0.1) 存在有界的正解, 并且

$$\lim_{t \to \infty} \tilde{N}(t) = \frac{a}{b} = \tilde{N}^*.$$

$\tilde{N}^*$ 是系统 (2.0.1) 的稳定的平衡点. 然而, 若参数 $a > 0, b < 0$ 时, 系统 (2.0.1) 只存在局部解

$$\tilde{N}(t) = \frac{a\tilde{N}_0}{ae^{-at} + b\tilde{N}_0(1 - e^{-at})}, \quad 0 \leqslant t < T.$$

该解会在 T 时刻趋于无穷, 其中

$$T = \frac{1}{a} \log \frac{a - b\tilde{N}_0}{-b\tilde{N}_0}.$$

然而, 自然界中处处充满着不确定性和随机现象, 生态系统中的各个种群会受到不同形式的随机干扰. May [174] 指出环境噪声会不同程度地影响到增长率、环境容纳量、竞争系数和系统的其他参数, 于是在一定程度上或多或少地表现出随机振动. 确定性模型忽略了随机现象的普遍存在性, 是对种群增长的笼统描述, 不能反映其增长的真实性, 且忽略了各种内在和外在因素对其增长的影响. 因此为了更加精确地反映种群增长规律, 种群数量随时间的变化应该是一个随机过程, 即在任意时刻种群的数量是一个随机分布, 而不是一个确定的值. 因此用随机微分方程模型来描述种群动力学在某种程度上能更好地反映实际现象, 探讨环境噪声对种群动力学是否存在影响是一个十分有意义的问题. 很多学者在这方面展开了深入的研究 [13, 22, 35, 63, 69, 102, 104, 106, 127, 168, 170, 180, 197, 201].

处理一维随机微分方程, 常用的一种方法是将其转化为相应的 Fokker-Plank 方程求其转移概率密度函数. 这种方法对于处理具有线性扩散项的随机微分方程十分有效, 但是对于处理非线性扩散项的随机微分方程并不有效. Golec 和 Sathananthan [69] 对人口增长模型

$$\frac{dN}{dt} = r(t)N(t)(K - N(t)), \quad N(0) = N_0$$

中的增长率参数 r 引入随机扰动, 通过 Lyapunov 第二方法得到了系统均值稳定的充分条件. Sun 和 Wang [200] 也研究了上述具有相同扰动的人口增长模型, 基于经典的概率方法得到了模型解的渐近行为的判别准则.

Mao [168] 假设参数 b 扰动为 $b \to b + \sigma\dot{B}(t)$, 其中 $\dot{B}(t)$ 表示白噪声, $\sigma^2 > 0$ 表示白噪声的强度. 于是得到如下的随机微分方程:

$$dN(t) = N(t)[(a + bN(t))dt + \sigma N(t)dB(t)].$$

无论白噪声的强度是多少, 其解在有限时间都以概率 1 不会爆破. 换而言之, 白噪声抑制了种群的爆破. 这与很多人通常理解的噪声总会起负面作用是不同的, 噪声在一定条件下会使系统出现某种正则性.

系统 (2.0.1) 中内禀增长率 a 是一个很重要的参数 [205], 本章假设环境噪声的影响主要表现在对内禀增长率的影响, 分别探讨具有线性扩散项和非线性扩散项的随机 Logistic 单种群系统的动力学行为, 揭示白噪声对系统解的渐近行为影响的本质特征.

2.1 线性扩散项的随机 Logistic 单种群系统

本节假设系统 (2.0.1) 参数 a 是一个随机过程, 具有如下的形式:

$$a_t = a + \sigma \dot{B}(t),$$

其中 $\dot{B}(t)$ 是白噪声, σ^2 是白噪声的强度. 从而相应于确定性系统 (2.0.1) 的随机模型为

$$dN(t) = N(t)[(a - bN(t))dt + \sigma dB(t)], \quad t \geqslant 0, \tag{2.1.1}$$

其中 $B(t)$ 是一维标准布朗运动, 且 $B(0) = 0, a > 0, b > 0$. 显然, 对给定的初值 $N(0) = N_0 > 0$, 系统 (2.1.1) 存在唯一的正解

$$N(t) = \frac{e^{\left(a - \frac{\sigma^2}{2}\right)t + \sigma B(t)}}{\frac{1}{N_0} + b \int_0^t e^{\left(a - \frac{\sigma^2}{2}\right)s + \sigma B(s)} ds}, \quad t \geqslant 0.$$

2.1.1 系统解的收敛性

确定性系统 (2.0.1) 存在一个稳定的平衡点 N^*, 然而随机系统 (2.1.1) 不存在正平衡点, 不能像类似于确定性系统那样探讨平衡点的随机稳定性. 本节探讨系统 (2.1.1) 时间均值意义下的稳定性.

由系统 (2.0.1) 的解的表达式 (2.0.2) 很容易得到下面的结论.

引理 2.1.1 设 $\tilde{N}(t)$ 是系统 (2.0.1) 具有初值 $\tilde{N}_0 > 0$ 的解, 且 $a > 0$, 则

$$\lim_{t \to \infty} \frac{\log \tilde{N}(t)}{t} = 0.$$

引理 2.1.2 设 $N(t)$ 是系统 (2.1.1) 具有初值 $N_0 > 0$ 的解. 若 $a > \frac{\sigma^2}{2}$. 则

$$Z(t)e^{-\sigma\left(\max\limits_{0 \leqslant s \leqslant t} B(s) - B(t)\right)} \leqslant N(t) \leqslant Z(t)e^{-\sigma\left(\min\limits_{0 \leqslant s \leqslant t} B(s) - B(t)\right)},$$

其中 $Z(t)$ 是如下系统的解:

$$\begin{cases} \dot{Z}(t) = Z(t)\left(a - \frac{\sigma^2}{2} - bZ(t)\right), \\ Z(0) = N_0. \end{cases}$$

证明　由解的表达式可得

$$\frac{1}{N(t)} = \frac{1}{N_0} e^{-\left(a-\frac{\sigma^2}{2}\right)t - \sigma B(t)} + b \int_0^t e^{-\left(a-\frac{\sigma^2}{2}\right)(t-s) - \sigma(B(t)-B(s))} ds$$

$$= e^{-\sigma B(t)} \left[\frac{1}{N_0} e^{-\left(a-\frac{\sigma^2}{2}\right)t} + b \int_0^t e^{-\left(a-\frac{\sigma^2}{2}\right)(t-s)} e^{\sigma B(s)} ds \right]$$

$$\leqslant e^{-\sigma B(t)} \left[\frac{1}{N_0} e^{-\left(a-\frac{\sigma^2}{2}\right)t} + b e^{\sigma \max\limits_{0 \leqslant s \leqslant t} B(s)} \int_0^t e^{-\left(a-\frac{\sigma^2}{2}\right)(t-s)} ds \right]$$

$$\leqslant e^{\sigma \left[\max\limits_{0 \leqslant s \leqslant t} B(s) - B(t) \right]} \left[\frac{1}{N_0} e^{-\left(a-\frac{\sigma^2}{2}\right)t} + b \int_0^t e^{-\left(a-\frac{\sigma^2}{2}\right)(t-s)} ds \right],$$

上式中最后一个不等式是基于布朗运动的性质 $B(0) = 0$. 类似地，可以得到

$$\frac{1}{N(t)} \geqslant e^{\sigma \left(\min\limits_{0 \leqslant s \leqslant t} B(s) - B(t) \right)} \left[\frac{1}{N_0} e^{-\left(a-\frac{\sigma^2}{2}\right)t} + b \int_0^t e^{-\left(a-\frac{\sigma^2}{2}\right)(t-s)} ds \right].$$

因此，

$$e^{\sigma \left(\min\limits_{0 \leqslant s \leqslant t} B(s) - B(t) \right)} \frac{1}{Z(t)} \leqslant \frac{1}{N(t)} \leqslant e^{\sigma \left(\max\limits_{0 \leqslant s \leqslant t} B(s) - B(t) \right)} \frac{1}{Z(t)}. \qquad \Box$$

引理 2.1.3　设 $N(t)$ 是系统 (2.1.1) 具有初值 $N_0 > 0$ 的解. 若 $a > \dfrac{\sigma^2}{2}$. 则

$$\lim_{t \to \infty} \frac{\log N(t)}{t} = 0 \quad \text{a.s.}$$

证明　由引理 2.1.2 可得

$$\sigma \left(B(t) - \max_{0 \leqslant s \leqslant t} B(s) \right) \leqslant \log N(t) - \log Z(t) \leqslant \sigma \left(B(t) - \min_{0 \leqslant s \leqslant t} B(s) \right).$$

注意到 $\max\limits_{0 \leqslant s \leqslant t} B(s)$ 的分布与 $|B(t)|$ 的分布相同，$\min\limits_{0 \leqslant s \leqslant t} B(s)$ 的分布与 $-\max\limits_{0 \leqslant s \leqslant t} B(s)$ 的分布相同，其中 $B(t)$ 是标准布朗运动. 从而由强大数定律 (定理 1.1.1) 可得

$$\lim_{t \to \infty} \frac{\log N(t) - \log Z(t)}{t} = 0.$$

再结合引理 2.1.1 可得

$$\lim_{t \to \infty} \frac{\log N(t)}{t} = 0. \qquad \Box$$

基于这些引理，下面给出解在时间均值意义下的稳定性.

定理 2.1.1　设 $N(t)$ 是系统 (2.1.1) 具有初值 $N_0 > 0$ 的解. 若 $a > \dfrac{\sigma^2}{2}$. 则

$$\lim_{t \to \infty} \frac{1}{t} \int_0^t N(s) ds = \frac{a - \dfrac{\sigma^2}{2}}{b} \quad \text{a.s.} \tag{2.1.2}$$

证明 设 $u(t) = \log N(t)$. 由 Itô 公式可得

$$du(t) = \left(a - \frac{\sigma^2}{2} - bN(t) \right) dt + \sigma dB(t).$$

对上式从 0 到 t 积分

$$u(t) - u(0) = \left(a - \frac{\sigma^2}{2} \right) t - b \int_0^t N(s) ds + \sigma B(t).$$

于是

$$\frac{u(t)}{t} - \frac{u(0)}{t} = \left(a - \frac{\sigma^2}{2} \right) - b \frac{1}{t} \int_0^t N(s) ds + \sigma \frac{B(t)}{t}.$$

根据布朗运动的性质和引理 2.1.3 易得

$$\lim_{t \to \infty} \frac{1}{t} \int_0^t N(s) ds = \frac{a - \dfrac{\sigma^2}{2}}{b}. \qquad \square$$

注记 2.1.1 定理 2.1.1 给出了系统 (2.1.1) 的解在时间均值意义下是稳定的. 对比于确定性系统的平衡点 $\tilde{N}^*$, 虽然随机系统不存在平衡点, 但系统的解在时间均值意义下是稳定的, 并趋于一个值. 该值相比于 $\tilde{N}^*$, 存在一个关于白噪声强度的误差.

注记 2.1.2 定理 2.1.1 的证明方法类似于研究确定性模型解的渐近行为, 也是通过估计系统 (2.1.1) 的解证得的. Rudnicki 在文献 [195] 引理 2 和文献 [194] 引理 7 的证明过程中通过遍历性理论也得到了定理 2.1.1 的结论 (2.1.2). 为完整起见, 下面给出其证明方法.

(2.1.1) 可以改写为

$$du(t) = \left(a - \frac{\sigma^2}{2} - be^{u(t)} \right) dt + \sigma dB(t).$$

当 $a > \dfrac{\sigma^2}{2}$ 时, 存在稳定解, 且其密度 g_* 函数满足

$$\frac{1}{2} \sigma^2 g_*'(x) = \left(a - \frac{\sigma^2}{2} - be^x \right) g_*(x). \tag{2.1.3}$$

由遍历性定理和 (2.1.3) 可得

$$\lim_{t \to \infty} \frac{1}{t} \int_0^t e^{u(s)} ds = \int_{-\infty}^{+\infty} e^x g_*(x) dx = \int_{-\infty}^{+\infty} \frac{a - \dfrac{\sigma^2}{2}}{b} g_*(x) dx = \frac{a - \dfrac{\sigma^2}{2}}{b} \quad \text{a.s.}$$

即

$$\lim_{t\to\infty} \frac{1}{t} \int_0^t N(s)ds = \frac{a - \dfrac{\sigma^2}{2}}{b} \quad \text{a.s.}$$

下面给出 $N^2(t)$ 在时间均值意义下的稳定性.

定理 2.1.2　设 $N(t)$ 是系统 (2.1.1) 具有初值 $N_0 > 0$ 的解. 若 $a > \dfrac{\sigma^2}{2}$. 则

$$\lim_{t\to\infty} \frac{1}{t} \int_0^t N^2(s)ds = \frac{a\left(a - \dfrac{\sigma^2}{2}\right)}{b^2} \quad \text{a.s.} \tag{2.1.4}$$

证明　由系统 (2.1.1) 易知

$$N(t) = N(0) + a\int_0^t N(s)ds - b\int_0^t N^2(s)ds + \sigma\int_0^t N(s)dB(s),$$

则

$$\frac{1}{t}\int_0^t N^2(s)ds = -\frac{N(t) - N(0)}{bt} + \frac{a}{bt}\int_0^t N(s)ds + \frac{\sigma}{bt}\int_0^t N(s)dB(s). \tag{2.1.5}$$

另一方面由 Itô 公式可得

$$d\left(e^t \log N(t)\right) = e^t\left(a - \frac{\sigma^2}{2} + \log N(t) - bN(t)\right)dt + \sigma e^t dB(t).$$

由于 $N = \dfrac{1}{b}$ 时, 函数 $\log N - bN$ 当达到最大值 $\check{N} = -1 - \log b$, 则

$$d\left(e^t \log N(t)\right) \leqslant \left(a - \frac{\sigma^2}{2} + \check{N}\right)e^t dt + \sigma e^t dB(t).$$

对上式从 0 到 t 积分可得

$$\log N(t) \leqslant \log N(0)e^{-t} + \left(a - \frac{\sigma^2}{2} + \check{N}\right)\left(1 - e^{-t}\right) + \sigma\int_0^t e^{s-t}dB(s). \tag{2.1.6}$$

根据定理 1.1.5 可以得到

$$\limsup_{t\to\infty} \frac{\left|\sigma\displaystyle\int_0^t e^{s-t}dB(s)\right|}{\sqrt{\log t}} = \sigma \quad \text{a.s.} \tag{2.1.7}$$

结合 (2.1.6) 和 (2.1.7) 可知

$$\log N(t) \leqslant O_{\text{a.s.}}\left(\sqrt{\log t}\right).$$

因此

$$0 \leqslant N(t) \leqslant e^{O_{\mathrm{a.s.}}(\sqrt{\log t})},$$

且

$$\lim_{t \to \infty} \frac{N(t)}{t} = 0. \tag{2.1.8}$$

设

$$M(t) := \int_0^t N(s)dB(s),$$

其为初值 $M(0) = 0$ 的连续鞅. 选取任意的 $\epsilon \in (0, 1)$, 由指数鞅不等式 (定理 1.6.3) 可知下式成立

$$P\left\{\sup_{0 \leqslant t \leqslant n} \left(M(t) - \frac{\epsilon}{2}\int_0^t N^2(s)ds\right) > \frac{2}{\epsilon}\log n\right\} \leqslant \frac{1}{n^2} \quad (n = 1, 2, \cdots).$$

结合 Borel-Cantelli 引理 (引理 1.1.1) 可知, 对几乎所有的 $\omega \in \Omega$, 存在正整数 n_0, 当 $n \geqslant n_0$ 时, 对所有的 $0 \leqslant t \leqslant n$ 满足

$$M(t) \leqslant \frac{2}{\epsilon}\log n + \frac{\epsilon}{2}\int_0^t N^2(s)ds.$$

将其代入 (2.1.5) 可得, 对所有的 $n \geqslant n_0, 0 \leqslant t \leqslant n$ 下式几乎必然成立

$$\frac{1}{t}\int_0^t N^2(s)ds \leqslant -\frac{N(t) - N(0)}{bt} + \frac{1}{b}\frac{N(0)}{t} + \frac{a}{bt}\int_0^t N(s)ds$$
$$+ \frac{\sigma}{bt}\left(\frac{2}{\epsilon}\log n + \frac{\epsilon}{2}\int_0^t N^2(s)ds\right).$$

特别地, 选取 $\epsilon < \dfrac{2b}{\sigma}$, 若 $n - 1 \leqslant t \leqslant n (n \geqslant n_0)$, 则对几乎所有的 $\omega \in \Omega$ 下式成立

$$\frac{1}{t}\int_0^t N^2(s)ds \leqslant \frac{1}{1 - \frac{\sigma\epsilon}{2b}}\left(-\frac{N(t) - N(0)}{bt} + \frac{a}{bt}\int_0^t N(s)ds + \frac{2\sigma}{b\epsilon}\frac{\log n}{n - 1}\right). \tag{2.1.9}$$

从而由定理 2.1.1 和 (2.1.8), (2.1.9) 可得

$$\limsup_{t \to \infty} \frac{1}{t}\int_0^t N^2(s)ds \leqslant \frac{1}{1 - \frac{\sigma\epsilon}{2b}}\frac{a\left(a - \frac{\sigma^2}{2}\right)}{b^2} = \frac{2a\left(a - \frac{\sigma^2}{2}\right)}{b(2b - \sigma\epsilon)} \quad \mathrm{a.s.}$$

结合 ϵ 的任意性可知

$$\limsup_{t \to \infty} \frac{1}{t}\int_0^t N^2(s)ds \leqslant \frac{a\left(a - \frac{\sigma^2}{2}\right)}{b^2} < \infty \quad \mathrm{a.s.}$$

另外, 由鞅的强大数定律 (定理 1.1.1) 可得

$$\lim_{t\to\infty}\frac{1}{t}\int_0^t N(s)dB(s)=0 \quad \text{a.s.}$$

上式结合 (2.1.2) 和 (2.1.8), 从 (2.1.5) 易证得该定理的结论. 　　　　　□

例 2.1.1　通过 Khas′minskii [85] 的方法给出系统 (2.1.1) 具有给定初值的数值解. 考虑离散系统:

$$N_{k+1}=N_k+N_k\left[(a-bN_k)h+\sigma\sqrt{h}\varepsilon_k+\frac{1}{2}\sigma^2(h\varepsilon_k^2-h)\right]. \tag{2.1.10}$$

设 $N_0=1, a=0.4, b=0.2$, 则 $\tilde{N}^*=\dfrac{a}{b}=2$. 图 2.1.1(a) 选取 $\sigma=0.1$, (b) 选取 $\sigma=0.01$, 其均满足 $a>\dfrac{\sigma^2}{2}$. 由图 2.1.1 可见 (虚线表示确定性系统 (2.0.1) 的解, 而实线表示随机系统 (2.1.1) 的解) 随机系统 (2.1.1) 是持久的, 在确定性系统 (2.0.1) 的平衡点 (2.0.1) 附近振动, 并且当 σ 值的减小时, 振幅也随之减小, 随机系统的解越来越接近确定性系统的解.

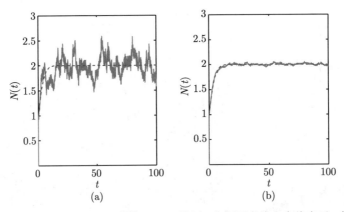

图 2.1.1　系统 (2.0.1) 和系统 (2.1.1) 的解, 分别用虚线和实线表示, 其中
$N_0=1, a=0.4, b=0.2, h=0.0002$, (a) 图 $\sigma=0.1$, (b) 图 $\sigma=0.01$

2.1.2　系统平稳分布的存在性

2.1.1 小节在时间均值意义下给出了系统 (2.1.1) 的稳定性, 反映了种群的持久性. 本小节从另一个角度 —— 平稳分布刻画种群的持久性. 平稳分布表现为随机系统的解在其相应的确定性系统的平衡点附近波动. 本小节主要通过随机计算得到系统 (2.1.1) 平稳分布的存在性.

定理 2.1.3　系统 (2.1.1) 存在平稳分布当且仅当 $a>\dfrac{\sigma^2}{2}$. 进一步地, 其分布

是一个 Γ 分布, $\Gamma\left(\dfrac{2a-\sigma^2}{\sigma^2}, \dfrac{\sigma^2}{2b}\right)$.

证明　根据定理 1.4.1 计算可得

$$
\begin{aligned}
\pi(x) &= \frac{C}{\sigma^2(x)} e^{\int_{x_0}^{x} \frac{2\mu(y)}{\sigma^2(y)} dy} = \frac{C}{\sigma^2 x^2} e^{\int_{x_0}^{x} \frac{2(ay-by^2)}{\sigma^2 y^2} dy} \\
&= \frac{C}{\sigma^2 x^2} e^{\int_{x_0}^{x} \left(\frac{2a}{\sigma^2}\frac{1}{y} - \frac{2b}{\sigma^2}\right) dy} = \frac{C}{\sigma^2 x^2} \left(\frac{x}{x_0}\right)^{\frac{2a}{\sigma^2}} e^{-\frac{2b}{\sigma^2}(x-x_0)} \\
&= \frac{C}{\sigma^2} \left(\frac{1}{x_0}\right)^{\frac{2a}{\sigma^2}} e^{\frac{2b}{\sigma^2}x_0} x^{\frac{2a-\sigma^2}{\sigma^2}-1} e^{-\frac{2b}{\sigma^2}x}.
\end{aligned}
$$

注意到 $\displaystyle\int_{-\infty}^{\infty} \pi(x)dx < \infty$ 当且仅当 $a > \dfrac{\sigma^2}{2}$, 并且其密度是一个 Γ 分布.　　□

2.1.3　系统的灭绝性

考察种群动力学, 持久性和非持久性是十分关注的问题. 本小节利用扩散理论探讨系统 (2.1.1) 的灭绝性.

定理 2.1.4　设 $N(t)$ 是系统 (2.1.1) 具有初值 $N(0) = N_0$ 的解. 若 $a < \dfrac{\sigma^2}{2}$, 则其解以概率 1 最终灭绝.

证明　设 $T_0 = \tau = \inf\{t : X(t) = 0\}$ 是随机变量首次到达 0 的时刻, T_m 是其首次到达 $m > 0$ 的时刻. 由公式 (1.3.4) 可计算首次离开的概率为

$$
P_{N_0}(T_0 < T_m) = \frac{S(m) - S(N_0)}{S(m) - S(0)}.
$$

尺度函数 $S(x)$ 为

$$
\begin{aligned}
S(x) &= \int_{x_1}^{x} e^{-\int_{x_0}^{u} \frac{2y(a-by)}{\sigma^2 y^2} dy} du = \int_{x_1}^{x} e^{-\frac{2a}{\sigma^2}\ln\frac{u}{x_0} + \frac{2b}{\sigma^2}(u-x_0)} du \\
&= x_0^{\frac{2a}{\sigma^2}} e^{-\frac{2b}{\sigma^2}x_0} \int_{x_1}^{x} u^{-\frac{2a}{\sigma^2}} e^{\frac{2b}{\sigma^2}u} du,
\end{aligned}
$$

其中 $x_0, x_1 > 0$ 为常数. 因此

$$
\begin{aligned}
P_{N_0}(T_0 < T_m) &= \frac{S(m) - S(N_0)}{S(m) - S(0)} \\
&= \frac{\displaystyle\int_{N_0}^{m} u^{-\frac{2a}{\sigma^2}} e^{\frac{2b}{\sigma^2}u} du}{\displaystyle\int_{0}^{m} u^{-\frac{2a}{\sigma^2}} e^{\frac{2b}{\sigma^2}u} du} = 1 - \frac{\displaystyle\int_{0}^{N_0} u^{-\frac{2a}{\sigma^2}} e^{\frac{2b}{\sigma^2}u} du}{\displaystyle\int_{0}^{m} u^{-\frac{2a}{\sigma^2}} e^{\frac{2b}{\sigma^2}u} du}.
\end{aligned}
$$

注意到

$$
\int_{0}^{m} u^{-\frac{2a}{\sigma^2}} e^{\frac{2b}{\sigma^2}u} du > m^{-\frac{2a}{\sigma^2}} \int_{0}^{m} e^{\frac{2b}{\sigma^2}u} du = \frac{\sigma^2}{2b} e^{\frac{2b}{\sigma^2}m} m^{-\frac{2a}{\sigma^2}} - \frac{\sigma^2}{2b} m^{-\frac{2a}{\sigma^2}},
$$

由 L'Hospital 法则可得

$$\lim_{m \to \infty} \int_0^m u^{-\frac{2a}{\sigma^2}} e^{\frac{2b}{\sigma^2} u} du = \infty.$$

另一方面, 当 $a < \dfrac{\sigma^2}{2}$ 时, 对任意的 $N_0 > 0$ 有

$$0 < \int_0^{N_0} u^{-\frac{2a}{\sigma^2}} e^{\frac{2b}{\sigma^2} u} du < e^{\frac{2b}{\sigma^2} N_0} \int_0^{N_0} u^{-\frac{2a}{\sigma^2}} du = \frac{1}{1 - \dfrac{2a}{\sigma^2}} N_0^{1 - \frac{2a}{\sigma^2}} e^{\frac{2b}{\sigma^2} N_0} < \infty.$$

因此,

$$\lim_{m \to \infty} P_{N_0}(T_0 < T_m) = 1,$$

即, 种群最终灭绝的概率为

$$P_{N_0}(T_0 < T_\infty) = P_{N_0}(T_0 < \infty) = 1. \qquad \square$$

定理 2.1.5   设 $N(t)$ 是系统 (2.1.1) 具有初值 $N(0) = N_0$ 的解. 若 $a = \dfrac{\sigma^2}{2}$, 则当 $t \to \infty$ 时, $X(t) \to 0$ 依概率意义下成立.

证明   设 $u(t) = \dfrac{\log X(t)}{\sigma}$, 则当 $a = \dfrac{\sigma^2}{2}$ 时, 系统 (2.1.1) 可写为

$$du(t) = -\frac{b}{\sigma} e^{\sigma u(t)} dt + dB(t). \tag{2.1.11}$$

应用引理 1.3.3 $\left(\text{此时 } b(v) = -\dfrac{b}{\sigma} e^{\sigma v}\right)$, 计算可得

$$\begin{aligned}
\gamma(x) &= \int_0^x e^{2\int_0^u b(v)dv} du = e^{\frac{2b}{\sigma^2}} \int_0^x e^{-\frac{2b}{\sigma^2} e^{\sigma u}} du \\
&= \int_1^{e^{\sigma x}} e^{\frac{2b}{\sigma^2}} e^{-\frac{2b}{\sigma^2} y} d\frac{\ln y}{\sigma} = \frac{e^{\frac{2b}{\sigma^2}}}{\sigma} \int_1^{e^{\sigma x}} y^{-1} e^{-\frac{2b}{\sigma^2} y} dy.
\end{aligned}$$

注意到 $e^{-\sigma x} < \dfrac{1}{y} < 1$, 于是

$$\int_1^{e^{\sigma x}} y^{-1} e^{-\frac{2b}{\sigma^2} y} dy < \int_1^{e^{\sigma x}} e^{-\frac{2b}{\sigma^2} y} dy$$

$$= \frac{\sigma^2}{2b} \left(e^{-\frac{2b}{\sigma^2}} - e^{-\frac{2b}{\sigma^2} e^{\sigma x}} \right) \longrightarrow \frac{\sigma^2}{2b} e^{-\frac{2b}{\sigma^2}}, \quad \text{当 } x \to +\infty,$$

并且

$$\int_1^{e^{\sigma x}} y^{-1} e^{-\frac{2b}{\sigma^2} y} dy > e^{-\sigma x} \left[\frac{\sigma^2}{2b} \left(e^{-\frac{2b}{\sigma^2}} - e^{-\frac{2b}{\sigma^2} e^{\sigma x}} \right) \right]$$

$$= \frac{\sigma^2}{2b} \left(e^{-\sigma x - \frac{2b}{\sigma^2}} - e^{-\sigma x - \frac{2b}{\sigma^2} e^{\sigma x}} \right) \longrightarrow 0, \quad \text{当 } x \to +\infty.$$

从而

$$\gamma(+\infty) < +\infty.$$

另一方面, 当 $x \to -\infty$ 时, 下列不等式成立

$$1 < \frac{1}{y} < e^{-\sigma x}, \quad e^{-\frac{2b}{\sigma^2}} < e^{-\frac{2b}{\sigma^2}y} < e^{-\frac{2b}{\sigma^2}e^{\sigma x}}.$$

于是

$$\int_{e^{\sigma x}}^1 y^{-1}e^{-\frac{2b}{\sigma^2}y}dy > e^{-\frac{2b}{\sigma^2}} \int_{e^{\sigma x}}^1 \frac{1}{y}dy$$

$$= e^{-\frac{2b}{\sigma^2}} \ln y|_{e^{\sigma x}}^1 = -e^{-\frac{2b}{\sigma^2}}\sigma x \longrightarrow +\infty, \quad 当 x \to -\infty.$$

从而显然有

$$\gamma(-\infty) = -\infty.$$

下面计算 $\lambda(x)$.

$$\lambda(x) = \int_0^x e^{-2\int_0^u b(v)dv}du = \int_0^x e^{\frac{2b}{\sigma^2}e^{\sigma u} - \frac{2b}{\sigma^2}}du = e^{-\frac{2b}{\sigma^2}} \int_0^x e^{\frac{2b}{\sigma^2}e^{\sigma u}}du$$

$$= e^{-\frac{2b}{\sigma^2}} \int_1^{e^{\sigma x}} e^{\frac{2b}{\sigma^2}y}d\frac{\ln y}{\sigma} = \frac{e^{-\frac{2b}{\sigma^2}}}{\sigma} \int_1^{e^{\sigma x}} y^{-1}e^{\frac{2b}{\sigma^2}y}dy.$$

由于 $e^{\frac{2b}{\sigma^2}} < e^{\frac{2b}{\sigma^2}y} < e^{\frac{2b}{\sigma^2}e^{\sigma x}}$, 则

$$\int_1^{e^{\sigma x}} y^{-1}e^{\frac{2b}{\sigma^2}y}dy > e^{\frac{2b}{\sigma^2}} \int_1^{e^{\sigma x}} y^{-1}dy = e^{\frac{2b}{\sigma^2}}\sigma x \longrightarrow +\infty, \quad 当 x \to +\infty.$$

于是

$$\lambda(+\infty) = +\infty.$$

另一方面, 当 $x \to -\infty$ 时, $e^{\frac{2b}{\sigma^2}e^{\sigma x}} < e^{\frac{2b}{\sigma^2}y} < e^{\frac{2b}{\sigma^2}}$ 成立, 并且

$$\int_1^{e^{\sigma x}} y^{-1}e^{\frac{2b}{\sigma^2}y}dy < e^{\frac{2b}{\sigma^2}} \log y|_{e^{\sigma x}}^1 = -\sigma x e^{\frac{2b}{\sigma^2}} \longrightarrow +\infty, \quad 当 x \to -\infty.$$

而当 $1 < \frac{1}{y} < e^{-\sigma x}$ 时, 有

$$\int_{e^{\sigma x}}^1 y^{-1}e^{\frac{2b}{\sigma^2}y}dy > \int_{e^{\sigma x}}^1 e^{\frac{2b}{\sigma^2}y}dy$$

$$= \frac{\sigma^2}{2b}\left(e^{\frac{2b}{\sigma^2}} - e^{\frac{2b}{\sigma^2}e^{\sigma x}}\right) \longrightarrow \frac{\sigma^2}{2b}\left(e^{\frac{2b}{\sigma^2}} - 1\right), \quad 当 x \to -\infty$$

和

$$\int_{e^{\sigma x}}^{1} y^{-1} e^{\frac{2b}{\sigma^2} y} dy > e^{\frac{2b}{\sigma^2} e^{\sigma x}} \log y \mid_{e^{\sigma x}}^{1}$$

$$= -\sigma x e^{\frac{2b}{\sigma^2} e^{\sigma x}} \longrightarrow +\infty, \quad \text{当 } x \to -\infty.$$

于是

$$\lambda(-\infty) = -\infty,$$

总结上述计算, 当 $a = \dfrac{\sigma^2}{2}$ 时有

$$\gamma(+\infty) < +\infty, \quad \gamma(-\infty) = -\infty,$$

$$\lambda(+\infty) = +\infty, \quad \lambda(-\infty) = -\infty.$$

所以, 对任意的 $z \in \mathbb{R}$, $\lim\limits_{t \uparrow \infty} P(u(t) > z) = 1$. 这意味着 $u(t)$ 依分布意义下有 $u(t) \to -\infty$. 因此, 当 $t \to \infty$ 时, $X(t) \to 0$ 依概率意义下成立. 　　　□

例 2.1.2　在离散系统 (2.1.10) 中取 $N_0 = 0.8, a = 0.14, b = 0.1$, 且 $\sigma = 0.7$ 满足 $a < \dfrac{\sigma^2}{2}$. 图 2.1.2(a) 表示是确定性系统的解, (b) 表示随机系统的解. 由图可见, 不管确定性系统中的参数 a 和 b 怎么改变, $\tilde{N}^* = \dfrac{a}{b}$ 总是稳定的平衡点, 系统 (2.0.1) 是平稳的; 但是对于随机系统, 当白噪声强度满足 $a < \dfrac{\sigma^2}{2}$ 时, 种群会灭绝. 这种现象在确定性系统中是不会发生的, 但却是非常有意义的. 大自然中, 当环境发生急剧改变, 一些种群可能会灭绝. 从这种意义可见, 随机系统具有更丰富的动力学行为, 比确定性系统能够更好地反映实际现象.

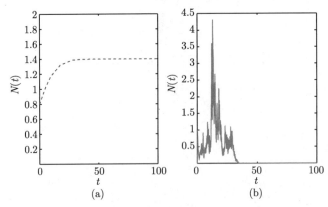

图 2.1.2　系统 (2.0.1) 和系统 (2.1.1) 的解, 分别用虚线和实线表示, 其中
$N_0 = 0.8, a = 0.14, b = 0.1, h = 0.001, \sigma = 0.7$

2.2 非线性扩散项的随机 Logistic 单种群系统

本节考虑系统 (2.0.1) 中的参数 a 遭受如下形式的随机扰动:

$$a_t \to a + \sigma N^\theta(t)\dot{B}(t), \quad \theta \in (0, 0.5).$$

于是得到如下具有非线性扩散项的随机 Logistic 单种群系统

$$dN(t) = N(t)[(a - bN(t))dt + \sigma N^\theta(t)dB(t)], \quad \theta \in (0, 0.5), \qquad (2.2.1)$$

其中参数 a, b, σ 都是正的常数.

2.2.1 系统正解的存在性

考察种群的动力学行为之前, 首先需要系统存在全局正解. Arnold [20]、Freedman [62]、Mao [167] 在专著中均指出, 对任意的初值, 要使随机微分方程存在唯一的全局解, 方程的系数通常要求满足线性增长条件和局部 Lipschitz 条件. 然而, 系统 (2.2.1) 的系数虽然满足局部 Lipschitz 条件, 但不满足线性增长条件. 所以系统 (2.2.1) 的解可能会在有限时刻爆破. 本节采用文献 [168] 中的方法来证明系统给出系统 (2.2.1) 存在唯一的全局正解.

定理 2.2.1 对任意的初值 $N_0 > 0$, 系统 (2.2.1) 存在唯一的全局正解 $N(t), t \geqslant 0$.

证明 由于系统 (2.2.1) 的系数满足局部 Lipschitz 条件, 则对任给的初值 $N_0 > 0$, 存在唯一的局部解 $N(t) > 0, t \in [0, \tau_e)$, 其中 τ_e 表示爆破时刻 (可参见 Arnold[20]、Freedman[62]、Mao[167]). 下面证明该正解是全局存在的, 只需证明 $\tau_e = \infty$ a.s. 设 $0 < k_0 < 1$ 满足 $N_0 \in [1/k_0, k_0]$ 中. 对每一个整数 $k \geqslant k_0$, 定义停时:

$$\tau_k = \inf \left\{ t \in [0, \tau_e) : N(t) \notin \left(\frac{1}{k}, k \right) \right\},$$

此处及后面总假设 $\inf \varnothing = \infty$ (其中 $\varnothing$ 表示空集). 显然, 随着 $k \to \infty$, τ_k 是递增的. 令 $\tau_\infty = \lim\limits_{k \to \infty} \tau_k$, 则 $\tau_\infty \leqslant \tau_e$ a.s. 因此要证 $\tau_e = \infty$ a.s., 只需证明 $\tau_\infty = \infty$ a.s., 并且此时显然满足 $N(t) > 0, t \geqslant 0$ a.s. 换而言之, 完成该定理的证明只需证明 $\tau_\infty = \infty$ a.s. 如若不然, 存在常数 $T > 0$ 和 $\varepsilon \in (0, 1)$ 使得

$$P\{\tau_\infty \leqslant T\} > \varepsilon.$$

从而存在整数 $k_1 \geqslant k_0$ 满足

$$P\{\tau_k \leqslant T\} \geqslant \varepsilon, \quad \text{对所有的} \quad k \geqslant k_1. \qquad (2.2.2)$$

定义 C^2 函数 $V : \mathbb{R}_+ \to \mathbb{R}_+$:

$$V(N) = \sqrt{N} - 1 - \frac{1}{2}\log N.$$

由于对所有的 $u > 0$,

$$\sqrt{u} - 1 - \frac{1}{2}\log u \geqslant 0,$$

易知函数 V 是非负的. 根据 Itô 公式计算可得

$$
\begin{aligned}
&dV(N(t)) \\
&= \left(\frac{1}{2}N^{-\frac{1}{2}}(t) - \frac{1}{2}N^{-1}(t)\right)dN(t) + \frac{1}{2}\left(-\frac{1}{4}N^{-\frac{3}{2}}(t) + \frac{1}{2}N^{-2}(t)\right)(dN(t))^2 \\
&= \frac{1}{2}\left[\left(N^{\frac{1}{2}}(t) - 1\right)(a - bN(t)) + \left(-\frac{1}{4}N^{\frac{1}{2}}(t) + \frac{1}{2}\right)\sigma^2 N^{2\theta}(t)\right]dt \\
&\quad + \frac{1}{2}\left(N^{\frac{1}{2}}(t) - 1\right)\sigma N^{\theta}(t)dB(t) \\
&= \left(-\frac{a}{2} + \frac{a}{2}N^{\frac{1}{2}}(t) + \frac{\sigma^2}{4}N^{2\theta}(t) + \frac{b}{2}N(t) - \frac{\sigma^2}{8}N^{2\theta+\frac{1}{2}}(t) - \frac{b}{2}N^{\frac{3}{2}}(t)\right)dt \\
&\quad + \frac{\sigma}{2}\left(-N^{\theta}(t) + N^{\theta+\frac{1}{2}}(t)\right)dB(t).
\end{aligned}
$$

当 $\theta \in (0, 0.5)$ 时, 可见

$$-\frac{a}{2} + \frac{a}{2}N^{\frac{1}{2}} + \frac{\sigma^2}{4}N^{2\theta} + \frac{b}{2}N - \frac{\sigma^2}{8}N^{2\theta+\frac{1}{2}} - \frac{b}{2}N^{\frac{3}{2}}$$

具有上界, 设为 K. 从而

$$\int_0^{\tau_k \wedge T} dV(N(t)) \leqslant \int_0^{\tau_k \wedge T} K dt + \int_0^{\tau_k \wedge T} \frac{\sigma}{2}\left(-N^{\theta}(t) + N^{\theta+\frac{1}{2}}(t)\right)dB(t).$$

取数学期望可得

$$EV(N(\tau_k \wedge T)) \leqslant V(N_0) + KE(\tau_k \wedge T) \leqslant V(N_0) + KT. \tag{2.2.3}$$

对 $k \geqslant k_1$, 令 $\Omega_k = \{\tau_k \leqslant T\}$. 由 (2.2.2) 可知 $P(\Omega_k) \geqslant \varepsilon$. 注意到对每个 $\omega \in \Omega_k$, $N(\tau_k, \omega)$ 等于 k 或者 $\frac{1}{k}$. 于是 $V(N(\tau_k, \omega))$ 不小于

$$\sqrt{k} - 1 - \frac{1}{2}\log k$$

或者

$$\sqrt{\frac{1}{k}} - 1 - \frac{1}{2}\log\left(\frac{1}{k}\right) = \sqrt{\frac{1}{k}} - 1 + \frac{1}{2}\log k.$$

即

$$V(N(\tau_k, \omega)) \geqslant \left(\sqrt{k} - 1 - \frac{1}{2} \log k \right) \wedge \left(\sqrt{\frac{1}{k}} - 1 + \frac{1}{2} \log k \right).$$

结合 (2.2.3) 可知

$$\begin{aligned} V(N(0)) + KT &\geqslant E[1_{\Omega_k}(\omega) V(N(\tau_k, \omega))] \\ &\geqslant \varepsilon \left[\left(\sqrt{k} - 1 - \frac{1}{2} \log k \right) \wedge \left(\sqrt{\frac{1}{k}} - 1 + \frac{1}{2} \log k \right) \right], \end{aligned}$$

其中 1_{Ω_k} 表示集合 Ω_k 的示性函数. 令 $k \to \infty$ 得

$$\infty > V(x(0)) + KT = \infty,$$

矛盾. 因此必有 $\tau_\infty = \infty$ a.s. 定理 2.2.1 得证. □

2.2.2 系统的随机持久性

在种群动力学中, 持久性是非常重要的性质, 其表示每一个种群永久不会灭绝. 对随机种群系统 (2.2.1) 最自然的近似描述是种群以概率 1 不会灭绝. 为了精确描述, 给出下面的定义.

定义 2.2.1 称系统 (2.2.1) 的解是随机持久的. 若对任意 $\delta \in (0,1)$, 存在正常数 H_1 和 H_2 ($H_1 < H_2, H_1, H_2$ 可能依赖 δ), 对任意初值 $N_0 > 0$, 系统 (2.2.1) 的解具有如下性质

$$\limsup_{t \to \infty} P\{N(t) < H_1\} < \delta,$$

$$\limsup_{t \to \infty} P\{N(t) > H_2\} < \delta.$$

引理 2.2.1 设 $N(t)$ 是系统 (2.2.1) 具有初值 $N_0 > 0$ 的解. 若 $p > 1$, 则

$$\limsup_{t \to \infty} E[N^p(t)] \leqslant L(p),$$

其中

$$L(p) = \left[\frac{2a + m\sigma^2(p-1)\varepsilon^{-\frac{1}{m}}}{2b - n\sigma^2(p-1)\varepsilon^{\frac{1}{n}}} \right]^p,$$

$$0 < \varepsilon < \left[\frac{2b}{n\sigma^2(p-1)} \right]^n, \quad m = 1 - 2\theta, \quad n = 2\theta.$$

证明　由 Itô 公式可得

$$d(N^p(t)) = pN^{p-1}(t)dN(t) + \frac{1}{2}p(p-1)N^{p-2}(t)(dN(t))^2$$

$$= pN^p(t)\left[(a - bN(t)) + \sigma N^\theta(t)dB(t)\right]$$

$$+ \frac{1}{2}p(p-1)N^p(t)\sigma^2 N^{2\theta}(t)dt$$

$$= \left[apN^p(t) + \frac{1}{2}\sigma^2 p(p-1)N^{p+2\theta}(t) - bpN^{p+1}(t)\right]dt$$

$$+ \sigma pN^{p+\theta}(t)dB(t). \tag{2.2.4}$$

从而

$$N^p(t) = N_0^p + \int_0^t \left[apN^p(s) + \frac{\sigma^2}{2}p(p-1)N^{p+2\theta}(s) - bpN^{p+1}(s)\right]ds$$

$$+ \int_0^t \sigma pN^{p+\theta}(s)dB(s). \tag{2.2.5}$$

对上式两边同时取数学期望可得

$$E(N^p(t)) = N_0^p + \int_0^t E\left[apN^p(s) + \frac{\sigma^2}{2}p(p-1)N^{p+2\theta}(s) - bpN^{p+1}(s)\right]ds. \tag{2.2.6}$$

于是

$$\frac{dE(N^p(t))}{dt} = apE(N^p(t)) + \frac{\sigma^2}{2}p(p-1)E(N^{p+2\theta}(t)) - bpE(N^{p+1}(t))$$

$$= apE(N^p(t)) - bpE(N^{p+1}(t))$$

$$+ \frac{\sigma^2}{2}p(p-1)E\left[(N^p(t))^m (N^{p+1}(t))^n\right]$$

$$\leqslant apE(N^p(t)) - bpE(N^{p+1}(t))$$

$$+ \frac{\sigma^2}{2}p(p-1)\left[E(N^p(t))\right]^m \left[E(N^{p+1}(t))\right]^n$$

$$= apE(N^p(t)) - bpE(N^{p+1}(t))$$

$$+ \frac{\sigma^2}{2}p(p-1)\left[\varepsilon^{-\frac{1}{m}}E(N^p(t))\right]^m \left[\varepsilon^{\frac{1}{n}}E(N^{p+1}(t))\right]^n$$

$$\leqslant apE(N^p(t)) - bpE(N^{p+1}(t))$$

$$+ \frac{\sigma^2}{2}p(p-1)\left[m\varepsilon^{-\frac{1}{m}}E(N^p(t)) + n\varepsilon^{\frac{1}{n}}E(N^{p+1}(t))\right]$$

$$= \left[ap + \frac{\sigma^2}{2}p(p-1)m\varepsilon^{-\frac{1}{m}}\right]E(N^p(t))$$

$$- \left[bp - \frac{\sigma^2}{2}p(p-1)n\varepsilon^{\frac{1}{n}}\right]E(N^{p+1}(t)), \tag{2.2.7}$$

其中第一个不等式根据 Hölder 不等式, 第二个不等式根据 Young 不等式, 且

$$m = 1 - 2\theta, \quad n = 2\theta, \quad m + n = 1, \quad \varepsilon > 0.$$

选取 ε 充分小 $\left(0 < \varepsilon < \left[\dfrac{2b}{n\sigma^2(p-1)} \right]^n \right)$ 满足

$$bp - \frac{\sigma^2}{2} p(p-1) n \varepsilon^{\frac{1}{n}} > 0.$$

于是由 (2.2.7) 可得

$$\frac{dE(N^p(t))}{dt} \leqslant \left[ap + \frac{\sigma^2}{2} p(p-1) m \varepsilon^{-\frac{1}{m}} \right] E\left(N^p(t)\right)$$
$$- \left[bp - \frac{\sigma^2}{2} p(p-1) n \varepsilon^{\frac{1}{n}} \right] \left[E\left(N^p(t)\right) \right]^{\frac{p+1}{p}}.$$

令 $y(t) = E[N^p(t)]$, 则

$$\frac{dy(t)}{dt} \leqslant py(t) \left[a + \frac{\sigma^2}{2} (p-1) m \varepsilon^{-\frac{1}{m}} - \left(b - \frac{\sigma^2}{2}(p-1) n \varepsilon^{\frac{1}{n}} \right) y^{\frac{1}{p}}(t) \right].$$

由方程

$$\frac{dz(t)}{dt} = pz(t) \left[a + \frac{\sigma^2}{2}(p-1) m \varepsilon^{-\frac{1}{m}} - \left(b - \frac{\sigma^2}{2}(p-1) n \varepsilon^{\frac{1}{n}} \right) z^{\frac{1}{p}}(t) \right]$$

易解得

$$z(t)^{-\frac{1}{p}} = N_0^{-1} e^{-\left(a + \frac{\sigma^2}{2}(p-1) m \varepsilon^{-\frac{1}{m}} \right)t}$$
$$+ \frac{2b - \sigma^2 n(p-1)\varepsilon^{\frac{1}{n}}}{2a + \sigma^2 m(p-1)\varepsilon^{-\frac{1}{m}}} \left[1 - e^{-\left(a + \frac{\sigma^2}{2}(p-1) m \varepsilon^{-\frac{1}{m}} \right)t} \right].$$

于是

$$\lim_{t \to \infty} z(t) = \left[\frac{2a + \sigma^2 m(p-1)\varepsilon^{-\frac{1}{m}}}{2b - \sigma^2 n(p-1)\varepsilon^{\frac{1}{n}}} \right]^p.$$

从而由比较定理可得

$$\limsup_{t \to \infty} y(t) \leqslant \left[\frac{2a + \sigma^2 m(p-1)\varepsilon^{-\frac{1}{m}}}{2b - \sigma^2 n(p-1)\varepsilon^{\frac{1}{n}}} \right]^p.$$

令

$$L(p) := \left[\frac{2a + \sigma^2 m(p-1)\varepsilon^{-\frac{1}{m}}}{2b - \sigma^2 n(p-1)\varepsilon^{\frac{1}{n}}} \right]^p,$$

则

$$\limsup_{t \to \infty} E[N^p(t)] \leqslant L(p).$$

该引理得证.　　　　　　　　　　　　　　　　　　　　　　　　　　　　□

注记 2.2.1　从引理 2.2.1 可知, 存在 $T > 0$, 当 $t \geqslant T$ 时, 满足

$$E[N^p(t)] \leqslant 2L(p).$$

另一方面, 由于 $E[N^p(t)]$ 在区间 $[0, T]$ 上连续, 则存在 $\tilde{L}(p) > 0$, 当 $t \in [0, T]$ 时, 满足

$$E[N^p(t)] \leqslant \tilde{L}(p).$$

令

$$K(p) = \max\{2L(p), \tilde{L}(p)\}.$$

当 $t \in [0, \infty)$ 时,

$$E[N^p(t)] \leqslant K(p).$$

即系统 (2.2.1) 的解是 p 阶矩有界的.

引理 2.2.2　设 $N(t)$ 是系统 (2.2.1) 具有初值 $N_0 > 0$ 的解. 若 $p > 1$, 则

$$\limsup_{t \to \infty} E\left[\frac{1}{N^p(t)}\right] \leqslant S(p),$$

其中

$$S(p) = \left[\frac{2b + n\sigma^2(p+1)\varepsilon^{-\frac{1}{n}}}{2a - m\sigma^2(p+1)\varepsilon^{\frac{1}{m}}}\right]^p,$$

$$0 < \varepsilon < \left[\frac{2a}{m\sigma^2(p+1)}\right]^m, \quad m = 1 - 2\theta, \quad n = 2\theta.$$

证明　由 Itô 公式可得

$$\begin{aligned}
d\frac{1}{N(t)} &= -\frac{1}{N^2(t)}dN(t) + \frac{1}{N^3(t)}(dN(t))^2 \\
&= -\frac{1}{N(t)}\left[(a - bN(t))dt + \sigma N^\theta(t)dB(t)\right] + \frac{1}{N(t)}\sigma^2 N^{2\theta}(t)dt \\
&= \left(-\frac{a}{N(t)} + b + \frac{\sigma^2}{N^{1-2\theta}(t)}\right)dt - \frac{\sigma}{N^{1-\theta}(t)}dB(t).
\end{aligned}$$

设

$$y(t) = \frac{1}{N(t)},$$

则

$$dy(t) = \left(b + \sigma^2 y^{1-2\theta}(t) - ay(t)\right) dt - \sigma y^{1-\theta}(t)dB(t),$$

且

$$\begin{aligned}
dy^p(t) &= py^{p-1}(t)dy(t) + \frac{1}{2}p(p-1)y^{p-2}(t)(dy(t))^2 \\
&= \left[bpy^{p-1}(t) + \frac{\sigma^2}{2}p(p+1)y^{p-2\theta}(t) - apy^p(t)\right]dt - \sigma py^{p-\theta}(t)dB(t).
\end{aligned}$$

于是

$$\begin{aligned}
\frac{dE\left[y^p(t)\right]}{dt} &= bpE\left[y^{p-1}(t)\right] + \frac{\sigma^2}{2}p(p+1)E\left[y^{p-2\theta}(t)\right] - apE\left[y^p(t)\right] \\
&= bpE\left[y^{p-1}(t)\right] + \frac{\sigma^2}{2}p(p+1)E\left[(y^p(t))^m(y^{p-1}(t))^n\right] - apE\left[y^p(t)\right] \\
&\leqslant bpE\left[y^{p-1}(t)\right] - apE\left[y^p(t)\right] \\
&\quad + \frac{\sigma^2}{2}p(p+1)\left\{E\left[y^p(t)\right]\right\}^m\left\{E\left[y^{p-1}(t)\right]\right\}^n \\
&= bpE\left[y^{p-1}(t)\right] - apE\left[y^p(t)\right] \\
&\quad + \frac{\sigma^2}{2}p(p+1)\left\{\varepsilon^{\frac{1}{m}}E\left[y^p(t)\right]\right\}^m\left\{\varepsilon^{-\frac{1}{n}}E\left[y^{p-1}(t)\right]\right\}^n \\
&\leqslant bpE\left[y^{p-1}(t)\right] - apE\left[y^p(t)\right] \\
&\quad + \frac{\sigma^2}{2}p(p+1)\left\{m\varepsilon^{\frac{1}{m}}E\left[y^p(t)\right] + n\varepsilon^{-\frac{1}{n}}E\left[y^{p-1}(t)\right]\right\} \\
&= \left[bp + \frac{\sigma^2}{2}p(p+1)n\varepsilon^{-\frac{1}{n}}\right]E\left[y^{p-1}(t)\right] \\
&\quad + \left[\frac{\sigma^2}{2}p(p+1)m\varepsilon^{\frac{1}{m}} - ap\right]E\left[y^p(t)\right] \\
&\leqslant \left[bp + \frac{\sigma^2}{2}p(p+1)n\varepsilon^{-\frac{1}{n}}\right]E\left[y^p(t)\right]^{\frac{p-1}{p}} \\
&\quad + \left[\frac{\sigma^2}{2}p(p+1)m\varepsilon^{\frac{1}{m}} - ap\right]E\left[y^p(t)\right],
\end{aligned}$$

其中 $n = 2\theta, m = 1 - 2\theta$. 取 $\varepsilon > 0$ 充分小 $\left(0 < \varepsilon < \left[\frac{2a}{m\sigma^2(p+1)}\right]^m\right)$ 满足

$$ap - \frac{\sigma^2}{2}p(p+1)m\varepsilon^{\frac{1}{m}} > 0.$$

设 $z(t) = E\left[y^p(t)\right]$, 则

$$\frac{dz(t)}{dt} \leqslant \left[bp + \frac{\sigma^2}{2}p(p+1)n\varepsilon^{-\frac{1}{n}}\right]z^{\frac{p-1}{p}}(t) - \left[ap - \frac{\sigma^2}{2}p(p+1)m\varepsilon^{\frac{1}{m}}\right]z(t).$$

显然方程

$$\frac{du(t)}{dt} = \left[bp + \frac{\sigma^2}{2} p(p+1) n \varepsilon^{-\frac{1}{n}} \right] u^{\frac{p-1}{p}}(t) - \left[ap - \frac{\sigma^2}{2} p(p+1) m \varepsilon^{\frac{1}{m}} \right] u(t)$$

的解满足

$$u(t)^{\frac{1}{p}} = N_0^{-1} e^{-\left(a + \frac{\sigma^2}{2}(p+1)m\varepsilon^{\frac{1}{m}} \right) t}$$

$$+ \frac{2b + \sigma^2 n(p-1)\varepsilon^{-\frac{1}{n}}}{2a - \sigma^2 m(p+1)\varepsilon^{\frac{1}{m}}} \left[1 - e^{-\left(a - \frac{\sigma^2}{2}(p+1)m\varepsilon^{\frac{1}{m}} \right) t} \right].$$

于是

$$\lim_{t\to\infty} u(t) = \left[\frac{2b + \sigma^2 n(p+1)\varepsilon^{-\frac{1}{n}}}{2a - \sigma^2 m(p+1)\varepsilon^{\frac{1}{m}}} \right]^p.$$

从而由比较定理可得

$$\limsup_{t\to\infty} z(t) \leqslant \left[\frac{2b + \sigma^2 n(p+1)\varepsilon^{-\frac{1}{n}}}{2a - \sigma^2 m(p+1)\varepsilon^{\frac{1}{m}}} \right]^p.$$

令

$$S(p) := \left[\frac{2b + \sigma^2 n(p+1)\varepsilon^{-\frac{1}{n}}}{2a - \sigma^2 m(p+1)\varepsilon^{\frac{1}{m}}} \right]^p,$$

则易得

$$\limsup_{t\to\infty} E\left[\frac{1}{N^p(t)} \right] \leqslant S(p).$$

于是该引理得证.　　　　　　　　　　　　　　　　　　　　　　　　　　□

注记 2.2.2　由引理 2.2.2 可知, 存在 $\tilde{T} > 0$, 当 $t \geqslant \tilde{T}$ 时, 满足

$$E\left[\frac{1}{N^p(t)} \right] \leqslant 2S(p).$$

另一方面, 注意到 $E\left[\dfrac{1}{N^p(t)} \right]$ 在区间 $[0, \tilde{T}]$ 上连续, 则存在 $\tilde{S}(p) > 0$, 当 $t \in [0, \tilde{T}]$ 时, 满足

$$E\left[\frac{1}{N^p(t)} \right] \leqslant \tilde{S}(p).$$

令

$$M(p) = \max\{2S(p), \tilde{S}(p)\},$$

则对 $t \in [0, \infty)$ 有

$$E\left[\frac{1}{N^p(t)} \right] \leqslant M(p).$$

定理 2.2.2 对任意的初值 $N_0 > 0$, 系统 (2.2.1) 的解 $N(t)$ 是随机持久的.

证明 由引理 2.2.1 和引理 2.2.2 可知, $p > 1$ 时,

$$N(t) \in L^p, \quad \frac{1}{N(t)} \in L^p.$$

另一方面, 由注记 2.2.1 和注记 2.2.2 可知

$$E[N^p(t)] \leqslant K(p), \quad E\left[\frac{1}{N^p(t)}\right] \leqslant M(p), \quad t \in [0, \infty).$$

则由 Chebyshev 不等式可得存在

$$H_1 = \left(\frac{\delta}{M(p)}\right)^{\frac{1}{p}}, \quad H_2 = \left(\frac{K(p)}{\delta}\right)^{\frac{1}{p}},$$

满足

$$\limsup_{t \to \infty} P\{N(t) < H_1\} < \delta,$$

$$\limsup_{t \to \infty} P\{N(t) > H_2\} < \delta.$$

因此系统 (2.2.1) 的解是随机持久的. 此定理得证. □

2.2.3 系统均值意义下的全局稳定性

引理 2.2.3 设 $N(t)$ 是系统 (2.2.1) 具有初值 $N_0 > 0$ 的解. 则对所有 $t \geqslant 0$, 几乎所有的样本轨道 $N(t)$ 是一致连续的.

证明 系统 (2.2.1) 可改写为

$$N(t) = N_0 + \int_0^t N(s) \left[(a - bN(s))ds + \sigma N^\theta(s)dB(s)\right].$$

此外,

$$E[|N(t)(a - bN(t))|^p]$$

$$= E[|N(t)|^p |a - bN(t)|^p]$$

$$\leqslant \frac{1}{2} E\left[|N(t)|^{2p}\right] + \frac{1}{2} E\left[|a - bN(t)|^{2p}\right]$$

$$\leqslant \frac{1}{2} K(2p) + 2^{2p-2} E\left[a^{2p} + b^{2p} N^{2p}(t)\right]$$

$$\leqslant \frac{1}{2} K(2p) + 2^{2p-2} \left[a^{2p} + b^{2p} K(2p)\right] =: F(p),$$

并且

$$E\left[|\sigma N^{1+\theta}(t)|^p\right] = \sigma^p E\left[N^{(1+\theta)p}(t)\right] \leqslant \sigma^p K((1+\theta)p) =: G(p).$$

根据随机积分的矩不等式[167], 对 $0 \leqslant t_1 \leqslant t_2$ 和 $p > 2$ 有

$$E\left[\left|\int_{t_1}^{t_2} \sigma N^{1+\theta}(s)dB(s)\right|^p\right]$$

$$\leqslant \left[\frac{p(p-1)}{2}\right]^{\frac{p}{2}} (t_2 - t_1)^{\frac{p-2}{2}} \int_{t_1}^{t_2} E\left[|\sigma N^{1+\theta}(s)|^p\right] ds.$$

设 $0 < t_1 < t_2 < \infty, t_2 - t_1 \leqslant 1, \dfrac{1}{p} + \dfrac{1}{q} = 1$, 则有

$$E\left[|N(t_2) - N(t_1)|^p\right]$$

$$= E\left[\left|\int_{t_1}^{t_2} N(s)[(a - bN(s))ds + \sigma N^{\theta}(s)dB(s)\right|^p\right]$$

$$\leqslant 2^{p-1} E\left[\left|\int_{t_1}^{t_2} N(s)(a - bN(s))ds\right|^p\right] + 2^{p-1} E\left[\left|\int_{t_1}^{t_2} \sigma N^{1+\theta}(s)dB(s)\right|^p\right]$$

$$\leqslant 2^{p-1}(t_2 - t_1)^{\frac{p}{q}} \int_{t_1}^{t_2} E\left[|N(s)(a - bN(s))|^p\right] ds$$

$$\quad + 2^{p-1}\left[\frac{p(p-1)}{2}\right]^{\frac{p}{2}} (t_2 - t_1)^{\frac{p-2}{2}} \int_{t_1}^{t_2} E\left[|\sigma N^{1+\theta}(s)|^p\right] ds$$

$$\leqslant 2^{p-1}(t_2 - t_1)^{\frac{p}{q}+1} F(p) + 2^{p-1}\left[\frac{p(p-1)}{2}\right]^{\frac{p}{2}} (t_2 - t_1)^{\frac{p}{2}} G(p)$$

$$\leqslant 2^{p-1}(t_2 - t_1)^{(\frac{p}{2}-1)+1} \left\{(t_2 - t_1)^{\frac{p}{2}} + \left[\frac{p(p-1)}{2}\right]^{\frac{p}{2}}\right\} W(p),$$

其中 $W(p) = \max\{F(p), G(p)\}$. 从而由定理 1.1.4 可知 $N(t)$ 的几乎所有的样本轨道是以指数 $\gamma \in \left(0, \dfrac{p-2}{2p}\right)$ 一致 Hölder 连续的. 该引理得证. □

引理 2.2.4[32]　设非负函数 f 在 $[0, \infty)$ 有定义. 若函数 f 在 $[0, \infty)$ 上是可积的, 且是一致连续的. 则 $\lim\limits_{t \to \infty} f(t) = 0$.

定理 2.2.3　设 $N_1(t), N_2(t)$ 分别是系统 (2.2.1) 具有初值 $N_{10} > 0, N_{20} > 0$ 的解. 则

$$\lim\limits_{t \to \infty} E[|N_1(t) - N_2(t)|] = 0.$$

证明 设

$$V(N_1, N_2) = |\log N_1 - \log N_2|,$$

则 $V(N_1, N_2)$ 是连续的非负函数. 由 Itô 公式可得

$$d^+ V(N_1(t), N_2(t))$$

$$= \mathrm{sgn}(N_1(t) - N_2(t)) \left[\frac{1}{N_1(t)} dN_1(t) - \frac{1}{2N_1^2(t)} (dN_1(t))^2 \right.$$

$$\left. - \frac{1}{N_2(t)} dN_2(t) + \frac{1}{2N_2^2(t)} (dN_2(t))^2 \right]$$

$$= \mathrm{sgn}(N_1(t) - N_2(t)) \left\{ \left[-b(N_1(t) - N_2(t)) - \frac{\sigma^2}{2} \left(N_1^{2\theta}(t) - N_2^{2\theta}(t) \right) \right] dt \right.$$

$$\left. + \sigma \left(N_1^\theta(t) - N_2^\theta(t) \right) dB(t) \right\}$$

$$= \left[-b|N_1(t) - N_2(t)| - \frac{\sigma^2}{2} \left| N_1^{2\theta}(t) - N_2^{2\theta}(t) \right| \right] dt + \sigma \left| N_1^\theta(t) - N_2^\theta(t) \right| dB(t).$$

于是

$$\frac{d^+ E[V(N_1(t), N_2(t))]}{dt} = -b E[|N_1(t) - N_2(t)|] - \frac{\sigma^2}{2} E\left[\left| N_1^{2\theta}(t) - N_2^{2\theta}(t) \right| \right]$$

$$\leqslant -b E[|N_1(t) - N_2(t)|],$$

则 $E[V(t)]$ 是单调递减的. 对上述不等式两端积分可得

$$E[V(t)] \leqslant E[V(0)] - b \int_0^t E[|N_1(s) - N_2(s)|] ds.$$

又由于

$$E[V(0)] = E[|\log N_{10} - \log N_{20}|] < \infty,$$

从而

$$E[V(t)] + b \int_0^t E[|N_1(s) - N_2(s)|] ds \leqslant E[V(0)] < \infty.$$

这表明 $E[|N_1(t) - N_2(t)|] \in L^1[0, \infty)$. 此外由引理 2.2.3 可知 $E[|N_1(t) - N_2(t)|]$ 在 $[0, \infty)$ 上是一致连续的. 因此由引理 2.2.4 可知

$$\lim_{t \to \infty} E[|N_1(t) - N_2(t)|] = 0.$$

该定理得证. $\qquad\qquad\qquad\qquad\qquad\qquad\qquad\qquad\qquad\qquad\qquad\qquad$ □

第3章 随机 Lotka-Volterra 多种群系统

众所周知, Lotka-Volterra 系统

$$\dot{x}_i = x_i\left(r_i + \sum_{i=1}^{n} a_{ij}x_j\right), \quad i = 1, 2, \cdots, n \tag{3.0.1}$$

描述了某个群落中 n $(n \geqslant 2)$ 个种群的相互作用关系, 其中 x_i 是第 i 个种群的密度, r_i 是第 i 个种群的内禀增长率, 参数 a_{ij} 表示第 j 个种群对第 i 个种群的影响[86]. 参数 a_{ij} 和 a_{ji} $(i \neq j)$ 的正负性决定了第 i 个种群和第 j 个种群之间的相互关系. 系统 (3.0.1) 可以表示种群之间最基本的三种关系 —— 竞争、互惠、捕食与食饵关系.

Goh [68] 研究了两种群的互惠系统, 其模型为

$$\begin{cases} \dot{x}_1(t) = x_1(t)[r_1 - a_{11}x_1(t) + a_{12}x_2(t)], \\ \dot{x}_2(t) = x_2(t)[r_2 + a_{21}x_1(t) - a_{22}x_2(t)], \end{cases} \tag{3.0.2}$$

其中参数 r_i, a_{ij} $(i, j = 1, 2)$ 是正的. 他指出, 若 $r_i > 0, a_{ij} > 0$ $(i, j = 1, 2)$ 且 $a_{11}a_{22} - a_{12}a_{21} > 0$, 则

$$\lim_{t \to \infty} x_1(t) = x_1^*, \quad \lim_{t \to \infty} x_2(t) = x_2^*,$$

其中 $x^* = (x_1^*, x_2^*)$ 是系统 (3.0.2) 的唯一正平衡点, 且

$$x_1^* = \frac{r_1a_{22} + r_2a_{12}}{a_{11}a_{22} - a_{12}a_{21}} > 0, \quad x_2^* = \frac{r_2a_{11} + r_1a_{21}}{a_{11}a_{22} - a_{12}a_{21}} > 0.$$

此外, 很多学者研究了互惠系统及其延展形式, 如考虑时滞对互惠系统的影响, 研究周期解的存在性等 [12, 61, 83, 221, 223, 227].

不同于互惠系统, 当一个种群的存在对另一个种群的存在具有抑制作用, 例如为了争夺同一食物、生存空间等. 这时, 可以用竞争系统描述. Golpalsamy [70] 研究了如下的 Lotka-Volterra 两种群竞争系统

$$\begin{cases} \dot{x}(t) = x(t)[r_1 - a_{11}x(t) - a_{12}y(t)], \\ \dot{y}(t) = y(t)[r_2 - a_{21}x(t) - a_{22}y(t)]. \end{cases} \tag{3.0.3}$$

若以下条件满足

(i) $r_i > 0, a_{ij} \geqslant 0 (i = 1, 2)$;

(ii) $a_{11} > a_{21}, a_{22} > a_{12}$;

(iii) $r_1 > \dfrac{a_{12}}{a_{22}} r_2, r_2 > \dfrac{a_{21}}{a_{11}} r_1$,

则系统的正平衡点是全局渐近稳定的.

　　经典的 Lotka-Volterra 模型, 不考虑随机因素已经有大量的研究工作. 一些学者已经考虑了随机因素影响的 Lotka-Volterra 模型的性质, 参见文献 [21, 27, 56, 92, 139, 169, 171, 173, 182, 231]. Nie 和 Mei [182] 研究了白噪声 (参数 $a_{ii}, i = 1, 2, \cdots, n$ 随机扰动) 与时滞对系统 (3.0.1) 的影响, 给出白噪声和时滞完全抑制了互惠系统种群的爆破. Zeng 等 [231] 进一步研究了此系统. 他们研究了白噪声和时滞对 $C(s)$ (标准化的相关函数) 和 T_c (相关的松弛时间) 的影响. Li 和 Mao [173] 研究了非自治的 Lotka-Volterra 模型在随机扰动下的持久性和非持久性. Bahar 和 Mao [27] 又考虑了带时滞的随机 Lotka-Volterra 模型的动力学行为. 进一步地, Hu 等 [92] 运用相应的矩阵方法研究了带多个时滞的随机 Lotka-Volterra 模型的渐近行为.

　　此外, 一些种群的增长率在多雨季节与干旱季节会有很大的不同, 环境容纳量也会随着环境资源的改变而改变, 种间的与种内的竞争强度在不同的环境中会有不同等. 这种环境干扰可以用有色噪声的一种 —— 电报噪声描述, 其改变往往是无记忆的, 下一次改变的发生通常服从指数分布, 在数学上可以用具有有限状态的连续时间的 Markov 链表示. 因而带 Markov 转换的随机种群模型刻画了环境中白噪声和电报噪声共同作用对种群数量的影响, 具有重要的现实意义 [31, 91, 126, 253]. Zhu 等 [253] 探讨了带 Markov 转换的 Lotka-Volterra 竞争模型的动力学行为. Hu 和 Wang [91] 又给出了带 Markov 转换的 Lotka-Volterra 模型的性质. 另一方面, 注意到环境中会有一些突发现象使得种群和模型中的参数发生不同的改变, 在种群模型中引入 Poisson 跳能够更好地描述实际现象. Bao 等 [31] 考虑了带跳的 Lotka-Volterra 竞争模型的动力学行为, 并给出了样本的 Lyapunov 指数.

　　本章考虑环境白噪声的影响, 在系统 (3.0.1) 中引入白噪声. 这里假设白噪声的影响主要是对内禀增长率 r_i 的影响. 设 $r_i \to r_i + \sigma_i \dot{B}_i(t)$, 其中 $B_i(t), i = 1, 2, \cdots, n$ 是相互独立的一维标准布朗运动, 其初值 $B_i(0) = 0, \sigma_i^2, i = 1, 2, \cdots, n$ 是白噪声的强度. 从而相应于确定性系统 (3.0.2) 的随机系统具有如下形式

$$dx_i(t) = x_i(t) \left(r_i + \sum_{i=1}^{n} a_{ij} x_j \right) dt + \sigma_i x_i(t) dB_i(t), \quad i = 1, 2, \cdots, n. \quad (3.0.4)$$

　　下面分别考虑互惠系统 ($a_{ij} > 0, i \neq j, a_{ii} < 0, i, j = 1, 2, \cdots, n$) 和竞争系统 ($a_{ij} < 0, i, j = 1, 2, \cdots, n$) 在随机扰动下的动力学行为. 考虑种群系统的动力学行为, 持久性是非常值得考虑的一个问题, 它意味着种群在生态系统中长期共存, 生态系统的和谐发展. 对于确定性系统来说, 系统正平衡点的全局吸引性蕴含系统的

持久性. 当随机系统存在正平衡点时, 可以证明该平衡点的随机稳定性反映种群的持久性. 当随机系统不存在正平衡点时 (随机系统 (3.0.4) 不存在正平衡点), 不可能得到系统的解趋于某个固定点, 但若系统的解长时间围绕某个值波动, 可以认为系统是持久的. 本章通过研究系统在时间均值意义下的稳定性反映随机系统的持久性. 另一方面, 当系统存在平衡点时, 实际上可以认为系统存在退化的平稳分布, 具有 δ 密度. 当系统不存在平衡点时, 是否仍然存在类似的平稳分布呢? 研究表明, 这样一个分布的密度恰好是著名的 Fokker-Planck 方程的解. 由于很难求解这样一个方程, Khas'minskii [81] 和 Gard [64] 给出了用 Lyapunov 泛函方法得到自治随机微分方程的平稳分布存在的判据. 本章通过扩散过程理论和 Khas'minskii [81] 给出的定理讨论随机系统是否存在平稳分布, 是否具有遍历性. 遍历性是统计学的一个重要性质, 需要将状态按时间的发展作为随机实验的基本结果进行统计估计, 即用时间平均近似空间平均. 遍历性在概率论、统计、调和分析、李理论等很多领域都有广泛的应用, 也已有很多研究 [23, 81, 113]. 本章通过构造合适的 Lyapunov 函数探讨系统平稳分布的存在性, 且具有遍历性.

3.1　随机 Lotka-Volterra 多种群互惠系统

本节考虑随机 Lotka-Volterra 多种群互惠系统

$$dx_i(t) = x_i(t)\left[\left(r_i - a_{ii}x_i(t) + \sum_{j\in J_i} a_{ij}x_j(t)\right)dt + \sigma_i dB_i(t)\right], \quad i=1,2,\cdots,n$$
(3.1.1)

的动力学行为.

设

$$A = \begin{pmatrix} a_{11} & a_{12} & \cdots & a_{1n} \\ a_{21} & a_{22} & \cdots & a_{2n} \\ \vdots & \vdots & & \vdots \\ a_{n1} & a_{n2} & \cdots & a_{nn} \end{pmatrix} := (a_{ij})_{n\times n},$$

$$\bar{A} = \begin{pmatrix} -a_{11} & a_{12} & \cdots & a_{1n} \\ a_{21} & -a_{22} & \cdots & a_{2n} \\ \vdots & \vdots & & \vdots \\ a_{n1} & a_{n2} & \cdots & -a_{nn} \end{pmatrix} := (\bar{a}_{ij})_{n\times n},$$

$$x(t) = (x_1(t), x_2(t), \cdots, x_n(t)).$$

3.1.1　系统正解的存在性及有界性

类似 2.2.1 小节, 研究种群系统的动力学行为, 首先考虑系统是否存在全局解, 且该解是非负的. 随机微分方程解的存在唯一性定理要求系统的系数满足局部 Lipschitz 条件和线性增长条件, 然而系统 (3.1.1) 的系数仅满足局部 Lipschitz 条件而不满足线性增长条件, 则解可能会在有限时刻爆破. 本小节首先证明系统 (3.1.1) 存在唯一的全局正解, 其次估计解的 p 阶矩.

条件 1   矩阵 $A = (a_{ij})_{n \times n}$ 是不可约的, 且 $r_i > 0, a_{ij} \geqslant 0, \gamma_i := a_{ii} - \sum\limits_{j \in J_i} a_{ij} > 0, i, j = 1, 2, \cdots, n.$

定理 3.1.1   若条件 1 成立, 则对任意初值 $x(0) = x_0 \in \mathbb{R}_+^n$, 系统 (3.1.1) 存在唯一的正解 $x(t)$, 且该解以概率 1 位于 $\mathbb{R}_+^n$ 中, 即对所有的 $t \geqslant 0, x(t) \in \mathbb{R}_+^n$ a.s.

证明   采用 2.2.1 小节同样方法证明系统 (3.1.1) 存在唯一的全局正解. 从证明过程可见, 关键是构造合适的 Lyapunov 函数 V, 并估计 LV 是有界的. 为了简单起见, 仅给出证明的关键部分.

定义 C^2 函数: $\mathbb{R}_+^n \longrightarrow \bar{\mathbb{R}}_+$,

$$V(x_1, x_2, \cdots, x_n) = \sum_{i=1}^n c_i(x_i - 1 - \log x_i),$$

其中 c_i 表示 L_A (见 (1.5.1)) 的第 i 个对角元的余子式. 由引理 1.5.3 的结论 (1) 可知 $c_i > 0$ $(i = 1, 2, \cdots, n)$, 则函数 $V(x_1, x_2, \cdots, x_n)$ 是正定的. 由 Itô 公式可得

$$dV = \sum_{i=1}^n c_i(x_i - 1) \left[\left(r_i - a_{ii}x_i + \sum_{j \in J_i} a_{ij}x_j \right) dt + \sigma_i dB_i(t) \right] + \sum_{i=1}^n \frac{c_i}{2} \sigma_i^2 dt$$
$$:= LV dt + \sum_{i=1}^n c_i \sigma_i (x_i - 1) dB_i(t),$$

其中

$$LV = \sum_{i=1}^n c_i(x_i - 1) \left(r_i - a_{ii}x_i + \sum_{j \in J_i} a_{ij}x_j \right) + \sum_{i=1}^n \frac{c_i}{2} \sigma_i^2$$
$$= \sum_{i=1}^n c_i \left[(r_i + a_{ii})x_i - \sum_{j \in J_i} a_{ij}x_j - a_{ii}x_i^2 + \sum_{j \in J_i} a_{ij}x_ix_j - r_i + \frac{\sigma_i^2}{2} \right]$$
$$\leqslant \sum_{i=1}^n c_i \left[(r_i + a_{ii})x_i - \sum_{j \in J_i} a_{ij}x_j - a_{ii}x_i^2 + \frac{1}{2} \sum_{j \in J_i} a_{ij}(x_i^2 + x_j^2) - r_i + \frac{\sigma_i^2}{2} \right].$$
$$(3.1.2)$$

注意到矩阵 A 是不可约的, 则由引理 1.5.3 的 (2) 可得

$$\sum_{i=1}^n \sum_{j=1}^n c_i a_{ij} x_j^2 = \sum_{i=1}^n \sum_{j=1}^n c_i a_{ij} x_i^2,$$

从而

$$\sum_{i=1}^{n}\sum_{j\in J_i} c_i a_{ij} x_j^2 = \sum_{i=1}^{n}\sum_{j\in J_i} c_i a_{ij} x_i^2.$$

于是 (3.1.2) 可写为

$$LV \leqslant \sum_{i=1}^{n} c_i \left[(r_i + a_{ii})x_i - \sum_{j\in J_i} a_{ij} x_j - a_{ii} x_i^2 + \sum_{j\in J_i} a_{ij} x_i^2 - r_i + \frac{\sigma_i^2}{2} \right]$$

$$= \sum_{i=1}^{n} c_i \left[(r_i + a_{ii})x_i - \sum_{j\in J_i} a_{ij} x_j - \gamma_i x_i^2 - r_i + \frac{\sigma_i^2}{2} \right]$$

$$\leqslant K,$$

此处利用了 $\gamma_i > 0$ $(i = 1, 2, \cdots, n)$, 其中 K 是正常数. □

下面给出系统 (3.1.1) 的解 p 阶矩有界.

定理 3.1.2 若条件 1 成立, $x(t)$ 是系统 (3.1.1) 具有初值 $x_0 \in \mathbb{R}_+^n$ 的解, 则存在正常数 $K(p), p > 0$, 使得对所有的 $t \in [0, \infty)$,

$$E\left[\sum_{i=1}^{n} c_i x_i^p(t)\right] \leqslant K(p), \tag{3.1.3}$$

其中 c_i $(i = 1, 2, \cdots, n)$ 为定理 3.1.1 的证明中所定义的常数.

证明 由 Itô 公式可得

$$dx_i^p = px_i^p \left[\left(r_i - a_{ii}x_i(t) + \sum_{j\in J_i} a_{ij}x_j(t) \right) dt + \sigma_i dB_i(t) \right] + \frac{p(p-1)\sigma_i^2}{2} x_i^p dt$$

$$= p \left[\left(r_i + \frac{p-1}{2}\sigma_i^2 \right) x_i^p - a_{ii}x_i^{p+1} + \sum_{j\in J_i} a_{ij}x_i^p x_j \right] dt + \sigma_i px_i^p dB_i(t).$$

又由 Young 不等式有 $x_i^p x_j \leqslant \dfrac{p}{p+1}x_i^{p+1} + \dfrac{1}{p+1}x_j^{p+1}$, 则

$$dx_i^p \leqslant p \left[\left(r_i + \frac{p-1}{2}\sigma_i^2 \right) x_i^p - a_{ii}x_i^{p+1} + \sum_{j\in J_i} a_{ij} \left(\frac{p}{p+1}x_i^{p+1} + \frac{1}{p+1}x_j^{p+1} \right) \right] dt$$

$$+ \sigma_i px_i^p dB_i(t).$$

由于 $A = (a_{ij})_{n \times n}$ 是不可约的, 则由引理 1.5.3 (2) 可知

$$\sum_{i=1}^{n}\sum_{j\in J_i} c_i a_{ij} x_j^{p+1} = \sum_{i=1}^{n}\sum_{j\in J_i} c_i a_{ij} x_i^{p+1}.$$

于是再结合 $\gamma_i > 0 \ (i = 1, 2, \cdots, n)$ 可得

$$
\begin{aligned}
d\left[\sum_{i=1}^{n} c_i x_i^p\right] &= \sum_{i=1}^{n} c_i dx_i^p \\
&\leqslant \sum_{i=1}^{n} c_i p\left[\left(r_i + \frac{p-1}{2}\sigma_i^2\right)x_i^p - a_{ii}x_i^{p+1} + \sum_{j\in J_i} a_{ij}x_i^{p+1}\right]dt \\
&\quad + \sum_{i=1}^{n} c_i \sigma_i p x_i^p dB_i(t) \\
&= \sum_{i=1}^{n} c_i p\left[\left(r_i + \frac{p-1}{2}\sigma_i^2\right)x_i^p - \gamma_i x_i^{p+1}\right]dt + \sum_{i=1}^{n} c_i \sigma_i p x_i^p dB_i(t) \\
&\leqslant \left(\alpha \sum_{i=1}^{n} c_i x_i^p - \beta \sum_{i=1}^{n} c_i^{1+1/p} x_i^{p+1}\right)dt + \sum_{i=1}^{n} c_i \sigma_i p x_i^p dB_i(t),
\end{aligned}
$$

其中 $\alpha = \max\limits_{1\leqslant i\leqslant n}\left\{p\left(r_i + \dfrac{p-1}{2}\sigma_i^2\right)\right\}$, $\beta = \min\limits_{1\leqslant i\leqslant n}\left\{pc_i^{-1/p}\gamma_i\right\}$. 因此,

$$
\begin{aligned}
\frac{dE\left[\sum\limits_{i=1}^{n} c_i x_i^p\right]}{dt} &\leqslant \alpha E\left[\sum_{i=1}^{n} c_i x_i^p\right] - \beta E\left[\sum_{i=1}^{n} c_i^{1+1/p} x_i^{p+1}\right] \\
&\leqslant \alpha E\left[\sum_{i=1}^{n} c_i x_i^p\right] - \beta \sum_{i=1}^{n}\left(E[c_i x_i^p]\right)^{(p+1)/p} \\
&\leqslant \alpha E\left[\sum_{i=1}^{n} c_i x_i^p\right] - \beta n^{-1/p}\left(E\left[\sum_{i=1}^{n} c_i x_i^p\right]\right)^{(p+1)/p}.
\end{aligned}
$$

利用比较定理可得

$$
\limsup_{t\to\infty} E\left[\sum_{i=1}^{n} c_i x_i^p(t)\right] \leqslant n\left(\frac{\alpha}{\beta}\right)^p := C(p).
$$

这表明存在 $T_0 > 0$, 对所有的 $t > T_0$ 有

$$
E\left[\sum_{i=1}^{n} c_i x_i^p(t)\right] \leqslant 2C(p).
$$

当 $t \in [0, T_0]$ 时, 由 $E\left[\sum\limits_{i=1}^{n} c_i x_i^p(t)\right]$ 的连续性知, 存在 $\tilde{C}(p) > 0$ 使得

$$
E\left[\sum_{i=1}^{n} c_i x_i^p(t)\right] \leqslant \tilde{C}(p).
$$

令 $K(p) = \max\{2C(p), \tilde{C}(p)\}$, 则对所有的 $t \in [0, +\infty)$ 有

$$E\left[\sum_{i=1}^{n} c_i x_i^p(t)\right] \leqslant K(p).$$

该定理得证. □

3.1.2　系统的持久性

1. 时间均值意义下的持久性

考虑一个种群系统, 持久性是一个很重要的性质, 意味着种群在生态系统中和谐共存. 下面给出系统在均值意义下是持久的.

陈兰荪和陈健[1] 定义了确定性系统均值意义下的持久性. 这里, 对随机系统也给出类似的定义.

定义 3.1.1　称系统 (3.1.1) 在时间均值意义下是持久的, 若有

$$\liminf_{t \to \infty} \frac{1}{t} \int_0^t x_i(s)ds > 0, \quad i = 1, 2, \cdots, n \quad \text{a.s.}$$

条件 2　$r_i > \dfrac{\sigma_i^2}{2}, i = 1, 2, \cdots, n.$

定理 3.1.3　假设条件 1 和条件 2 满足, 则系统 (3.1.1) 具有初值 $x_0 \in \mathbb{R}_+^n$ 的解 $x(t)$ 满足:

$$\liminf_{t \to \infty} \frac{1}{t} \int_0^t x_i(s)ds \geqslant \frac{r_i - \dfrac{\sigma_i^2}{2}}{a_{ii}}, \quad i = 1, 2, \cdots, n \quad \text{a.s.},$$

即系统 (3.1.1) 在时间均值意义下是持久的, 并且

$$\liminf_{t \to \infty} \frac{\log x_i(t)}{t} \geqslant 0, \quad i = 1, 2, \cdots, n \quad \text{a.s.}$$

证明　由系统 (3.1.1) 解的正性以及随机比较定理 (定理 1.2.9) 可知

$$x_i(t) \geqslant \phi_i(t), \quad i = 1, 2, \cdots, n \quad \text{a.s.},$$

其中 $\phi_i(t)$ 是如下随机 Logistic 方程的解

$$d\phi_i(t) = \phi_i(t)[(r_i - a_{ii}\phi_i(t))dt + \sigma_i dB_i(t)], \quad \phi_i(0) = x_i(0).$$

当条件 2 满足时, 由定理 2.1.1 和引理 2.1.3 可知

$$\lim_{t \to \infty} \frac{1}{t} \int_0^t \phi_i(s)ds = \frac{r_i - \dfrac{\sigma_i^2}{2}}{a_{ii}}, \quad \lim_{t \to \infty} \frac{\log \phi_i(t)}{t} = 0 \quad \text{a.s.}$$

于是易见该定理结论成立. □

例 3.1.1 特别地, 当 $n = 3$ 时, 系统 (3.1.1) 即为

$$\begin{cases} dx_1(t) = x_1(t)[(r_1 - a_{11}x_1(t) + a_{12}x_2(t) + a_{13}x_3(t))dt + \sigma_1 dB_1(t)], \\ dx_2(t) = x_2(t)[(r_2 + a_{21}x_1(t) - a_{22}x_2(t) + a_{23}x_3(t))dt + \sigma_2 dB_2(t)], \\ dx_3(t) = x_3(t)[(r_3 + a_{31}x_1(t) + a_{32}x_2(t) - a_{33}x_3(t))dt + \sigma_3 dB_3(t)]. \end{cases} \quad (3.1.4)$$

此时

$$c_1 = a_{32}a_{21} + a_{31}a_{21} + a_{23}a_{31},$$
$$c_2 = a_{31}a_{12} + a_{13}a_{32} + a_{12}a_{32},$$
$$c_3 = a_{12}a_{23} + a_{21}a_{13} + a_{13}a_{23}.$$

利用 Higham [85] 给出的离散方法, 得到系统 (3.1.4) 的离散化方程:

$$\begin{cases} x_{1,k+1} = x_{1,k} + x_{1,k}(r_1 - a_{11}x_{1,k} + a_{12}x_{2,k} + a_{13}x_{3,k})\Delta t \\ \qquad + \sigma_1 \epsilon_{1,k} x_{1,k} \sqrt{\Delta t} + \dfrac{\sigma_1^2}{2} x_{1,k}(\epsilon_{1,k}^2 \Delta t - \Delta t), \\ x_{2,k+1} = x_{2,k} + x_{2,k}(r_2 + a_{21}x_{1,k} - a_{22}x_{2,k} + a_{23}x_{3,k})\Delta t \\ \qquad + \sigma_2 \epsilon_{2,k} x_{2,k} \sqrt{\Delta t} + \dfrac{\sigma_2^2}{2} x_{2,k}(\epsilon_{2,k}^2 \Delta t - \Delta t), \\ x_{3,k+1} = x_{3,k} + x_{3,k}(r_3 + a_{31}x_{1,k} + a_{32}x_{2,k} - a_{33}x_{3,k})\Delta t \\ \qquad + \sigma_3 \epsilon_{3,k} x_{3,k} \sqrt{\Delta t} + \dfrac{\sigma_3^2}{2} x_{3,k}(\epsilon_{3,k}^2 \Delta t - \Delta t). \end{cases} \quad (3.1.5)$$

选取初值 $(x_1(0), x_2(0), x_3(0)) = (0.6, 0.4, 0.7)$, 步长为 $\Delta t = 0.002$,

$$A = \begin{pmatrix} 0.7 & 0.2 & 0.4 \\ 0.1 & 0.5 & 0.3 \\ 0.2 & 0.4 & 0.8 \end{pmatrix}, \quad \begin{pmatrix} r_1 \\ r_2 \\ r_3 \end{pmatrix} = \begin{pmatrix} 0.4 \\ 0.2 \\ 0.3 \end{pmatrix},$$

则 $(x_1^*, x_2^*, x_3^*) = \left(\dfrac{127}{56}, \dfrac{227}{112}, \dfrac{219}{112} \right), \gamma_1 = 0.1, \gamma_2 = 0.1, \gamma_3 = 0.2, c_1 = 0.12, c_2 = 0.28, c_3 = 0.22$. 另取 $\sigma_1 = 0.8, \sigma_2 = 0.6, \sigma_3 = 0.7$, 则 $r_i > \dfrac{\sigma_i^2}{2}, i = 1, 2, 3$, 但是

$$\min\{c_i \gamma_i (x_i^*)^2, i = 1, 2, 3\} \doteq 0.02673 < \frac{1}{2} \sum_{i=1}^{3} c_i x_i^* \sigma_i^2 \doteq 0.29463.$$

从而条件 1 和条件 2 满足, 但是白噪声比较大. 如图 3.1.1 所示, 系统 (3.1.4) 在均值意义下是持久的, 但是不存在平稳分布 (图 3.1.1(b) 的柱状图).

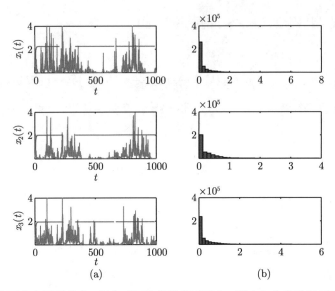

图 3.1.1　系统不存在平稳分布, 但在时间均值意义下持久. 图 (a) 中实线表示系统 (3.1.4) 的
　　　　解, 而虚线表示相应的未扰动系统的解. 图 (b) 是系统 (3.1.4) 的柱状图

2. 系统存在平稳分布且具有遍历性

对确定性系统, 通常给出系统正平衡点的全局吸引性. 但在处理随机系统时, 由于系统不存在正平衡点, 那么系统是否存在类似确定性系统的稳定性是很值得考虑的问题. 本小节利用 Khas'minskii [81] 理论 (定理 1.4.2) 探讨系统平稳分布的存在性. 在给出主要结论之前, 先给出关于非齐次线性方程组的结论, 以便于证明确定性系统正平衡点的存在性.

设非齐次线性方程

$$\bar{A}x = -r, \tag{3.1.6}$$

其中 $\bar{A}$ 如前所定义, $x = (x_1, x_2, \cdots, x_n)^{\mathrm{T}}, r = (r_1, r_2, \cdots, r_n)^{\mathrm{T}}$. 定义矩阵

$$B_n = \begin{pmatrix} -b_1 & a_{12} & \cdots & a_{1n} \\ -b_2 & -a_{22} & \cdots & a_{2n} \\ \vdots & \vdots & & \vdots \\ -b_n & a_{n2} & \cdots & -a_{nn} \end{pmatrix},$$

其中 $b_i, i = 1, 2, \cdots, n$ 是正常数.

引理 3.1.1　若 $b_i > 0, i = 1, 2, \cdots, n$ 且条件 1 满足, 则

$$(-1)^n \det(B_n) > 0, \quad n \geqslant 2.$$

证明 通过数学归纳法证明该结论. 由于

$$(-1)^2 \det(B_2) = \begin{vmatrix} -b_1 & a_{12} \\ -b_2 & -a_{22} \end{vmatrix} = b_1 a_{22} + b_2 a_{12} > 0,$$

则当 $n = 2$ 时结论显然成立. 当 $n = 3$ 时, 由于

$$\det(B_3) = \begin{vmatrix} -b_1 & a_{12} & a_{13} \\ -b_2 & -a_{22} & a_{23} \\ -b_3 & a_{32} & -a_{33} \end{vmatrix}$$

$$= -b_1 \begin{vmatrix} -a_{22} & a_{23} \\ a_{32} & -a_{33} \end{vmatrix} - a_{12} \begin{vmatrix} -b_2 & a_{23} \\ -b_3 & -a_{33} \end{vmatrix} + a_{13} \begin{vmatrix} -b_2 & -a_{22} \\ -b_3 & a_{32} \end{vmatrix}$$

$$= -b_1 \begin{vmatrix} -a_{22} + a_{23} & a_{23} \\ -a_{33} + a_{32} & -a_{33} \end{vmatrix} - a_{12} \begin{vmatrix} -b_2 & a_{23} \\ -b_3 & -a_{33} \end{vmatrix} - a_{13} \begin{vmatrix} -b_3 & a_{32} \\ -b_2 & -a_{22} \end{vmatrix} < 0,$$

则 $(-1)^3 \det(B_3) > 0$. 所以 $n = 3$ 时结论也成立.

假设结论当 $n = k$ 时成立, 即

$$(-1)^k \det(B_k) = (-1)^k \begin{vmatrix} -b_1 & a_{12} & \cdots & a_{1k} \\ -b_2 & -a_{22} & \cdots & a_{2k} \\ \vdots & \vdots & & \vdots \\ -b_k & a_{k2} & \cdots & -a_{kk} \end{vmatrix} > 0. \tag{3.1.7}$$

下面证明结论在 $n = k + 1$ 时仍然成立. 显然

$$\det(B_{k+1}) = \begin{vmatrix} -b_1 & a_{12} & \cdots & a_{1k} & a_{1,k+1} \\ -b_2 & -a_{22} & \cdots & a_{2k} & a_{2,k+1} \\ \vdots & \vdots & & \vdots & \vdots \\ -b_k & a_{k2} & \cdots & -a_{kk} & a_{k,k+1} \\ -b_{k+1} & a_{k+1,2} & \cdots & a_{k+1,k} & -a_{k+1,k+1} \end{vmatrix}$$

$$= -b_1 \begin{vmatrix} -a_{22} & a_{23} & \cdots & a_{2k} & a_{2,k+1} \\ a_{32} & -a_{33} & \cdots & a_{3k} & a_{3,k+1} \\ \vdots & \vdots & & \vdots & \vdots \\ a_{k2} & a_{k3} & \cdots & -a_{kk} & a_{k,k+1} \\ a_{k+1,2} & a_{k+1,3} & \cdots & a_{k+1,k} & -a_{k+1,k+1} \end{vmatrix}$$

$$\quad - a_{12} \begin{vmatrix} -b_2 & a_{23} & \cdots & a_{2k} & a_{2,k+1} \\ -b_3 & -a_{33} & \cdots & a_{3k} & a_{3,k+1} \\ \vdots & \vdots & & \vdots & \vdots \\ -b_k & a_{k3} & \cdots & -a_{kk} & a_{k,k+1} \\ -b_{k+1} & a_{k+1,3} & \cdots & a_{k+1,k} & -a_{k+1,k+1} \end{vmatrix} + \cdots$$

$$+ (-1)^{1+k} a_{1k} \begin{vmatrix} -b_2 & -a_{22} & \cdots & a_{2,k-1} & a_{2,k+1} \\ -b_3 & a_{32} & \cdots & a_{3,k-1} & a_{3,k+1} \\ \vdots & \vdots & & \vdots & \vdots \\ -b_k & a_{k2} & \cdots & a_{k,k-1} & a_{k,k+1} \\ -b_{k+1} & a_{k+1,2} & \cdots & a_{k+1,k-1} & -a_{k+1,k+1} \end{vmatrix}$$

$$+ (-1)^{2+k} a_{1,k+1} \begin{vmatrix} -b_2 & -a_{22} & \cdots & a_{2,k-1} & a_{2k} \\ -b_3 & a_{32} & \cdots & a_{3,k-1} & a_{3k} \\ \vdots & \vdots & & \vdots & \vdots \\ -b_k & a_{k,2} & \cdots & a_{k,k-1} & -a_{kk} \\ -b_{k+1} & a_{k+1,2} & \cdots & a_{k+1,k-1} & a_{k+1,k} \end{vmatrix}$$

$$:= -b_1 \det(B_{k1}) - a_{12} \det(B_{k2}) + \cdots$$
$$+ (-1)^{1+k} a_{1k} \det(B_{kk}) + (-1)^{2+k} a_{1,k+1} \det(B_{k,k+1}).$$

由于

$$\det(B_{k1}) = \begin{vmatrix} -a_{22} & a_{23} & \cdots & a_{2k} & a_{2,k+1} \\ a_{32} & -a_{33} & \cdots & a_{3k} & a_{3,k+1} \\ \vdots & \vdots & & \vdots & \vdots \\ a_{k2} & a_{k3} & \cdots & -a_{kk} & a_{k,k+1} \\ a_{k+1,2} & a_{k+1,3} & \cdots & a_{k+1,k} & -a_{k+1,k+1} \end{vmatrix}$$

$$= \begin{vmatrix} -a_{22} + \sum\limits_{j=3}^{k+1} a_{2j} & a_{23} & \cdots & a_{2k} & a_{2,k+1} \\ -a_{33} + \sum\limits_{j=2,j\neq 3}^{k+1} a_{3j} & -a_{33} & \cdots & a_{3k} & a_{3,k+1} \\ \vdots & \vdots & \vdots & \vdots & \vdots \\ -a_{kk} + \sum\limits_{j=2,j\neq k}^{k+1} a_{kj} & a_{k3} & \cdots & -a_{kk} & a_{k,k+1} \\ -a_{k+1,k+1} + \sum\limits_{j=2}^{k} a_{k+1,j} & a_{k+1,3} & \cdots & a_{k+1,k} & -a_{k+1,k+1} \end{vmatrix},$$

则利用条件 1 易见上式中的矩阵具有 (3.1.7) 中 B_k 的形式, 从而

$$(-1)^k \det(B_{k1}) > 0. \tag{3.1.8}$$

另外, 对 $l = 2, 3, \cdots, k+1$ 有

$\det(B_{kl})$

$$
= \begin{vmatrix}
-b_2 & -a_{22} & \cdots & a_{2,l-1} & a_{2,l+1} & \cdots & a_{2,k} & a_{2,k+1} \\
\vdots & \vdots & & \vdots & \vdots & & \vdots & \vdots \\
-b_l & a_{l2} & \cdots & a_{l,l-1} & a_{l,l+1} & \cdots & a_{l,k} & a_{l,k+1} \\
-b_{l+1} & a_{l+1,2} & \cdots & a_{l+1,l-1} & -a_{l+1,l+1} & \cdots & a_{l+1,k} & a_{l+1,k+1} \\
\vdots & \vdots & & \vdots & \vdots & & \vdots & \vdots \\
-b_{k+1} & a_{k+1,2} & \cdots & a_{k+1,l-1} & a_{k+1,l+1} & \cdots & a_{k+1,k} & -a_{k+1,k+1}
\end{vmatrix}
$$

$$
= (-1)^{l-2} \begin{vmatrix}
-b_l & a_{l2} & \cdots & a_{l,l-1} & a_{l,l+1} & \cdots & a_{l,k} & a_{l,k+1} \\
-b_2 & -a_{22} & \cdots & a_{2,l-1} & a_{2,l+1} & \cdots & a_{2,k} & a_{2,k+1} \\
\vdots & \vdots & & \vdots & \vdots & & \vdots & \vdots \\
-b_{l-1} & a_{l-1,2} & \cdots & -a_{l-1,l-1} & a_{l-1,l+1} & \cdots & a_{l-1,k} & a_{l-1,k+1} \\
-b_{l+1} & a_{l+1,2} & \cdots & a_{l+1,l-1} & -a_{l+1,l+1} & \cdots & a_{l+1,k} & a_{l+1,k+1} \\
\vdots & \vdots & & \vdots & \vdots & & \vdots & \vdots \\
-b_{k+1} & a_{k+1,2} & \cdots & a_{k+1,l-1} & a_{k+1,l+1} & \cdots & a_{k+1,k} & -a_{k+1,k+1}
\end{vmatrix}
$$

$:= (-1)^{l-2} \det(\bar{B}_{kl}).$

显然, k-阶矩阵 $\bar{B}_{kl}$ 也具有 (3.1.7) 中矩阵 B_k 的形式. 于是

$$(-1)^k \det(\bar{B}_{kl}) > 0, \quad l = 2, 3, \cdots, k+1. \tag{3.1.9}$$

从而

$$
(-1)^{k+1} \det(B_{k+1})
$$
$$
= (-1)^{k+2} b_1 \det(B_{k1}) + (-1)^{k+4} a_{12} \det(B_{k2}) + \cdots + (-1)^{k+l+2} a_{1l} \det(B_{kl}) + \cdots
$$
$$
+ (-1)^{2k+2} a_{1k} \det(B_{kk}) + (-1)^{2k+3} a_{1,k+1} \det(B_{k,k+1})
$$
$$
= (-1)^{k+2} b_1 \det(B_{k1}) + (-1)^{k+4} a_{12} \det(\bar{B}_{k2}) + \cdots + (-1)^{k+2l} a_{1l} \det(\bar{B}_{kl}) + \cdots
$$
$$
+ (-1)^{3k} a_{1k} \det(\bar{B}_{kk}) + (-1)^{3k+2} a_{1,k+1} \det(\bar{B}_{k,k+1})
$$
$$
= b_1 (-1)^k \det(B_{k1}) + a_{12} (-1)^k \det(\bar{B}_{k2}) + \cdots + a_{1l} (-1)^k \det(\bar{B}_{kl}) + \cdots
$$
$$
+ a_{1k} (-1)^k \det(\bar{B}_{kk}) + a_{1,k+1} (-1)^k \det(\bar{B}_{k,k+1}) > 0.
$$

故结论对 $n = k+1$ 也成立.

因此, 对 $n \geqslant 2$ 均有 $(-1)^n \det(B_n) > 0$. □

引理 3.1.2 假设条件 1 成立, 则方程 (3.1.6) 存在正解.

证明　由于

$$
\bar{A} = \begin{pmatrix}
-a_{11} + \sum\limits_{k \neq 1} a_{1k} & a_{12} & \cdots & a_{1n} \\
a_{21} & -a_{22} + \sum\limits_{k \neq 2} a_{2k} & \cdots & a_{2n} \\
\vdots & \vdots & & \vdots \\
a_{n1} & a_{n2} & \cdots & -a_{nn} + \sum\limits_{k \neq n} a_{nk}
\end{pmatrix},
$$

则由引理 3.1.1 可知 $\det(\bar{A}) \neq 0$. 结合 Cramer 法则可得, 方程 (3.1.6) 存在唯一的解 $(x_1^*, x_2^*, \cdots, x_n^*)$, 其中 $x_l^* = \dfrac{\det(\bar{A}_{x_l})}{\det(\bar{A})}$, $l = 1, 2, \cdots, n$, 矩阵 $\bar{A}_{x_l}$ 是将矩阵 $\bar{A}$ 中的第 l 列 $(a_{1l}, \cdots, a_{l-1,l}, -a_{ll}, a_{l+1,l}, \cdots, a_{nl})^{\mathrm{T}}$ 替换为方程 (3.1.6) 右边的常数项 $(-r_1, -r_2, \cdots, -r_n)^{\mathrm{T}}$, 即

$$
\bar{A}_{x_l} = \begin{pmatrix}
-a_{11} & \cdots & a_{1,l-1} & -r_1 & a_{1,l+1} & \cdots & a_{1n} \\
a_{21} & \cdots & a_{2,l-1} & -r_2 & a_{2,l+1} & \cdots & a_{2n} \\
\vdots & & \vdots & \vdots & \vdots & & \vdots \\
a_{l-1,1} & \cdots & -a_{l-1,l-1} & -r_{l-1} & a_{l-1,l+1} & \cdots & a_{l-1,n} \\
a_{l,1} & \cdots & a_{l,l-1} & -r_l & a_{l,l+1} & \cdots & a_{l,n} \\
a_{l+1,1} & \cdots & a_{l+1,l-1} & -r_{l+1} & -a_{l+1,l+1} & \cdots & a_{l+1,n} \\
\vdots & & \vdots & \vdots & \vdots & & \vdots \\
a_{n-1,1} & \cdots & a_{n-1,l-1} & -r_{n-1} & a_{n-1,l+1} & \cdots & a_{n-1,n} \\
a_{n1} & \cdots & a_{n,l-1} & -r_n & a_{n,l+1} & \cdots & -a_{n,n}
\end{pmatrix}.
$$

显然要证 $x_l^* > 0$, 只需证明 $(-1)^n \det(\bar{A}_{x_l}) > 0$, $l = 1, 2, \cdots, n$. 事实上,

$$
\begin{aligned}
&\det(\bar{A}_{x_l}) \\
&= (-1)^{l-1} \begin{vmatrix}
-r_1 & -a_{11} & \cdots & a_{1,l-1} & a_{1,l+1} & \cdots & a_{1n} \\
-r_2 & a_{21} & \cdots & a_{2,l-1} & a_{2,l+1} & \cdots & a_{2n} \\
\vdots & \vdots & & \vdots & \vdots & & \vdots \\
-r_{l-1} & a_{l-1,1} & \cdots & -a_{l-1,l-1} & a_{l-1,l+1} & \cdots & a_{l-1,n} \\
-r_l & a_{l,1} & \cdots & a_{l,l-1} & a_{l,l+1} & \cdots & a_{l,n} \\
-r_{l+1} & a_{l+1,1} & \cdots & a_{l+1,l-1} & -a_{l+1,l+1} & \cdots & a_{l+1,n} \\
\vdots & \vdots & & \vdots & \vdots & & \vdots \\
-r_{n-1} & a_{n-1,1} & \cdots & a_{n-1,l-1} & a_{n-1,l+1} & \cdots & a_{n-1,n} \\
-r_n & a_{n1} & \cdots & a_{n,l-1} & a_{n,l+1} & \cdots & -a_{n,n}
\end{vmatrix}
\end{aligned}
$$

$$
= \begin{vmatrix}
-r_l & a_{l1} & \cdots & a_{l,l-1} & a_{l,l+1} & \cdots & a_{ln} \\
-r_1 & -a_{11} & \cdots & a_{1,l-1} & a_{1,l+1} & \cdots & a_{1n} \\
-r_2 & a_{21} & \cdots & a_{2,l-1} & a_{2,l+1} & \cdots & a_{2n} \\
\vdots & \vdots & & \vdots & \vdots & & \vdots \\
-r_{l-1} & a_{l-1,1} & \cdots & -a_{l-1,l-1} & a_{l-1,l+1} & \cdots & a_{l-1,n} \\
-r_{l+1} & a_{l+1,1} & \cdots & a_{l+1,l-1} & -a_{l+1,l+1} & \cdots & a_{l+1,n} \\
\vdots & \vdots & & \vdots & \vdots & & \vdots \\
-r_{n-1} & a_{n-1,1} & \cdots & a_{n-1,l-1} & a_{n-1,l+1} & \cdots & a_{n-1,n} \\
-r_n & a_{n1} & \cdots & a_{n,l-1} & a_{n,l+1} & \cdots & -a_{nn}
\end{vmatrix},
$$

则由引理 3.1.1 可得 $(-1)^n \det(\bar{A}_{x_l}) > 0$. 引理得证. □

系统 (3.1.1) 写成如同 (1.4.1) 的形式

$$
d\begin{pmatrix} x_1(t) \\ x_2(t) \\ \vdots \\ x_n(t) \end{pmatrix} = \begin{pmatrix} x_1(t)[r_1 - a_{11}x_1(t) + a_{12}x_2(t) + \cdots + a_{1n}x_n(t)] \\ x_2(t)[r_2 + a_{21}x_1(t) - a_{22}x_2(t) + \cdots + a_{2n}x_n(t)] \\ \vdots \\ x_n(t)[r_n + a_{n1}x_1(t) + a_{n2}x_2(t) + \cdots - a_{nn}x_n(t)] \end{pmatrix} dt
$$

$$
+ \begin{pmatrix} \sigma_1 x_1(t) \\ 0 \\ \vdots \\ 0 \end{pmatrix} dB_1(t) + \begin{pmatrix} 0 \\ \sigma_2 x_2(t) \\ \vdots \\ 0 \end{pmatrix} dB_2(t)
$$

$$
+ \cdots + \begin{pmatrix} 0 \\ 0 \\ \vdots \\ \sigma_n x_n(t) \end{pmatrix} dB_n(t),
$$

其相应的扩散阵为

$$
\Lambda = \mathrm{diag}\left(\sigma_1^2 x_1^2, \sigma_2^2 x_2^2, \cdots, \sigma_n^2 x_n^2\right).
$$

注记 3.1.1 定理 3.1.1 给出了系统 (3.1.1) 存在唯一的正解 $x(t)$. 另外, 由定理 3.1.1 证明得到了

$$
LV \leqslant K.
$$

现定义 $\tilde{V} = V + K$, 则 $L\tilde{V} \leqslant \tilde{V}$, 且显然有

$$
\tilde{V}_R = \inf_{x \in \mathbb{R}_+^n \setminus D_k} \tilde{V}(x) \to \infty \quad \text{当} \quad k \to \infty,
$$

其中 $D_k = \left(\dfrac{1}{k}, k\right) \times \left(\dfrac{1}{k}, k\right) \times \cdots \times \left(\dfrac{1}{k}, k\right)$. 因此由 Khas'minskii (定理 4.1 的注

2) [81] 给出 $x(t)$ 是 $\mathbb{R}^n_+$ 中的自治 Markov 过程.

定理 3.1.4　假设条件 1 和条件 2 成立, 且 $\sigma_i > 0, i = 1, 2, \cdots, n$ 满足

$$\sum_{i=1}^{n} \frac{c_i}{2} x_i^* \sigma_i^2 < \min_{1 \leqslant i \leqslant n} \left\{ c_i \gamma_i (x_i^*)^2 \right\},$$

其中 $(x_1^*, x_2^*, \cdots, x_n^*)$ 是方程 (3.1.6) 的正解, $c_i, i = 1, 2, \cdots, n$ 如定理 3.1.1 证明中所定义, 则系统 (3.1.1) 存在平稳分布 $\mu(\cdot)$ 且具有遍历性.

证明　定义

$$V(x_1, x_2, \cdots, x_n) = \sum_{i=1}^{n} c_i \left(x_i - x_i^* - x_i^* \log \frac{x_i}{x_i^*} \right).$$

由于矩阵 $A = (a_{ij})_{n \times n}$ 是不可约的, 则由引理 1.5.3 的 (1) 可知 $c_i > 0, i = 1, 2, \cdots, n$. 此外由引理 3.1.2 可知方程 (3.1.6) 存在正解 $(x_1^*, x_2^*, \cdots, x_n^*)$, 满足

$$r_i = a_{ii} x_i^* - \sum_{j \in J_i} a_{ij} x_j^*, \quad i = 1, 2, \cdots, n. \tag{3.1.10}$$

于是, $V(x_1, x_2, \cdots, x_n)$ 是正定的. 由 Itô 公式, 并结合等式 (3.1.10) 可得

$$
\begin{aligned}
dV &= \sum_{i=1}^{n} c_i (x_i - x_i^*) \left[\left(r_i - a_{ii} x_i + \sum_{j \in J_i} a_{ij} x_j \right) dt + \sigma_i dB_i(t) \right] \\
&\quad + \sum_{i=1}^{n} \frac{c_i}{2} x_i^* \sigma_i^2 dt \\
&= \sum_{i=1}^{n} c_i (x_i - x_i^*) \left[\left(\sum_{j \in J_i} a_{ij} (x_j - x_j^*) - a_{ii} (x_i - x_i^*) \right) dt + \sigma_i dB_i(t) \right] \\
&\quad + \sum_{i=1}^{n} \frac{c_i}{2} x_i^* \sigma_i^2 dt \\
&:= LV dt + \sum_{i=1}^{n} c_i \sigma_i (x_i - x_i^*) dB_i(t),
\end{aligned}
$$

其中

$$
\begin{aligned}
LV &= -\sum_{i=1}^{n} c_i a_{ii} (x_i - x_i^*) + \sum_{i=1}^{n} \sum_{j \in J_i} c_i a_{ij} (x_i - x_i^*)(x_j - x_j^*) + \sum_{i=1}^{n} \frac{c_i}{2} x_i^* \sigma_i^2 \\
&\leqslant -\sum_{i=1}^{n} c_i a_{ii} (x_i - x_i^*)^2 + \sum_{i=1}^{n} \frac{c_i}{2} x_i^* \sigma_i^2
\end{aligned}
$$

$$+ \frac{1}{2} \sum_{i=1}^{n} \sum_{j \in J_i} c_i a_{ij} [(x_i - x_i^*)^2 + (x_j - x_j^*)^2]$$

$$= -\sum_{i=1}^{n} c_i a_{ii} (x_i - x_i^*)^2 + \sum_{i=1}^{n} \frac{c_i}{2} x_i^{*2} \sigma_i^2 + \sum_{i=1}^{n} \sum_{j \in J_i} c_i a_{ij} (x_i - x_i^*)^2$$

$$= -\sum_{i=1}^{n} c_i \gamma_i (x_i - x_i^*)^2 + \sum_{i=1}^{n} \frac{c_i}{2} x_i^{*2} \sigma_i^2,$$

上面第二个等式利用了引理 1.5.3 的结论 (2). 由于

$$\sum_{i=1}^{n} \frac{c_i}{2} x_i^* \sigma_i^2 < \min_{1 \leqslant i \leqslant n} \left\{ c_i \gamma_i (x_i^*)^2 \right\},$$

则椭圆

$$-\sum_{i=1}^{n} c_i \gamma_i (x_i - x_i^*)^2 + \sum_{i=1}^{n} \frac{c_i}{2} x_i^* \sigma_i^2 = 0$$

全部落于 $\mathbb{R}_+^n$ 中. 选取 U 是包含 $\bar{U} \subseteq \mathbb{R}_+^n$ 的一个邻域, 使得当 $x \in \mathbb{R}_+^n \setminus U$, 有 $LV \leqslant -C$ (C 为正常数), 这表明定理 1.4.2 中的条件 (B.2) 满足. 因此解 $x(t)$ 在区域 U 是常返的, 结合引理 1.4.1 和注 3.1.1 可知 $x(t)$ 在 $\mathbb{R}_+^n$ 中的任意有界区域 D 是常返的.

另一方面, 对任意的 $D \subseteq \mathbb{R}_+^n$, 设

$$M = \min_{1 \leqslant i \leqslant n} \left\{ \sigma_i^2 x_i^2, x = (x_1, x_2, \cdots, x_n) \in \bar{D} \right\} > 0,$$

则对所有的 $x \in \bar{D}, \xi \in \mathbb{R}^n$, 满足

$$\sum_{i,j=1}^{n} \lambda_{ij} \xi_i \xi_j = \sum_{i=1}^{n} \sigma_i^2 x_i^2 \xi_i^2 \geqslant M \mid \xi \mid^2,$$

这表明定理 1.4.2 中的条件 (B.1) 也满足. 因此系统 (3.1.1) 存在平稳分布 $\mu(\cdot)$, 且具有遍历性. $\qquad\square$

对任给常数 $m > 0$, 由遍历性可得

$$\lim_{t \to \infty} \frac{1}{t} \int_0^t (x_i^p(s) \wedge m) ds = \int_{\mathbb{R}_+^n} (z_i^p \wedge m) \mu(dz_1, dz_2, \cdots, dz_n) \quad \text{a.s.} \qquad (3.1.11)$$

另一方面, 由控制收敛定理和 (3.1.3) 可知, 对 $i = 1, 2, \cdots, n$ 有

$$E \left[\lim_{t \to \infty} \frac{1}{t} \int_0^t (x_i^p(s) \wedge m) ds \right] = \lim_{t \to \infty} \frac{1}{t} \int_0^t E[x_i^p(s) \wedge m] ds \leqslant K(p).$$

此式和 (3.1.11) 表明

$$\int_{\mathbb{R}_+^n} (z_i^p \wedge m)\mu(dz_1, dz_2, \cdots, dz_n) \leqslant K(p), \quad i = 1, 2, \cdots, n.$$

令 $m \to \infty$, 可得

$$\int_{\mathbb{R}_+^n} z_i^p \mu(dz_1, dz_2, \cdots, dz_n) \leqslant K(p), \quad i = 1, 2, \cdots, n.$$

也就是说, 函数 $f_i(x) = x_i^p$ $(i = 1, 2, \cdots, n)$ 关于测度 μ 可积的. 于是由遍历性可得

$$\lim_{t \to \infty} \frac{1}{t} \int_0^t x_i(s)ds = \int_{\mathbb{R}_+^n} z_i \mu(dz_1, dz_2, \cdots, dz_n) \quad \text{a.s.} \tag{3.1.12}$$

另外由 Itô 公式可得

$$d\log x_i(t) = \left(r_i - \frac{\sigma_i^2}{2} - a_{ii}x_i(t) + \sum_{j \in J_i} a_{ij}x_j(t) \right) dt + \sigma_i dB_i(t),$$

从而

$$\frac{\log x_i(t)}{t} - \frac{\log x_i(0)}{t}$$
$$= r_i - \frac{\sigma_i^2}{2} - \frac{a_{ii}}{t} \int_0^t x_i(s)ds + \sum_{j \in J_i} \frac{a_{ij}}{t} \int_0^t x_j(s)ds + \sigma_i \frac{B_i(t)}{t}.$$

结合 (3.1.12) 和 $\lim_{t \to \infty} \frac{B_i(t)}{t} = 0, i = 1, 2, \cdots, n$ a.s., 有

$$\lim_{t \to \infty} \frac{\log x_i(t)}{t} = r_i - \frac{\sigma_i^2}{2} - a_{ii} \int_{\mathbb{R}_+^n} z_i \mu(dz_1, dz_2, \cdots, dz_n)$$
$$+ \sum_{j \in J_i} a_{ij} \int_{\mathbb{R}_+^n} z_j \mu(dz_1, dz_2, \cdots, dz_n)$$
$$:= \rho_i.$$

下面证明 $\rho_i = 0$. 由定理 3.1.3 可知 $\rho_i \geqslant 0$, 从而只需证明 $\rho_i > 0$ 是不成立的. 如若不然, 存在 $T = T(\omega)$, 当 $t \geqslant T$ 时有

$$\log x_i(t) > \frac{\rho_i}{2}t.$$

于是

$$\lim_{t \to \infty} \frac{1}{t} \int_0^t x_i(s)ds = \infty,$$

这与 (3.1.12) 矛盾. 所以必有 $\rho_i = 0$, 即

$$\lim_{t\to\infty} \frac{\log x_i(t)}{t} = 0 \quad \text{a.s.}$$

于是

$$a_{ii} \int_{\mathbb{R}_+^n} z_i \mu(dz_1, dz_2, \cdots, dz_n) - \sum_{j\in J_i} a_{ij} \int_{\mathbb{R}_+^n} z_j \mu(dz_1, dz_2, \cdots, dz_n)$$
$$= r_i - \frac{\sigma_i^2}{2}.$$

另外, 由引理 3.1.2 知, 当条件 1 和条件 2 成立时, 方程

$$\begin{cases} r_1 - \dfrac{\sigma_1^2}{2} - a_{11}x_1 + a_{12}x_2 + \cdots + a_{1n}x_n = 0, \\ r_2 - \dfrac{\sigma_2^2}{2} + a_{21}x_1 - a_{22}x_2 + \cdots + a_{2n}x_n = 0, \\ \qquad\qquad\qquad\qquad\vdots \\ r_n - \dfrac{\sigma_n^2}{2} + a_{n1}x_1 + a_{n2}x_2 + \cdots - a_{nn}x_n = 0 \end{cases} \tag{3.1.13}$$

存在正解, 设为 $(\tilde{x}_1^*, \tilde{x}_2^*, \cdots, \tilde{x}_n^*)$.

由上述论证和定理 3.1.4, 可得下面的结论.

定理 3.1.5 假设定理 3.1.4 中的条件满足, 则系统 (3.1.1) 具有初值 $x_0 \in \mathbb{R}_+^n$ 的解 $x(t)$ 具有如下性质

$$P\left\{\lim_{t\to\infty} \frac{1}{t}\int_0^t x_i(s)ds = \int_{\mathbb{R}_+^n} z_i\mu(dz_1, dz_2, \cdots, dz_n) = \tilde{x}_i^*\right\} = 1, i = 1, 2, \cdots, n,$$

其中 $(\tilde{x}_1^*, \tilde{x}_2^*, \cdots, \tilde{x}_n^*)$ 是 (3.1.13) 的解.

注记 3.1.2 众所周知, 确定性系统 (3.0.1) 的解在一定条件下趋于平衡点 $(x_1^*, x_2^*, \cdots, x_n^*)$, 随机系统 (3.1.1) 虽然不存在平衡点, 但定理 3.1.4 表明其解在一定条件下, 在时间均值意义下趋于点 $(\tilde{x}_1^*, \tilde{x}_2^*, \cdots, \tilde{x}_n^*)$, 该点相比于确定性系统的平衡点 $(x_1^*, x_2^*, \cdots, x_n^*)$ 存在正比于白噪声的强度的误差.

注记 3.1.3 由定理 3.1.4 的证明可得

$$\frac{V(t)-V(0)}{t} \leqslant -\frac{1}{t}\sum_{i=1}^n c_i\gamma_i \int_0^t (x_i(s)-x_i^*)^2 ds + \sum_{i=1}^n \frac{c_i}{2}x_i^*\sigma_i^2$$
$$+ \sum_{i=1}^n \frac{c_i\sigma_i}{t} \int_0^t (x_i(s)-x_i^*)dB_i(s). \tag{3.1.14}$$

令

$$M_i(t) = \frac{1}{t}\int_0^t (x_i(s) - x_i^*)dB_i(s), \quad i = 1, 2, \cdots, n,$$

其为连续鞅. 由 Doob 鞅不等式 (定理 1.6.4) 以及 (3.1.3) 可得, 对任意的 $\delta > 0$,

$$
\begin{aligned}
P\left\{\omega: \sup_{(n-1)\delta\leqslant t\leqslant n\delta} M_i(t) > \delta\right\} &\leqslant \frac{E\left[\left(\int_0^{n\delta}(x_i(s) - x_i^*)dB_i(s)\right)^p\right]}{(n\delta)^p\delta^p} \\
&= \frac{E\left[\left(\int_0^{n\delta}(x_i(s) - x_i^*)^2 ds\right)^{p/2}\right]}{n^p\delta^{2p}} \\
&= \frac{E\left[\int_0^{n\delta}(x_i(s) - x_i^*)^p ds\right](n\delta)^{(p-2)/2}}{n^p\delta^{2p}} \\
&\leqslant \frac{2^p\left[K(p) + (x_i^*)^p\right](n\delta)^{p/2}}{n^p\delta^{2p}} \\
&= \frac{2^p\left[K(p) + (x_i^*)^p\right]}{n^{p/2}\delta^{2p-p/2}}, \quad p > 2.
\end{aligned}
$$

于是由 Borel-Cantelli 引理 (引理 1.1.1) 知, 对几乎所有的 $\omega \in \Omega$, 除了有限个 n 外, 均有

$$\sup_{(n-1)\delta\leqslant t\leqslant n\delta} M_i(t) \leqslant \delta. \tag{3.1.15}$$

所以存在 $n_0(\omega)$, 除了一个 P 零测集外的所有 $\omega \in \Omega$, 当 $n \geqslant n_0$ 时 (3.1.15) 成立. 因此有

$$\limsup_{t\to\infty} M_i(t) \leqslant \delta \quad \text{a.s.}$$

又由 δ 的任意性可知, 对几乎所有的 ω,

$$\limsup_{t\to\infty} M_i(t) \leqslant 0, \quad i = 1, 2, \cdots, n.$$

因此

$$\limsup_{t\to\infty} \frac{1}{t}\sum_{i=1}^n c_i\sigma_i \int_0^t (x_i(s) - x_i^*)dB_i(s) \leqslant 0 \quad \text{a.s.}$$

上式结合 (3.1.14) 可得

$$\limsup_{t\to\infty} \frac{1}{t}\sum_{i=1}^n c_i\gamma_i \int_0^t (x_i(s) - x_i^*)^2 ds \leqslant \sum_{i=1}^n \frac{c_i}{2}x_i^*\sigma_i^2 \quad \text{a.s.}$$

这表明系统 (3.1.1) 在时间均值意义下是围绕 $x^* = (x_1^*, x_2^*, \cdots, x_n^*)$ 振动的, 且振动的大小不超过一个值, 该值正比于白噪声强度.

例 3.1.2 如例 3.1.1 一样离散三维的随机互惠系统, 得到系统 (3.1.5). 除了白噪声的强度以外, 其他参数的值与例 3.1.1 的选取一样.

选取 $\sigma_1 = 0.05, \sigma_2 = 0.07, \sigma_3 = 0.08$, 则 $r_i > \dfrac{\sigma_i^2}{2}, i = 1, 2, 3$, 且

$$\min\{c_i \gamma_i (x_i^*)^2, i = 1, 2, 3\} \doteq 0.02673 > \frac{1}{2}\sum_{i=1}^{3} c_i x_i^* \sigma_i^2 \doteq 0.010358.$$

从而满足定理 3.1.4 的条件. 正如定理所说, 图 3.1.2 给出解 (实线表示) 围绕确定性系统的平衡点在一个小邻域内振动. 从 (柱状图 (b)) 可见系统存在平稳分布.

图 3.1.2 中减少白噪声的强度. 特别地取 $\sigma_1 = \sigma_2 = \sigma_3 = 0.01$, 则也满足定理 3.1.4 中的条件. 因而系统 (3.1.4) 也是持久的, 并存在不变分布. 比较图 3.1.2 和图 3.1.3, 可见当白噪声强度的减小时, 随机系统的解越来越接近确定性系统的平衡点, 并且解振动的区域也随之变小 (柱状图 (b)).

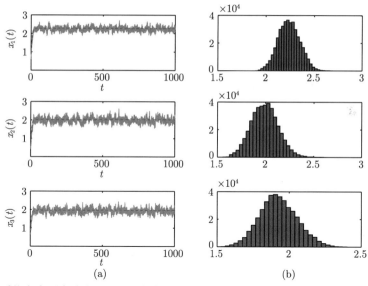

图 3.1.2 系统存在不变分布. 图 (a) 中实线表示系统 (3.1.4) 的解, 而虚线表示相应的未扰动系统的解. 图 (b) 是系统 (3.1.4) 的柱状图

3.1.3 系统的非持久性

互惠系统中 a_{ij} $(i \neq j)$ 是正的, 描述了种群之间是互惠互利的关系. 因此, 持久性是系统比较自然的一个性质, 而系统的非持久是比较罕见的. 本小节探讨系统的非持久性.

定义 3.1.2 称系统 (3.1.1) 是非持久的, 若存在常数 $q_i > 0, i = 1, 2, \cdots, n$ 使得

$$\lim_{t \to \infty} \prod_{i=1}^{n} x_i^{q_i}(t) = 0 \ \text{a.s.}$$

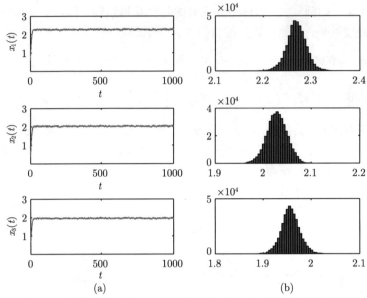

图 3.1.3　系统仍然存在不变分布, 且当白噪声的减少时, 系统振动的区域也随之减小
(与图 3.1.2 比较). 图中曲线代表的意思同图 3.1.2

条件 3　$\sum\limits_{i=1}^{n} c_i \left(r_i - \dfrac{\sigma_i^2}{2} \right) < 0$, 其中 $c_i, i = 1, 2, \cdots, n$ 如定理 3.1.1 的证明所定义.

定理 3.1.6　若条件 1 和条件 3 成立, 则系统 (3.1.1) 是非持久的.

证明　由于

$$d \log x_i(t) = \left(r_i - \frac{\sigma_i^2}{2} - a_{ii}x_i(t) + \sum_{j \in J_i} a_{ij}x_j(t) \right) dt + \sigma_i dB_i(t),$$

则

$$d \sum_{i=1}^{n} c_i \log x_i(t) = \sum_{i=1}^{n} c_i \left(r_i - \frac{\sigma_i^2}{2} - a_{ii}x_i(t) + \sum_{j \in J_i} a_{ij}x_j(t) \right) dt$$

$$+ \sum_{i=1}^{n} c_i \sigma_i dB_i(t)$$

$$= \sum_{i=1}^{n} c_i \left(r_i - \frac{\sigma_i^2}{2} - a_{ii}x_i(t) + \sum_{j \in J_i} a_{ij}x_i(t) \right) dt$$

$$+ \sum_{i=1}^{n} c_i \sigma_i dB_i(t)$$

$$\begin{aligned} &= \sum_{i=1}^{n} c_i \left(r_i - \frac{\sigma_i^2}{2} - \gamma_i x_i(t) \right) dt + \sum_{i=1}^{n} c_i \sigma_i dB_i(t) \\ &\leqslant \sum_{i=1}^{n} c_i \left(r_i - \frac{\sigma_i^2}{2} \right) dt + \sum_{i=1}^{n} c_i \sigma_i dB_i(t), \end{aligned}$$

上面第二个等式利用了引理 1.5.3 的结论 (2), 最后一个不等式利用了 $\gamma_i > 0, i = 1, 2, \cdots, n$. 从而

$$\frac{1}{t} \sum_{i=1}^{n} c_i \log x_i(t) - \frac{1}{t} \sum_{i=1}^{n} c_i \log x_i(0) \leqslant \sum_{i=1}^{n} c_i \left(r_i - \frac{\sigma_i^2}{2} \right) + \sum_{i=1}^{n} c_i \sigma_i \frac{B_i(t)}{t}.$$

结合 $\lim\limits_{t \to \infty} \dfrac{B_i(t)}{t} = 0, i = 1, 2, \cdots, n$ 可知

$$\limsup_{t \to \infty} \frac{1}{t} \sum_{i=1}^{n} c_i \log x_i(t) \leqslant \sum_{i=1}^{n} c_i \left(r_i - \frac{\sigma_i^2}{2} \right) \quad \text{a.s.}$$

当 $\sum\limits_{i=1}^{n} c_i \left(r_i - \dfrac{\sigma_i^2}{2} \right) < 0$ 时, 则必有

$$\lim_{t \to \infty} \prod_{i=1}^{n} x_i^{c_i}(t) = 0 \quad \text{a.s.}$$

因此系统 (3.1.1) 是非持久的. □

注记 3.1.4 显然, 条件 3 成立当且仅当增大白噪声. 也就是说, 大的白噪声会导致系统 (3.1.1) 非持久, 这种现象在确定性系统是不会发生的.

例 3.1.3 如例 3.1.1 一样离散三维的随机互惠系统, 得到系统 (3.1.5). 除了白噪声的强度以外, 其他参数的值与例 3.1.1 的选取一样. 定理 3.1.6 表明当系统遭遇较强的白噪声, 系统会非持久, 即系统中的某一种群, 或某几个种群, 甚至所有的种群在一段时间以后消失. 下面分别选取不同的白噪声强度说明这一性质.

若第一种群 $x_1(t)$ 遭受较大白噪声干扰. 选取 $\sigma_1 = 1.64, \sigma_2 = 0.07, \sigma_3 = 0.08$, 则 $r_i > \dfrac{\sigma_i^2}{2}, i = 2, 3$, 但是 $r_1 < \dfrac{\sigma_1^2}{2}, \sum\limits_{i=1}^{3} c_i \left(r_i - \dfrac{\sigma_i^2}{2} \right) < 0$. 从而定理 3.1.6 中的条件成立, 系统 (3.1.4) 是非持久的 (图 3.1.4(d)). 此外, 由于 $r_i > \dfrac{\sigma_i^2}{2}, i = 2, 3$, 则由定理 3.1.3 可知, $x_2(t), x_3(t)$ 在时间均值意义下不会趋于 0, 于是必有 $\lim\limits_{t \to \infty} x_1(t) = 0$ a.s. (图 3.1.4(a)~(c)).

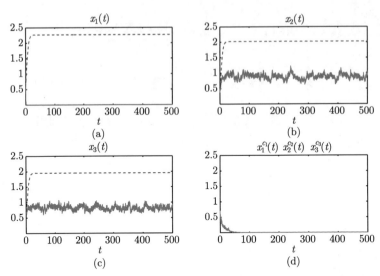

图 3.1.4　当某一个种群受较大白噪声扰动时, 系统 (3.1.4) 是非持久的, 而此时相应的确定性系统是持久的. 实线表示系统 (3.1.4) 的解, 而虚线表示相应的未扰动系统的解. 前 3 个图分别表示 $x_1(t), x_2(t), x_3(t)$, 最后一个图表示 $\prod\limits_{i=1}^{3} x_i^{c_i}(t)$

假设前两个种群 $x_1(t), x_2(t)$ 受较大白噪声干扰. 取 $\sigma_1 = 0.9, \sigma_2 = 0.91, \sigma_3 = 0.08$, 则 $r_3 > \dfrac{\sigma_3^2}{2}$, 但是 $r_i < \dfrac{\sigma_i^2}{2}, i = 1, 2, \sum\limits_{i=1}^{3} c_i \left(r_i - \dfrac{\sigma_i^2}{2} \right) < 0$. 于是定理 3.1.6 的

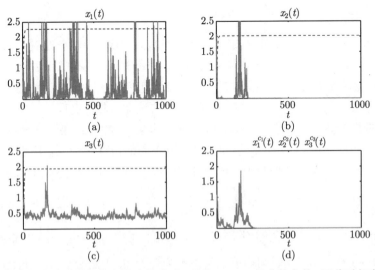

图 3.1.5　当某两个种群受较大白噪声扰动时, 系统 (3.1.4) 是非持久的, 而此时相应的确定性系统是持久的. 图中曲线代表的意思同图 3.1.4

条件仍然满足, 从而系统 (3.1.4) 是非持久的 (图 3.1.5(d)). 此时, 种群 $x_1(t)$ 和 $x_2(t)$ 都可能趋于零.

假设三个种群 $x_1(t), x_2(t), x_3(t)$ 都受较大白噪声干扰, 取 $\sigma_1 = 0.9, \sigma_2 = 0.65,$ $\sigma_3 = 0.78$, 则 $r_i < \dfrac{\sigma_i^2}{2}, i = 1, 2, 3$ 且

$$\sum_{i=1}^{3} c_i \left(r_i - \frac{\sigma_i^2}{2} \right) < 0.$$

于是定理 3.1.6 中的条件也满足, 则系统 (3.1.4) 是非持久的, 三个种群都可能趋于零 (图 3.1.6).

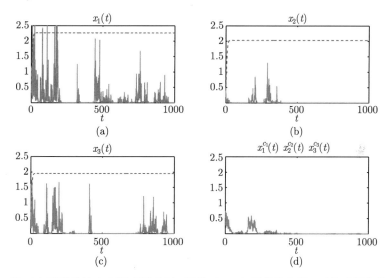

图 3.1.6 当三个种群受较大白噪声扰动时, 系统 (3.1.4) 是非持久的, 而此时相应的确定性系统是持久的. 图中曲线代表的意思同图 3.1.4

3.2 随机 Lotka-Volterra 多种群竞争系统

当系统 (3.0.1) 中的参数 $a_{ij} < 0, i, j = 1, 2, \cdots, n$ 时, 系统 (3.0.1) 是一个竞争系统. 相应于 (3.0.4) 的随机竞争系统为

$$dx_i(t) = x_i(t) \left[\left(r_i - \sum_{j=1}^{n} a_{ij} x_j(t) \right) dt + \sigma_i dB_i(t) \right], \quad i = 1, 2, \cdots, n, \qquad (3.2.1)$$

其中 $r_i, a_{ij}, \sigma_i \ (i, j = 1, 2, \cdots, n)$ 都是非负的.

这一节总假设

$$r_i > 0, \quad a_{ii} > 0 \quad \text{和} \quad a_{ij} \geqslant 0 \quad (j \in J_i, \ 1 \leqslant i \leqslant n). \tag{3.2.2}$$

设方程

$$d\Phi_i(t) = \Phi_i(t)[(r_i - a_{ii}\Phi_i(t))dt + \sigma_i dB_i(t)], \quad i = 1, 2, \cdots, n, \tag{3.2.3}$$

$$dI_i(t) = I_i(t)\left[\left(r_i - \sum_{j \in J_i} a_{ij}\Phi_j(t) - a_{ii}I_i(t)\right)dt + \sigma_i dB_i(t)\right], \quad i = 1, 2, \cdots, n,$$

具有初值 $\Phi_i(0) = I_i(0) = x_i(0)$. 其方程的解满足

$$\frac{1}{\Phi_i(t)} = \frac{1}{x_i(0)}e^{\left(\frac{\sigma_i^2}{2} - r_i\right)t - \sigma_i B_i(t)} + a_{ii}\int_0^t e^{\left(\frac{\sigma_i^2}{2} - r_i\right)(t-s) - \sigma_i(B_i(t) - B_i(s))}ds,$$

$$\frac{1}{I_i(t)} = \frac{1}{x_i(0)}e^{\left(\frac{\sigma_i^2}{2} - r_i\right)t - \sigma_i B_i(t) + \sum\limits_{j \in J_i} a_{ij}\int_0^t \Phi_j(s)ds}$$

$$+ a_{ii}\int_0^t e^{\left(\frac{\sigma_i^2}{2} - r_i\right)(t-s) - \sigma_i(B_i(t) - B_i(s)) + \sum\limits_{j \in J_i} a_{ij}\int_s^t \Phi_j(\tau)d\tau}ds.$$

显然, $\Phi_i(t) > 0, I_i(t) > 0, t \in [0, \infty), i = 1, 2, \cdots, n$. 注意到

$$I_i(t) \leqslant x_i(t) \leqslant \Phi_i(t), \quad i = 1, \cdots, n,$$

则系统 (3.2.1) 存在唯一解 $x(t) \in \mathbb{R}_+^n, t \in [0, \infty)$.

3.2.1　系统的持久性

1. 系统在时间均值意义下的持久性

设 $u_i(t) = \log x_i(t), \gamma_i = r_i - \dfrac{\sigma_i^2}{2} \ (i = 1, 2, \cdots, n)$. 则由 Itô 公式可得

$$\begin{cases} du_1(t) = \left(\gamma_1 - \sum\limits_{i=1}^n a_{1i}x_i(t)\right)dt + \sigma_1 dB_1(t), \\ \qquad\qquad \vdots \\ du_n(t) = \left(\gamma_n - \sum\limits_{i=1}^n a_{ni}x_i(t)\right)dt + \sigma_n dB_n(t). \end{cases} \tag{3.2.4}$$

为方便起见, 给出如下假设

$$(\mathrm{H}_1) \ r_i > \frac{\sigma_i^2}{2} \ \text{和} \ r_i - \frac{\sigma_i^2}{2} - \sum_{j \in J_i} \frac{a_{ij}}{a_{jj}}\left(r_j - \frac{\sigma_j^2}{2}\right) > 0, i = 1, 2, \cdots, n.$$

注记 3.2.1 Golpalsamy [71] 指出, 若条件 (H₁) 满足, 则方程

$$
\begin{cases}
a_{11}x_1 + a_{12}x_2 + \cdots + a_{1n}x_n = \gamma_1, \\
\qquad\qquad\qquad\vdots \\
a_{n1}x_1 + a_{n2}x_2 + \cdots + a_{nn}x_n = \gamma_n
\end{cases}
$$

存在唯一的正解 $\tilde{x}^* = (\tilde{x}_1^*, \tilde{x}_2^*, \cdots, \tilde{x}_n^*)$.

引理 3.2.1 假设条件 (H₁) 成立. 对任意的初值 $x_0 \in \mathbb{R}_+^n$, 系统 (3.2.1) 的解 $x(t)$ 具有如下性质

$$
\lim_{t\to\infty} \frac{1}{t} \int_0^t x_1(s)ds = \tilde{x}_1^*, \cdots, \lim_{t\to\infty} \frac{1}{t} \int_0^t x_n(s)ds = \tilde{x}_n^* \quad \text{a.s.} \tag{3.2.5}
$$

证明 由 (3.2.4) 易得

$$
\begin{cases}
\dfrac{u_1(t)}{t} = \dfrac{u_1(0)}{t} + \gamma_1 - \displaystyle\sum_{j=1}^n a_{1j} \frac{1}{t} \int_0^t x_j(s)ds + \sigma_1 \frac{B_1(t)}{t}, \\
\qquad\qquad\qquad\vdots \\
\dfrac{u_n(t)}{t} = \dfrac{u_n(0)}{t} + \gamma_n - \displaystyle\sum_{j=1}^n a_{nj} \frac{1}{t} \int_0^t x_j(s)ds + \sigma_n \frac{B_n(t)}{t}.
\end{cases}
$$

由于 $\lim\limits_{t\to\infty} \dfrac{B_i(t)}{t} = 0$, 则证明定理结论只需证明

$$
\lim_{t\to\infty} \frac{u_i(t)}{t} = 0, \quad i = 1, 2, \cdots, n \quad \text{a.s.}
$$

首先证明

$$
\limsup_{t\to\infty} \frac{u_i(t)}{t} \leqslant 0, \quad i = 1, 2, \cdots, n \quad \text{a.s.} \tag{3.2.6}
$$

事实上, 由

$$
x_i(t) \leqslant \Phi_i(t), \quad i = 1, 2, \cdots, n \text{ a.s.}
$$

和引理 2.1.3 可知 (3.2.6) 成立. 下面证明

$$
\liminf_{t\to\infty} \frac{u_i(t)}{t} \geqslant 0, \quad i = 1, 2, \cdots, n \quad \text{a.s.} \tag{3.2.7}
$$

当 $\gamma_i = r_i - \dfrac{\sigma_i^2}{2} > 0, i = 1, 2, \cdots, n$ 时, 由引理 2.1.3 知:

$$
\lim_{t\to\infty} \frac{\log \Phi_i(t)}{t} = 0, \quad i = 1, 2, \cdots, n. \tag{3.2.8}
$$

此外,

$$d \log \Phi_i(t) = (\gamma_i - a_{ii}\Phi_i(t))dt + \sigma_i dB_i(t), \quad i = 1, 2, \cdots, n.$$

对上式从 0 到 t 积分, 可得

$$\log \Phi_i(t) - \log \Phi_i(0) = \gamma_i t - a_{ii} \int_0^t \Phi_i(s)ds + \sigma_i B_i(t), \quad i = 1, 2, \cdots, n,$$

即

$$\int_0^t \Phi_i(s)ds = \frac{\gamma_i}{a_{ii}}t + \frac{\sigma_i}{a_{ii}}B_i(t) - \frac{1}{a_{ii}}(\log \Phi_i(t) - \log \Phi_i(0)), \quad i = 1, 2, \cdots, n.$$

于是

$$
\begin{aligned}
\frac{1}{I_i(t)} &= \frac{1}{I_i(0)}e^{-\gamma_i t - \sigma_i B_i(t) + \sum\limits_{j \in J_i} a_{ij} \int_0^t \Phi_j(s)ds} \\
&\quad + a_{ii}\int_0^t e^{-\gamma_i(t-s) - \sigma_i(B_i(t) - B_i(s)) + \sum\limits_{j \in J_i} a_{ij} \int_s^t \Phi_j(\tau)d\tau} ds \\
&= \frac{1}{I_i(0)}e^{-\gamma_i t - \sigma_i B_i(t) + \sum\limits_{j \in J_i} a_{ij}\left[\frac{\gamma_j}{a_{jj}}t + \frac{\sigma_j}{a_{jj}}B_j(t) - \frac{1}{a_{jj}}(\log \Phi_j(t) - \log \Phi_j(0))\right]} \\
&\quad + a_{ii}\int_0^t e^{-\gamma_i(t-s) - \sigma_i(B_i(t) - B_i(s))}ds \\
&\quad + a_{ii}\int_0^t e^{\sum\limits_{j \in J_i} a_{ij}\left[\frac{\gamma_j}{a_{jj}}(t-s) + \frac{\sigma_j}{a_{jj}}(B_j(t) - B_j(s)) - \frac{1}{a_{jj}}(\log \Phi_j(t) - \log \Phi_j(s))\right]}ds.
\end{aligned}
$$

注意到

$$
\begin{aligned}
&\int_0^t e^{-\gamma_i(t-s) - \sigma_i(B_i(t) - B_i(s))}ds \\
&\leqslant e^{\sigma_i\left(\max\limits_{0 \leqslant s \leqslant t} B_i(s) - B_i(t)\right)}\int_0^t e^{-\gamma_i(t-s)}ds \\
&\quad \times \int_0^t e^{\sum\limits_{j \in J_i} a_{ij}\left[\frac{\gamma_j}{a_{jj}}(t-s) + \frac{\sigma_j}{a_{jj}}(B_j(t) - B_j(s)) - \frac{1}{a_{jj}}(\log \Phi_j(t) - \log \Phi_j(s))\right]}ds \\
&\leqslant e^{\sum\limits_{j \in J_i}\left[\frac{a_{ij}\sigma_j}{a_{jj}}\left(B_j(t) - \min\limits_{0 \leqslant s \leqslant t} B_j(s)\right) + \frac{a_{ij}}{a_{jj}}\left(\max\limits_{0 \leqslant s \leqslant t} \log \Phi_j(s) - \log \Phi_j(t)\right)\right]} \\
&\quad \times \int_0^t e^{\sum\limits_{j \in J_i} \frac{a_{ij}r_j}{a_{jj}}(t-s)}ds,
\end{aligned}
$$

则

$$\frac{1}{I_i(t)} \leqslant \frac{1}{I_i(0)} e^{-\gamma_i t - \sigma_i B_i(t) + \sum\limits_{j \in J_i} a_{ij} \left[\frac{\gamma_j}{a_{jj}} t + \frac{\sigma_j}{a_{jj}} B_j(t) - \frac{1}{a_{jj}} (\log \Phi_j(t) - \log \Phi_j(0)) \right]}$$

$$+ a_{ii} \left[\int_0^t e^{\left(-\gamma_i + \sum\limits_{j \in J_i} \frac{a_{ij} r_j}{a_{jj}} \right)(t-s)} ds \right] e^{\sigma_i \left(\max\limits_{0 \leqslant s \leqslant t} B_i(s) - B_i(t) \right)}$$

$$\times e^{\sum\limits_{j \in J_i} \left[\frac{a_{ij}\sigma_j}{a_{jj}} \left(B_j(t) - \min\limits_{0 \leqslant s \leqslant t} B_j(s) \right) + \frac{a_{ij}}{a_{jj}} \left(\max\limits_{0 \leqslant s \leqslant t} \log \Phi_j(s) - \log \Phi_j(t) \right) \right]}$$

$$\leqslant \left[\frac{1}{I_i(0)} e^{-\gamma_i t + \sum\limits_{j \in J_i} \frac{a_{ij}\gamma_j}{a_{jj}} t} + a_{ii} \int_0^t e^{\left(-\gamma_i + \sum\limits_{j \in J_i} \frac{a_{ij}\gamma_j}{a_{jj}} \right)(t-s)} ds \right]$$

$$\times e^{\sigma_i \left(\max\limits_{0 \leqslant s \leqslant t} B_i(s) - B_i(t) \right)}$$

$$\times e^{\sum\limits_{j \in J_i} \left[\frac{a_{ij}\sigma_j}{a_{jj}} \left(B_j(t) - \min\limits_{0 \leqslant s \leqslant t} B_j(s) \right) + \frac{a_{ij}}{a_{jj}} \left(\max\limits_{0 \leqslant s \leqslant t} \log \Phi_j(s) - \log \Phi_j(t) \right) \right]}. \quad (3.2.9)$$

类似有

$$\frac{1}{I_i(t)} \geqslant \left[\frac{1}{I_i(0)} e^{-\gamma_i t + \sum\limits_{j \in J_i} \frac{a_{ij}\gamma_j}{a_{jj}} t} + a_{ii} \int_0^t e^{\left(-\gamma_i + \sum\limits_{j \in J_i} \frac{a_{ij}\gamma_j}{a_{jj}} \right)(t-s)} ds \right]$$

$$\times e^{\sigma_i \left(\min\limits_{0 \leqslant s \leqslant t} B_i(s) - B_i(t) \right)}$$

$$\times e^{\sum\limits_{j \in J_i} \frac{a_{ij}\sigma_j}{a_{jj}} \left(B_j(t) - \max\limits_{0 \leqslant s \leqslant t} B_j(s) \right) + \sum\limits_{j \in J_i} \frac{a_{ij}}{a_{jj}} \left(\min\limits_{0 \leqslant s \leqslant t} \log \Phi_j(s) - \log \Phi_j(t) \right)}. \quad (3.2.10)$$

由 (3.2.9) 和 (3.2.10) 易得

$$\log I_i(t) \geqslant -\sigma_i \left(\max\limits_{0 \leqslant s \leqslant t} B_i(s) - B_i(t) \right) - \sum_{j \in J_i} \frac{a_{ij}\sigma_j}{a_{jj}} \left(B_j(t) - \min\limits_{0 \leqslant s \leqslant t} B_j(s) \right)$$

$$- \sum_{j \in J_i} \frac{a_{ij}}{a_{jj}} \left(\max\limits_{0 \leqslant s \leqslant t} \log \Phi_j(s) - \log \Phi_j(t) \right) - \log Z_i(t),$$

$$\log I_i(t) \leqslant -\sigma_i \left(\min\limits_{0 \leqslant s \leqslant t} B_i(s) - B_i(t) \right) - \sum_{j \in J_i} \frac{a_{ij}\sigma_j}{a_{jj}} \left(B_j(t) - \max\limits_{0 \leqslant s \leqslant t} B_j(s) \right)$$

$$- \sum_{j \in J_i} \frac{a_{ij}}{a_{jj}} \left(\min\limits_{0 \leqslant s \leqslant t} \log \Phi_j(s) - \log \Phi_j(t) \right) - \log Z_i(t),$$

其中

$$Z_i(t) := \frac{1}{I_i(0)} e^{\left(-\gamma_i + \sum\limits_{j \in J_i} \frac{a_{ij}\gamma_j}{a_{jj}} \right) t} + a_{ii} \int_0^t e^{\left(-\gamma_i + \sum\limits_{j \in J_i} \frac{a_{ij}\gamma_j}{a_{jj}} \right)(t-s)} ds$$

是方程

$$
\begin{cases}
\dot{Z}_i(t) = Z_i(t)\left(\gamma_i - \sum_{j \in J_i} \frac{a_{ij}\gamma_j}{a_{jj}} - a_{ii}Z_i(t)\right), & i = 1, 2, \cdots, n \\
Z_i(0) = I_i(0) = x_i(0),
\end{cases}
$$

的解, 且当 $\gamma_i - \sum_{j \in J_i} \frac{a_{ij}\gamma_j}{a_{jj}} > 0, i = 1, 2, \cdots, n$ 时, 由引理 2.1.1 知

$$
\lim_{t \to \infty} \frac{\log Z_i(t)}{t} = 0, \quad i = 1, 2, \cdots, n. \tag{3.2.11}
$$

于是

$$
\frac{\log I_i(t)}{t} \geqslant -\sigma_i \frac{\max\limits_{0 \leqslant s \leqslant t} B_i(s) - B_i(t)}{t} - \sum_{j \in J_i} \frac{a_{ij}\sigma_j}{a_{jj}} \frac{B_j(t) - \min\limits_{0 \leqslant s \leqslant t} B_j(s)}{t}
$$

$$
- \sum_{j \in J_i} \frac{a_{ij}}{a_{jj}} \frac{\max\limits_{0 \leqslant s \leqslant t} \log \Phi_j(s) - \log \Phi_j(t)}{t} - \frac{\log Z_i(t)}{t},
$$

$$
\frac{\log I_i(t)}{t} \leqslant -\sigma_i \frac{\min\limits_{0 \leqslant s \leqslant t} B_i(s) - B_i(t)}{t} - \sum_{j \in J_i} \frac{a_{ij}\sigma_j}{a_{jj}} \frac{B_j(t) - \max\limits_{0 \leqslant s \leqslant t} B_j(s)}{t}
$$

$$
- \sum_{j \in J_i} \frac{a_{ij}}{a_{jj}} \frac{\min\limits_{0 \leqslant s \leqslant t} \log \Phi_j(s) - \log \Phi_j(t)}{t} - \frac{\log Z_i(t)}{t}.
$$

结合布朗运动的性质和 (3.2.8), (3.2.11) 可得

$$
\liminf_{t \to \infty} \frac{\log I_i(t)}{t} \geqslant 0, \quad \limsup_{t \to \infty} \frac{\log I_i(t)}{t} \leqslant 0, \quad i = 1, 2, \cdots, n \ \text{a.s.}
$$

因此

$$
\lim_{t \to \infty} \frac{\log I_i(t)}{t} = 0, \quad i = 1, 2, \cdots, n \ \text{a.s.}
$$

结合 $x_i(t) \geqslant I_i(t)$ 可知 (3.2.7) 成立. 因此引理得证.　　　　　　　□

由引理 3.2.1, 结合时间均值意义下的持久性的定义可得如下结论.

定理 3.2.1　若条件 (H_1) 满足, 系统 (3.2.1) 在时间均值意义下是持久的.

2. 系统存在平稳分布且具有遍历性

下面给出系统 (3.2.1) 存在平稳分布, 且是遍历的.

注记 3.2.2　类似互惠系统可知, 系统 (3.2.1) 的解 $x(t)$ 是 $\mathbb{R}^n_+$ 中的自治 Markov 过程.

定理 3.2.2 若矩阵 $A = (a_{ij})_{n \times n}$ 是不可约的, $a_{ii} > \sum\limits_{j \in J_i} a_{ij}, r_i - \sum\limits_{j \in J_i} \dfrac{a_{ij}}{a_{jj}} r_j > 0, i = 1, 2, \cdots, n$ 且 $\sigma_i > 0$ 满足

$$\sum_{i=1}^{n} \frac{c_i x_i^*}{2} \sigma_i^2 < \min \left\{ c_i \left(a_{ii} - \sum_{j \in J_i} a_{ij} \right) (x_i^*)^2, i = 1, 2, \cdots, n \right\},$$

其中 c_i 是矩阵 L_A (见引理 1.5.3) 的第 i 个对角元的余子式, $x^* = (x_1^*, x_2^*, \cdots, x_n^*)$ 是 (3.0.1) 的平衡点. 则系统 (3.2.1) 存在平稳分布 $\mu(\cdot)$, 且是遍历的.

证明 由于 $r_i - \sum\limits_{j \in J_i} \dfrac{a_{ij}}{a_{jj}} r_j > 0$, 则方程

$$\begin{cases} a_{11} x_1 + a_{12} x_2 + \cdots + a_{1n} x_n = r_1, \\ \quad\quad\quad\quad\quad \vdots \\ a_{n1} x_1 + a_{n2} x_2 + \cdots + a_{nn} x_n = r_n \end{cases}$$

存在唯一的正解, 记为 $x^* = (x_1^*, x_2^*, \cdots, x_n^*)$.

定义 C^2 函数 $V : \mathbb{R}_+^n \longrightarrow \bar{\mathbb{R}}_+$,

$$V(x_1, x_2, \cdots, x_n) = \sum_{i=1}^{n} c_i \left(x_i - x_i^* - x_i^* \log \frac{x_i}{x_i^*} \right).$$

由 Itô 公式计算可得

$$dV = \sum_{i=1}^{n} c_i (x_i - x_i^*) \left[\left(r_i - \sum_{j=1}^{n} a_{ij} x_j \right) dt + \sigma_i dB_i(t) \right] + \sum_{i=1}^{n} \frac{c_i x_i^*}{2} \sigma_i^2 dt$$

$$:= LV dt + \sum_{i=1}^{n} c_i \sigma_i (x_i - x_i^*) dB_i(t),$$

其中

$$LV = \sum_{i=1}^{n} c_i (x_i - x_i^*) \left(r_i - \sum_{j=1}^{n} a_{ij} x_j \right) + \sum_{i=1}^{n} \frac{c_i x_i^*}{2} \sigma_i^2$$

$$= - \sum_{i=1}^{n} \sum_{j=1}^{n} c_i a_{ij} (x_i - x_i^*)(x_j - x_j^*) + \sum_{i=1}^{n} \frac{c_i x_i^*}{2} \sigma_i^2$$

$$= - \sum_{i=1}^{n} c_i a_{ii} (x_i - x_i^*)^2 - \sum_{i=1}^{n} \sum_{j \in J_i} c_i a_{ij} (x_i - x_i^*)(x_j - x_j^*) + \sum_{i=1}^{n} \frac{c_i x_i^*}{2} \sigma_i^2.$$

由引理 1.5.3 可知

$$-\sum_{i=1}^{n}\sum_{j\in J_i}c_ia_{ij}(x_i-x_i^*)(x_j-x_j^*)\leqslant\frac{1}{2}\sum_{i=1}^{n}\sum_{j\in J_i}c_ia_{ij}[(x_i-x_i^*)^2+(x_j-x_j^*)^2]$$

$$=\sum_{i=1}^{n}\sum_{j\in J_i}c_ia_{ij}(x_i-x_i^*)^2,$$

则

$$LV\leqslant-\sum_{i=1}^{n}c_i\left(a_{ii}-\sum_{j\in J_i}a_{ij}\right)(x_i-x_i^*)^2+\sum_{i=1}^{n}\frac{c_ix_i^*}{2}\sigma_i^2$$

$$:=-\sum_{i=1}^{n}m_i(x_i-x_i^*)^2+\sum_{i=1}^{n}\frac{c_ix_i^*}{2}\sigma_i^2.$$

注意到 $m_i=c_i\left(a_{ii}-\sum_{j\in J_i}a_{ij}\right)>0, i=1,2,\cdots,n$, 且

$$\sum_{i=1}^{n}\frac{c_ix_i^*}{2}\sigma_i^2<\min_{1\leqslant i\leqslant n}\{m_i(x_i^*)^2\},$$

则椭圆

$$-\sum_{i=1}^{n}m_i(x_i-x_i^*)^2+\sum_{i=1}^{n}\frac{c_ix_i^*}{2}\sigma_i^2=0$$

全部落于 $\mathbb{R}_+^n$ 中. 取 U 为包含椭圆的一个邻域且 $\bar{U}\subseteq\mathbb{R}_+^n$, 则对 $x\in\mathbb{R}_+^n\setminus U$, $LV\leqslant-C$ (C 为正常数), 这表明定理 1.4.2 的条件 (B.2) 满足. 因此解 $x(t)$ 在区域 U 是常返的, 结合引理 1.4.1 和注 3.2.2 可知 $x(t)$ 在 $\mathbb{R}_+^n$ 中的任意有界区域 D 是常返的. 另一方面, 对任意的 D, 存在

$$M=\min\{\sigma_i^2x_i^2, i=1,2,\cdots,n, x=(x_1,x_2,\cdots,x_n)\in\bar{D}\}>0,$$

使得对所有的 $x\in\bar{D},\xi\in\mathbb{R}^n$, 满足

$$\sum_{i,j=1}^{n}\left(\sum_{k=1}^{n}g_{ik}(x)g_{jk}(x)\right)\xi_i\xi_j=\sum_{i=1}^{n}\sigma_i^2x_i^2\xi_i^2\geqslant M\mid\xi\mid^2,$$

这表明定理 1.4.2 的条件 (B.1) 也满足. 因此, 随机系统 (3.2.1) 存在不变分布 $\mu(\cdot)$, 且是遍历的. □

　　下面结合系统 (3.2.1) 的遍历性给出解的一些性质.
　　由引理 3.1 [173] 可得如下引理.

引理 3.2.2 对任意的 $p > 0$ 和任给的初值 $x(0) \in \mathbb{R}_+^n$, 存在常数 $K(p) > 0$, 使得系统 (3.2.1) 的解满足

$$\limsup_{t \to \infty} E[|x(t)|^p] < K(p). \tag{3.2.12}$$

显然, 由 (3.2.12) 知, 存在常数 $T > 0$, 当 $t \geqslant T$ 时有 $E[|x(t)|^p] \leqslant K(p) + 1$. 当 $0 \leqslant t \leqslant T$ 时, 由 $E[|x(t)|^p]$ 的连续性知存在常数 $\tilde{K}(p)$, 有 $E[|x(t)|^p] \leqslant \tilde{K}(p)$. 令 $\bar{K}(p) = \max\{K(p) + 1, \tilde{K}(p)\}$, 则

$$E[|x(t)|^p] \leqslant \bar{K}(p), \quad t \geqslant 0. \tag{3.2.13}$$

由遍历性, 对任意 $m > 0$ 和对每个 $i = 1, 2, \cdots, n$ 均满足

$$\lim_{t \to \infty} \frac{1}{t} \int_0^t (x_i^p(s) \wedge m) ds = \int_{\mathbb{R}_+^n} (z_i^p \wedge m) \mu(dz_1, dz_2, \cdots, dz_n) \text{ a.s.} \tag{3.2.14}$$

另一方面, 由控制收敛定理可得

$$E\left[\lim_{t \to \infty} \frac{1}{t} \int_0^t (x_i^p(s) \wedge m) ds\right] = \lim_{t \to \infty} \frac{1}{t} \int_0^t E[x_i^p(s) \wedge m] ds \leqslant \bar{K}(p).$$

于是结合 (3.2.14) 有

$$\int_{\mathbb{R}_+^n} (z_i^p \wedge m) \mu(dz_1, dz_2, \cdots, dz_n) \leqslant \bar{K}(p).$$

令 $m \to \infty$, 可得

$$\int_{\mathbb{R}_+^n} z_i^p \mu(dz_1, dz_2, \cdots, dz_n) \leqslant \bar{K}(p).$$

这表明, 函数 $f_i(x) = x_i^p$ $(i = 1, 2, \cdots, n, x = (x_1, x_2, \cdots, x_n))$ 关于测度 μ 是可积的. 综上可得如下定理.

定理 3.2.3 假设定理 3.2.2 中的条件成立, 且条件 (H_1) 也成立. 则对任给的初值 $x_0 \in \mathbb{R}_+^n$, 系统 (3.2.1) 的解 $x(t)$ 具有如下性质

$$P\left\{\lim_{t \to \infty} \frac{1}{t} \int_0^t x_i^p(s) ds = \int_{\mathbb{R}_+^n} z_i^p \mu(dz_1, dz_2, \cdots, dz_n)\right\} = 1, \quad i = 1, 2, \cdots, n.$$

注记 3.2.3 特别地, 当 $p = 1$ 时, 定理 3.2.3 的结论为

$$P\left\{\lim_{t \to \infty} \frac{1}{t} \int_0^t x_i(s) ds = \int_{\mathbb{R}_+^n} z_i \mu(dz_1, dz_2, \cdots, dz_n)\right\} = 1, \quad i = 1, 2, \cdots, n,$$

即为引理 3.2.1 的结论. 但是此处还要求白噪声较小, 比引理 3.2.1 中的条件强.

注记 3.2.4 以 $n = 2$ 为例, 二维 Lotka-Volterra 竞争模型为

$$
\begin{cases}
dx(t) = x(t)[(r_1 - a_{11}x(t) - a_{12}y(t))dt + \sigma_1 dB_1(t)], \\
dy(t) = y(t)[(r_2 - a_{21}x(t) - a_{22}y(t))dt + \sigma_2 dB_2(t)].
\end{cases} \tag{3.2.15}
$$

定理 3.2.3 中的条件可写为

$$
a_{11} > a_{12} > 0, \quad a_{22} > a_{21} > 0, \quad \sigma_1 > 0, \quad \sigma_2 > 0, \quad r_1 > \frac{a_{12}}{a_{22}}r_2,
$$

$$
r_2 > \frac{a_{21}}{a_{11}}r_1, \quad r_1 - \frac{\sigma_1^2}{2} > \frac{a_{12}}{a_{22}}\left(r_2 - \frac{\sigma_2^2}{2}\right), \quad r_2 - \frac{\sigma_2^2}{2} > \frac{a_{21}}{a_{11}}\left(r_1 - \frac{\sigma_1^2}{2}\right),
$$

$$
\frac{a_{21}x^*}{2}\sigma_1^2 + \frac{a_{12}y^*}{2}\sigma_2^2 < \min\left\{a_{21}(a_{11} - a_{12})(x^*)^2, a_{12}(a_{22} - a_{21})(y^*)^2\right\}, \tag{3.2.16}
$$

其中 $x^* = \dfrac{r_1 a_{22} - r_2 a_{12}}{a_{11}a_{22} - a_{12}a_{21}}, y^* = \dfrac{r_2 a_{11} - r_1 a_{21}}{a_{11}a_{22} - a_{12}a_{21}}$.

例 3.2.1 由 Higham[85] 给出的方法离散系统 (3.2.15),

$$
\begin{cases}
x_{k+1} = x_k + x_k[(r_1 - a_{11}x_k - a_{12}y_k)\Delta t + \sigma_1 \epsilon_{1,k}\sqrt{\Delta t} + \dfrac{1}{2}\sigma_1^2(\epsilon_{1,k}^2\Delta t - \Delta t)], \\
y_{k+1} = y_k + y_k[(r_2 - a_{21}x_k - a_{22}y_k)\Delta t + \sigma_2 \epsilon_{2,k}\sqrt{\Delta t} + \dfrac{1}{2}\sigma_2^2(\epsilon_{2,k}^2\Delta t - \Delta t)],
\end{cases}
$$

其中 $\epsilon_{1,k}$ 和 $\epsilon_{2,k}, k = 1, 2, \cdots, n$ 是服从 $N(0,1)$ 的高斯随机变量. 选取初值 $(x_0, y_0) = (1.5, 2)$, 步长 $\Delta t = 0.001, r_1 = 1, r_2 = 1.2, a_{11} = 0.3, a_{12} = 0.2, a_{21} = 0.3, a_{22} = 0.4$ 满足确定性系统 (3.0.3) 的条件 (i), (ii), (iii), 则系统存在全局稳定的平衡点 (x^*, y^*). 图 3.2.1 的虚线直观上验证了该性质. 另外选取 $\sigma_1 = 0.04, \sigma_2 = 0.05$, 满足条件 (3.2.16), 则如定理 3.2.3 所说, 系统 (3.2.15) 是遍历的, 且解在时间均值意义下趋于 $(\bar{x}^*, \bar{y}^*)$, 其中

$$
\bar{x}^* = \frac{\left(r_1 - \dfrac{\sigma_1^2}{2}\right)a_{22} - \left(r_2 - \dfrac{\sigma_2^2}{2}\right)a_{12}}{a_{11}a_{22} - a_{12}a_{21}},
$$

$$
\bar{y}^* = \frac{\left(r_2 - \dfrac{\sigma_2^2}{2}\right)a_{11} - \left(r_1 - \dfrac{\sigma_1^2}{2}\right)a_{21}}{a_{11}a_{22} - a_{12}a_{21}}.
$$

图 3.2.1(a) 的实线表明随机系统的解围绕确定性系统的平衡点 (x^*, y^*) 振动, 是持久的.

另外减少白噪声的强度, 取 $\sigma_1 = 0.01, \sigma_2 = 0.02$, 同样此时随机系统的解是遍历的, 图 3.2.1 (b) 的实线描述了该性质. 比较图 3.2.1 的 (a) 与 (b) 可见, 当白噪声

强度的减小时, 系统的振动也随之减小. 此外, 随着白噪声强度的减小, 样本路径也更接近相应的确定性系统的轨道.

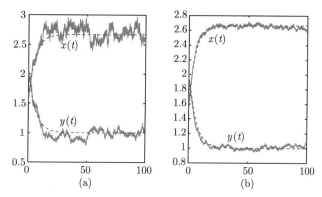

图 3.2.1 系统 (3.2.15) 具有不同白噪声的解. 实线表示系统 (3.2.15) 的解, 虚线表示确定性系统 (3.0.3) 的解

3.2.2 系统的非持久性

下面给出系统 (3.2.1) 的所有种群或是部分种群在一定条件下会灭绝.

设 $u_i(t) = \log x_i(t), \gamma_i = r_i - \dfrac{\sigma_i^2}{2}$ $(i = 1, 2, \cdots, n)$, 则

$$
\begin{cases}
du_1(t) = \left(\gamma_1 - \sum_{i=1}^{n} a_{1i} e^{u_i(t)} \right) dt + \sigma_1 dB_1(t), \\
\qquad\qquad\qquad \vdots \\
du_n(t) = \left(\gamma_n - \sum_{i=1}^{n} a_{ni} e^{u_i(t)} \right) dt + \sigma_n dB_n(t).
\end{cases}
$$

显然,

$$
du_j(t) \leqslant \gamma_j dt + \sigma_j dB_j(t), \quad j = 1, 2, \cdots, n.
$$

假设 (H$_2$) $r_i < \dfrac{\sigma_i^2}{2}, i = 1, 2, \cdots, n.$

由引理 1.3.2, 取 $\mu_i(t) = \gamma_i, \sigma_i(t) = \sigma_i$, 可得 $S(-\infty) > -\infty, S(+\infty) = +\infty$. 再利用随机比较定理可得

$$
\lim_{t \to \infty} u_i(t) = -\infty,
$$

即

$$
\lim_{t \to \infty} x_i(t) = 0 \quad \text{a.s.}
$$

因此, 可得如下结论.

定理 3.2.4　假设条件 (H$_2$) 满足, 则系统 (3.2.1) 具有初值 $x(0) \in \mathbb{R}_+^n$ 的解 $x(t)$ 具有性质

$$\lim_{t \to \infty} x_i(t) = 0, \quad i = 1, 2, \cdots, n \text{ a.s.}$$

假设 (H$_3$)　存在整数 k, $1 \leqslant k < n$, 使得

(1) $r_i < \dfrac{\sigma_i^2}{2}, \quad i = 1, \cdots, k;$

(2) $r_i > \dfrac{\sigma_i^2}{2}, \quad r_i - \dfrac{\sigma_i^2}{2} - \displaystyle\sum_{j=k+1}^n \dfrac{a_{ij}}{a_{jj}} \left(r_j - \dfrac{\sigma_j^2}{2} \right) > 0, \quad i = k+1, \cdots, n.$

定理 3.2.5　假设条件 (H$_3$) 满足, 则系统 (3.2.1) 具有初值 $x(0) \in \mathbb{R}_+^n$ 的解 $x(t)$ 具有如下性质, 对条件 (H$_3$) 中相同的 k 满足

$$\lim_{t \to \infty} x_i(t) = 0, \quad i = 1, \cdots, k \text{ a.s.}$$

$$\lim_{t \to \infty} \frac{1}{t} \int_0^t x_i(s) ds = \overline{x}_i^*, \quad i = k+1, \cdots, n \text{ a.s.}$$

其中 $\overline{x}_i^*$, $i = k+1, \cdots, n$ 如证明中所定义.

证明　显然, $i = 1, 2, \cdots, k$ 时,

$$\lim_{t \to \infty} x_i(t) = 0, \quad i = 1, \cdots, k \text{ a.s.}$$

于是对任意 $0 < \varepsilon < \dfrac{\min\limits_{k+1 \leqslant i \leqslant n} \gamma_i}{k}$, 存在 $t_0 = t_0(\omega)$ 和集合 Ω_ε, 当 $t \geqslant t_0, \omega \in \Omega_\varepsilon$ 时, $P(\Omega_\varepsilon) \geqslant 1 - \varepsilon, a_{ji} x_i(t) \leqslant \varepsilon$ ($i = 1, \cdots, k, j = k+1, \cdots, n$). 下面考虑剩下的 $n - k$ 个方程. 当 $t \geqslant t_0$ 且 $\omega \in \Omega_\epsilon$, 有

$$
\begin{aligned}
dx_j(t) &= x_j(t) \left[\left(r_j - \sum_{i=1}^k a_{ji} x_i(t) - \sum_{i=k+1}^n a_{ji} x_i(t) \right) dt + \sigma_j dB_j(t) \right] \\
&\leqslant x_j(t) \left[\left(r_j - \sum_{i=k+1}^n a_{ji} x_i(t) \right) dt + \sigma_j dB_j(t) \right], \quad j = k+1, \cdots, n,
\end{aligned}
$$

且

$$
\begin{aligned}
dx_j(t) &= x_j(t) \left[\left(r_j - \sum_{i=1}^k a_{ji} x_i(t) - \sum_{i=k+1}^n a_{ji} x_i(t) \right) dt + \sigma_j dB_j(t) \right] \\
&\geqslant x_j(t) \left[\left(r_j - k\epsilon - \sum_{i=k+1}^n a_{ji} x_i(t) \right) dt + \sigma_j dB_j(t) \right], \quad j = k+1, \cdots, n.
\end{aligned}
$$

由注 3.2.1 可知, 若

$$r_i > \frac{\sigma_i^2}{2}, \quad r_i - \frac{\sigma_i^2}{2} - \sum_{j=k+1}^{n} \frac{a_{ij}}{a_{jj}}\left(r_j - \frac{\sigma_j^2}{2}\right) > 0, \quad i = k+1,\cdots,n,$$

则方程组

$$\begin{cases} a_{k+1,k+1}x_{k+1} + a_{k+1,k+2}x_{k+2} + \cdots + a_{k+1,n}x_n = \gamma_{k+1}, \\ \qquad\qquad\qquad\vdots \\ a_{n,k+1}x_{k+1} + a_{n,k+2}x_{k+2} + \cdots + a_{nn}x_n = \gamma_n \end{cases}$$

和

$$\begin{cases} a_{k+1,k+1}x_{k+1} + a_{k+1,k+2}x_{k+2} + \cdots + a_{k+1,n}x_n = \gamma_{k+1} - k\epsilon, \\ \qquad\qquad\qquad\vdots \\ a_{n,k+1}x_{k+1} + a_{n,k+2}x_{k+2} + \cdots + a_{nn}x_n = \gamma_n - k\epsilon \end{cases}$$

分别存在唯一正解, 设为

$$\overline{x}^* = (\overline{x}_{k+1}^*, \overline{x}_{k+2}^*, \cdots, \overline{x}_n^*),$$
$$\underline{x}^* = (\underline{x}_{k+1}^*, \underline{x}_{k+2}^*, \cdots, \underline{x}_n^*),$$

且

$$\begin{aligned} &\limsup_{t\to\infty} \frac{1}{t}\int_0^t x_j(s)ds \leqslant \overline{x}_j^*, \\ &\liminf_{t\to\infty} \frac{1}{t}\int_0^t x_j(s)ds \geqslant \underline{x}_j^*, \end{aligned} \qquad j = k+1,\cdots,n, \quad \omega \in \Omega_\epsilon.$$

又注意到当 $\lim\limits_{\epsilon\to 0}\underline{x}_j^* = \overline{x}_j^*, j = k+1,\cdots,n$, 于是由 ϵ 的任意性有

$$\lim_{t\to\infty} \frac{1}{t}\int_0^t x_j(s)ds = \overline{x}_j^*, \quad j = k+1,\cdots,n. \qquad\qquad \square$$

例 3.2.2　仍然选取 $r_1 = 1, r_2 = 1.2, a_{11} = 0.3, a_{12} = 0.2, a_{21} = 0.3, a_{22} = 0.4$, 则确定性系统 (3.0.3) 存在全局稳定的平衡点 (x^*, y^*), 见图 3.2.2 的虚线. 改变白噪声的强度, 分别满足 $r_1 < \frac{\sigma_1^2}{2}, r_2 > \frac{\sigma_2^2}{2}$ 和 $r_1 > \frac{\sigma_1^2}{2}, r_2 < \frac{\sigma_2^2}{2}$ 以及 $r_1 < \frac{\sigma_1^2}{2}, r_2 < \frac{\sigma_2^2}{2}$. 如定理 3.2.5 所说, 其中一个种群或是两个种群会灭绝, 且另一种群在时间均值意义下是持久的. 图 3.2.2 中的 (a), (b), (c) 的实线分别说明了随机系统遭遇较大的白噪声时, 系统会不持久. 这表明, 大的白噪声会导致种群灭绝. 另外, 由图 3.2.2 中的 (a) 和 (b) 易见, 持久的种群将围绕一个定值振动, 此值不是系统 (3.0.3) 平衡点的值.

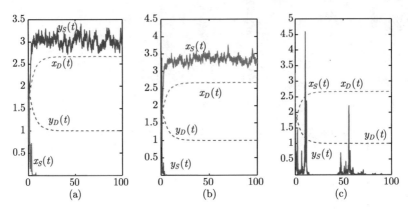

图 3.2.2　系统 (3.2.15) 遭受较大白噪声时一个种群或是两个种群会灭绝, 而相应的确定性系统是持久的. 图中实线表示系统 (3.2.15) 的解 $(x_S(t), y_S(t))$, 虚线表示确定性系统 (3.0.3) 的解 $(x_D(t), y_D(t))$

第4章　随机捕食-食饵系统

捕食与被捕食现象在自然界中广泛存在, 也是构成整个生物群落的最基本关系之一. 一直以来研究两者的关系是生态和数学生物领域广泛关注的课题之一 [60]. Lotka-Volterra 系统可以描述生态系统中最基本的三种关系, 互惠、竞争以及捕食与食饵. 第 3 章介绍了 Lotka-Volterra 型的互惠系统和竞争系统, 最经典的 Lotka-Volterra 型捕食-食饵系统, 已经得到了广泛的研究 [162, 178, 216]. 其可由如下的微分方程描述,

$$\begin{cases} \dot{x}_1 = x_1(a - bx_2), \\ \dot{x}_2 = x_2(-c + fx_1), \end{cases}$$

其中 x_1 和 x_2 分别表示食饵和捕食者的种群密度, a, b, c 和 f 为正常数. 模型的第一个方程中的 ax_1 这项表明食饵在捕食者不存在时会呈现指数增长, 而第二个方程中的 $-cx_2$ 这项表明捕食者在食饵不存在时是指数衰减. 但事实并非如此, 于是很多学者在原有模型的基础上提出了改进模型, 如增加食饵的种内竞争项 [174], 考虑捕食者的饱和率和捕食者的种内竞争 [33, 189], 考虑不同的功能反应函数 [88] 等. 具有不同功能反应函数的捕食-食饵模型可以描述为

$$\begin{cases} \dot{x}(t) = ax(t) - \phi(x(t))y(t), \\ \dot{y}(t) = -by(t) + c\phi(x(t))y(t), \end{cases}$$

其中 $x(t)$, $y(t)$ 分别表示 t 时刻食饵和捕食者的密度, a, b, c 是正常数, 分别表示食饵的内禀增长率、死亡率和捕食者的饱和率, 功能反应函数 $\phi(x(t))$ 表示捕食者随着食饵密度改变的变化率. $\phi(x(t))$ 通常用 $\dfrac{ax}{b+x}$ (Holling II 型), $\dfrac{ax^2}{b+x^2}$ (Holling III 型), $\dfrac{ax^2}{b+x+\alpha x^2}$ (Holling IV 型), $\dfrac{ax^\theta}{b+x^\theta}$ ($\theta > 0$) 或者其他等价形式表示 [88]. 很多学者研究了具有 Holling II 型功能反应函数的捕食-食饵系统的动力学行为 [60, 87, 101, 131, 159, 233, 234], 其可描述为

$$\begin{cases} \dot{x}(t) = x(t)\left(a - bx(t) - \dfrac{\alpha y(t)}{1 + \beta x(t)}\right), \\ \dot{y}(t) = y(t)\left(-e + \dfrac{k\alpha x(t)}{1 + \beta x(t)}\right), \end{cases} \tag{4.0.1}$$

其中参数 $\dfrac{b}{a}, \alpha, \beta, k$ 均为正常数, 分别表示食饵的环境容纳量、最大捕获率、半饱和

率以及转换率. 若 $ak\alpha > ae\beta + be$, 则系统 (4.0.1) 存在正平衡点

$$x^* = \frac{e}{k\alpha - e\beta}, \quad y^* = \frac{k\alpha(ak\alpha - ae\beta - be)}{(k\alpha - e\beta)^2}.$$

事实上, 捕食者与食饵之间的相互影响也是影响种群动力学的一个因素. 考虑到食饵的减少与它所喜欢的食物有关, Leslie [121] 给出了一个捕食–食饵模型, 其中捕食者的环境容纳量正比于食饵的数量. Leslie, Gower [122] 和 Pielou [185] 研究了食饵的动力学行为. 他们考虑如下方程

$$\dot{y}(t) = ry(t)\left(1 - \frac{y(t)}{\alpha x(t)}\right),$$

其中 $\alpha > 0$ 为食饵的营养转换率, αx 衡量环境资源的容纳量, 其正比于食饵的数量. $\frac{y}{\alpha x}$ 为 Leslie-Gower 项, 其度量了由捕食者最喜欢的食物 $\left(\text{人均为 } \frac{y}{x}\right)$ 缺乏所导致的捕食者数量的减少. 当然食饵的数量严重缺乏时, 捕食者 y 会寻找其他的食物, 但是由于其最喜爱的食物缺乏, 限制了捕食者的生长率. 在这种情形下, 考虑分母中加一正常数, 则上述方程可以写成

$$\dot{y}(t) = ry(t)\left(1 - \frac{y(t)}{\alpha x(t) + d}\right),$$

即

$$\dot{y}(t) = y(t)\left(r - \frac{r}{\alpha}\frac{y(t)}{x(t) + \frac{d}{\alpha}}\right).$$

Aziz-Alaoui 等 [24] 以及 Upadhyay 等 [212, 213] 用一个二维自治微分方程表示具有修正的 Leslie-Gower 和 Holling II 功能反应函数的捕食–食饵系统. 他们研究了如下的模型

$$\begin{cases} \dot{x}(t) = x(t)\left(a - bx(t) - \dfrac{cy(t)}{m_1 + x(t)}\right), \\ \dot{y}(t) = y(t)\left(r - \dfrac{fy(t)}{m_2 + x(t)}\right), \end{cases} \tag{4.0.2}$$

初值为 $x(0) = x_0 > 0, y(0) = y_0 > 0$, 其中 $x(t)$ 和 $y(t)$ 分别表示 t 时刻食饵和捕食者的密度, 参数 a, b, c, r, f 和 m_1, m_2 都是正的. 它们分别表示如下: a 是食饵 x 的增长率, b 度量食饵 x 种内的竞争系数, c 表示由于捕食者 y 的捕食导致的食饵 x 的最大单位减少率, m_1 和 m_2 分别度量了环境对食饵 x 和捕食者 y 的保护率, r 表示捕食者 y 的增长率, f 和 c 具有类似的意义. 他们给出了模型的有界性以及正平衡点的全局稳定性. 另外有好多学者也研究了该模型及其扩展形式. 例如, 在系统 (4.0.2) 中引入时滞并研究了相应系统正平衡点的全局稳定性 [183]; Guo 等 [75] 研究了系统 (4.0.2) 带有脉冲的情形.

Aziz-Alaoui 等 [24] 指出系统 (4.0.2) 存在三个平凡的平衡点

$$E_0 = (0,0), \quad E_1 = \left(\frac{a}{b}, 0\right), \quad E_2 = \left(0, \frac{rm_2}{f}\right).$$

当

$$\frac{rm_2}{f} < \frac{am_1}{c} \tag{4.0.3}$$

时, 系统又存在唯一的内部正平衡点 $E^* = (x^*, y^*)$. 特别地, 当 $m_1 = m_2 = m$ 时, 条件 (4.0.3) 简化为

$$\frac{r}{f} < \frac{a}{c}, \tag{4.0.4}$$

且此时存在内平衡点 (x^*, y^*),

$$x^* = \frac{a}{b} - \frac{cr}{bf}, \quad y^* = \frac{r(x^* + m)}{f}. \tag{4.0.5}$$

另外有学者考虑这样一个事实, 典型的功能反应函数还依赖于食饵和捕食者的密度 (可以简化为两者的比率), 尤其当捕食者寻找食物时, 它们会分享或争夺食物, 称这样一个功能反应函数为比率依赖型功能反应函数. 这些假设在不同领域, 通过实验和观察等得到了论证 [16-19,80]. 基于 Michaelis-Menten 或 Holling II 型功能反应函数, Arditi 和 Ginzburg [16] 首次提出了比率依赖型功能反应函数, 其具有如下的形式

$$P\left(\frac{x}{y}\right) = \frac{c\dfrac{x}{y}}{m + \dfrac{x}{y}} = \frac{cx}{my + x}.$$

于是比率依赖型的捕食–食饵模型可表示为

$$\begin{cases} \dot{x}(t) = x(t)\left(a - bx(t) - \dfrac{cy(t)}{my(t) + x(t)}\right), \\ \dot{y}(t) = y(t)\left(-d + \dfrac{fx(t)}{my(t) + x(t)}\right), \end{cases} \tag{4.0.6}$$

其中 $x(t)$ 和 $y(t)$ 分别表示 t 时刻食饵和捕食者的密度, 参数 a, b, c, d, f, m 是正的常数, a/b 是食饵的环境容纳量, a, c, m, f, d 分别表示食饵的内禀增长率、捕获率、半饱和系数、转换率以及捕食者的死亡率. 近年来, 许多学者研究了比率依赖型的捕食–食饵模型 (4.0.6) 及其扩展形式, 得到了其丰富的动力学性质[38, 42, 58, 89, 90, 116, 225, 226]. 例如, Kuang 等 [116] 指出系统 (4.0.6) 存在平衡点 $(0,0)$, $\left(\dfrac{a}{b}, 0\right)$ 和唯一的正平衡点 $E^* = (x^*, y^*) = \left(\dfrac{cd - f(c - ma)}{bfm}, \dfrac{f - d}{dm}x^*\right)$. 若

$$f > d, \quad ma > c, \tag{4.0.7}$$

则系统 (4.0.6) 是持久的; 而当

$$cm^{-1} > a + d \qquad\qquad (4.0.8)$$

时, 系统 (4.0.6) 是非持久的, 且

$$\lim_{t \to +\infty} (x(t), y(t)) = (0, 0).$$

比率依赖型的捕食–食饵模型在种群低密度区域或多或少存在奇性, 很多学者对此提出了争议 [11], 并提出了新的功能反应函数. Beddington [34] 和 DeAngelis 等 [54] 提出了 Beddington-DeAngelis 功能反应函数, 该函数相似于 Holling II 型功能反应函数, 但在分母中多了正比于捕食者密度的一项; 另外该函数具有类似比率依赖型的定性性质, 但在种群低密度区域不存在奇性. Li 等 [128] 研究了具有 Beddington-DeAngelis 功能反应函数的捕食–食饵模型的动力学行为. 其模型为

$$\begin{cases} \dot{x}(t) = x(t)\left(a_1 - b_1 x(t) - \dfrac{c_1 y(t)}{m_1 + m_2 x(t) + m_3 y(t)}\right), \\ \dot{y}(t) = y(t)\left(-a_2 - b_2 y(t) + \dfrac{c_2 x(t)}{m_1 + m_2 x(t) + m_3 y(t)}\right), \end{cases} \qquad (4.0.9)$$

其中 $x(t)$ 和 $y(t)$ 分别表示食饵和捕食者的密度, 系统 (4.0.9) 中的所有参数都是正的, 且 b_2 表示捕食者的密度依赖率. 假设如下条件

(H$_0$) $(c_2 - a_2 m_2)\dfrac{a_1}{b_1} > a_2 m_1$;

(H$_1$) $c_2 > a_2 m_2$, $(c_2 - a_2 m_2)\left(\dfrac{a_1}{b_1} - \dfrac{c_1}{b_1 m_3} - \dfrac{a_2 m_3}{b_2 m_2}\right) > a_2 m_1$, 或者

$a_1 m_3 > c_1 + \dfrac{b_1 a_2 m_3^2}{b_2 m_2}$, $(c_2 - a_2 m_2)\left(\dfrac{a_1}{b_1} - \dfrac{c_1}{b_1 m_3} - \dfrac{a_2 m_3}{b_2 m_2}\right) > a_2 m_1$.

若条件 (H$_0$) 满足, 则系统 (4.0.9) 存在正平衡点 $E^*(x^*, y^*)$; 若又有条件 (H$_1$) 成立, 且 $b_1 > \dfrac{c_1 m_2 y^*}{\Delta(\underline{x}, \underline{y})}$, 其中 $\Delta(\underline{x}, \underline{y}) = (m_1 + m_2 x^* + m_3 y^*)(m_1 + m_2 \underline{x} + m_3 \underline{y})$, $\underline{x} = \dfrac{a_1 - \dfrac{c_1}{m_3}}{b_1}$, $\underline{y} = \dfrac{\dfrac{c_2 \underline{x}}{m_1 + m_2 \underline{x} + m_3 \overline{y}} - a_2}{b_2}$, $\overline{y} = \dfrac{\dfrac{c_2}{m_2} - a_2}{b_2}$, 则 E^* 是全局渐近稳定的; 此外, 若 $c_2 < a_2 m_2$, 则 $\left(\dfrac{a_1}{b_1}, 0\right)$ 是全局渐近稳定的.

由于环境噪声处处存在, 在捕食–食饵系统中考虑噪声的影响是十分有意义的. 本章分别考虑模型 (4.0.1), (4.0.2), (4.0.6), (4.0.9) 中的参数受随机扰动, 主要假设出生率和死亡率遭受白噪声影响, 研究相应的随机模型的渐近行为, 在一定程度上揭示噪声影响种群动力学行为的本质特征.

4.1 随机 Holling Ⅱ型捕食–食饵系统

在模型 (4.0.1) 中引入随机扰动, 假设

$$a \to a + \sigma_1 \dot{B}_1(t),$$
$$-e \to -e + \sigma_2 \dot{B}_2(t),$$

则相应 (4.0.1) 的随机模型为

$$\begin{cases} dx(t) = x(t)\left(a - bx(t) - \dfrac{\alpha y(t)}{1 + \beta x(t)}\right)dt + \sigma_1 x(t)dB_1(t), \\ dy(t) = y(t)\left(-e + \dfrac{k\alpha x(t)}{1 + \beta x(t)}\right)dt + \sigma_2 y(t)dB_2(t). \end{cases} \tag{4.1.1}$$

4.1.1 系统正解的存在唯一性

在研究系统的动力学行为之前, 首先关心的一个问题是系统是否存在全局解. 此外, 研究一个种群模型的动力学行为, 首先需要系统的解是非负的. 所以, 本节给出系统 (4.1.1) 存在全局的非负解. 本节, 先通过变量代换给出系统 (4.1.1) 存在唯一的局部正解, 再给出此正解是全局存在的.

定理 4.1.1   任意初值 $(x_0, y_0) \in \mathbb{R}_+^2$, 系统 (4.1.1) 存在唯一的解 $(x(t), y(t))$, $t \geqslant 0$, 且此解以概率 1 位于 $\mathbb{R}_+^2$ 中.

证明   考虑下面的系统

$$\begin{cases} du(t) = \left(a - \dfrac{\sigma_1^2}{2} - be^{u(t)} - \dfrac{\alpha e^{v(t)}}{1 + \beta e^{u(t)}}\right)dt + \sigma_1 dB_1(t), \\ dv(t) = \left(-e - \dfrac{\sigma_2^2}{2} + \dfrac{k\alpha e^{u(t)}}{1 + \beta e^{u(t)}}\right)dt + \sigma_2 dB_2(t). \end{cases} \tag{4.1.2}$$

显然, 系统 (4.1.2) 的系数满足局部 Lipschitz 条件, 则对初值 $(\log x_0, \log y_0) \in \mathbb{R}^2$, 系统存在唯一的局部解 $(u(t), v(t)), t \in [0, \tau_e)$, 其中 τ_e 是爆破时刻[20]. 于是, 由 Itô 公式可知 $(e^{u(t)}, e^{v(t)}), t \in [0, \tau_e)$ 是系统 (4.1.1) 初值为 (x_0, y_0) 的唯一局部正解.

下面证明该正解是全局存在的. 显然只需证明 $\tau_e = \infty$ a.s. 令 $m_0 \geqslant 1$ 足够大使得 x_0, y_0 均位于区间 $[1/m_0, m_0]$ 中. 设整数 $m \geqslant m_0$, 定义停时

$$\tau_m = \inf\left\{t \in [0, \tau_e) : \min\{x(t), y(t)\} \leqslant \frac{1}{m} \ \text{或} \ \max\{x(t), y(t)\} \geqslant m\right\},$$

其中, 约定 $\inf \varnothing = \infty$. 显然 τ_m 关于 m 是单调递增的. 令 $\tau_\infty = \lim\limits_{m \to \infty} \tau_m$, 从而 $\tau_\infty \leqslant \tau_e$ a.s. 若能证明 $\tau_\infty = \infty$ a.s., 则显然有 $\tau_e = \infty$, 即 $(x(t), y(t)) \in \mathbb{R}_+^2$ $(t \geqslant 0)$

a.s. 换言之, 完成定理的证明只需证明 $\tau_\infty = \infty$ a.s. 如若不然, 存在 $T > 0$ 和 $\epsilon \in (0, 1)$ 使得

$$P\{\tau_\infty \leqslant T\} > \epsilon.$$

于是存在 $m_1 \geqslant m_0$ 使得对所有的 $m \geqslant m_1$,

$$P\{\tau_m \leqslant T\} \geqslant \epsilon. \tag{4.1.3}$$

定义 C^2 函数 $V : \mathbb{R}_+^2 \to \bar{\mathbb{R}}_+$,

$$V(x, y) = \left(x - c - c\log\frac{x}{c}\right) + \frac{1}{k}\left(y - 1 - \log y\right),$$

其中 c 为待定的正常数. 由于 $u - 1 - \log u \geqslant 0, \forall u > 0$, 则此函数是非负定的. 由 Itô 公式可得

$$dV := LV dt + \sigma_1(x - c)dB_1(t) + \frac{\sigma_2}{k}(y - 1)dB_2(t),$$

其中

$$
\begin{aligned}
LV &= (x - c)\left(a - bx - \frac{\alpha y}{1 + \beta x}\right) + \frac{c\sigma_1^2}{2} + \frac{1}{k}(y - 1)\left(-e + \frac{k\alpha y}{1 + \beta x}\right) + \frac{\sigma_2^2}{2k} \\
&= -ac + \frac{c\sigma_1^2}{2} + \frac{e}{k} + \frac{\sigma_2^2}{2k} + (a + bc)x - \frac{e}{k}y - bx^2 + \frac{\alpha cy}{1 + \beta x} \\
&\leqslant -ac + \frac{c\sigma_1^2}{2} + \frac{e}{k} + \frac{\sigma_2^2}{2k} + (a + bc)x - bx^2 - \left(\frac{e}{k} - \alpha c\right)y.
\end{aligned}
$$

取 $c = \dfrac{e}{\alpha k}$ 使得 $\dfrac{e}{k} - \alpha c = 0$, 则

$$LV \leqslant -ac + \frac{c\sigma_1^2}{2} + \frac{e}{k} + \frac{\sigma_2^2}{2k} + (a + bc)x - bx^2 \leqslant K,$$

其中 K 是一个正常数. 因此

$$
\begin{aligned}
&\int_0^{\tau_m \wedge T} dV(x(t), y(t)) \\
&\leqslant \int_0^{\tau_m \wedge T} K dt + \int_0^{\tau_m \wedge T} \sigma_1(x(s) - c)dB_1(s) + \frac{\sigma_2}{k}(y(s) - 1)dB_2(s).
\end{aligned}
$$

于是

$$
\begin{aligned}
&E[V(x(\tau_m \wedge T), y(\tau_m \wedge T))] \\
&\leqslant V(x(0), y(0)) + E\int_0^{\tau_m \wedge T} K dt \leqslant V(x(0), y(0)) + KT. \tag{4.1.4}
\end{aligned}
$$

对 $m \geqslant m_1$, 令 $\Omega_m = \{\tau_m \leqslant T\}$, 则由 (4.1.3) 知 $P(\Omega_m) \geqslant \epsilon$. 注意到对每个 $\omega \in \Omega_m$, $x(\tau_m, \omega)$ 和 $y(\tau_m, \omega)$ 中至少有一个等于 m 或者 $\frac{1}{m}$, 则

$$V(x(\tau_m), y(\tau_m)) \geqslant \left(m - c - c\log\frac{m}{c}\right) \wedge \left(\frac{1}{m} - c + c\log(cm)\right)$$

$$\wedge \frac{1}{k}(m - 1 - \log m) \wedge \frac{1}{k}\left(\frac{1}{m} - 1 + \log m\right)$$

$$:= f(m),$$

其中函数 $f(m)$ 满足 $\lim\limits_{t \to +\infty} f(m) = +\infty$. 于是由 (4.1.3) 和 (4.1.4) 可得

$$V(x(0), y(0)) + KT \geqslant E[1_{\Omega_m(\omega)} V(x(\tau_m), y(\tau_m))] \geqslant \epsilon f(m),$$

其中 $1_{\Omega_m(\omega)}$ 是 Ω_m 的示性函数. 令 $m \to \infty$ 得矛盾

$$\infty > V(x(0), y(0)) + KT = \infty.$$

故必有 $\tau_\infty = \infty$ a.s. $\qquad\square$

4.1.2 系统的遍历性

系统 (4.1.1) 不存在类似系统 (4.0.1) 的平衡点. 本节给出系统 (4.1.1) 存在平稳分布, 具有遍历性.

注记 4.1.1 类似互惠系统可得系统 (4.1.1) 的解 $(x(t), y(t))$ 是 $\mathbb{R}_+^2$ 中的自治 Markov 过程.

定理 4.1.2 若 $ae\beta + be < ak\alpha < ae\beta + \dfrac{bk\alpha}{\beta}$, $\sigma_1 > 0$, $\sigma_2 > 0$ 满足 $\sigma_2^2 < \dfrac{k\alpha x^*}{1 + \beta x^*}$ 且

$$\left(\frac{1}{2} + l_2 x^*\right) x^* \sigma_1^2 + \left(\frac{1 + \beta x^*}{2} + \frac{l_2 y^*}{k}\right) \frac{y^* \sigma_2^2}{k}$$

$$< \min\left\{\frac{1}{2}\left(b - \frac{\alpha\beta y^*}{1 + \beta x^*}\right)(x^*)^2, \frac{l_2}{2}\left(\frac{\alpha x^*}{k(1 + \beta x^*)} - \frac{\sigma_2^2}{k^2}\right)(y^*)^2\right\},$$

其中 (x^*, y^*) 是系统 (4.0.1) 的正平衡点, l_2 如定理证明中所定义, 则系统 (4.1.1) 存在不变分布, 且具有遍历性.

证明 由于 $ak\alpha > ae\beta + be$, 则系统 (4.0.1) 存在平衡点 (x^*, y^*), 满足

$$a = bx^* + \frac{\alpha y^*}{1 + \beta x^*}, \quad e = \frac{k\alpha x^*}{1 + \beta x^*}.$$

令

$$V_1(x, y) = \left(x - x^* - x^*\log\frac{x}{x^*}\right) + l_1\left(y - y^* - y^*\log\frac{y}{y^*}\right),$$

其中 l_1 是待定的正常数. 由 Itô 公式计算可得

$$
\begin{aligned}
LV_1 =& (x - x^*)\left(a - bx - \frac{\alpha y}{1 + \beta x}\right) + \frac{x^* \sigma_1^2}{2} \\
&+ l_1(y - y^*)\left(-e + \frac{k\alpha x}{1 + \beta x}\right) + \frac{l_1 y^* \sigma_2^2}{2} \\
=& (x - x^*)\left[-b(x - x^*) - \frac{\alpha}{1 + \beta x}(y - y^*) + \frac{\alpha \beta y^*}{(1 + \beta x^*)(1 + \beta x)}(x - x^*)\right] \\
&+ l_1(y - y^*)\frac{k\alpha(x - x^*)}{(1 + \beta x^*)(1 + \beta x)} + \frac{x^* \sigma_1^2}{2} + \frac{l_1 y^* \sigma_2^2}{2} \\
\leqslant& -\left(b - \frac{\alpha \beta y^*}{1 + \beta x^*}\right)(x - x^*)^2 + \frac{x^* \sigma_1^2}{2} + \frac{l_1 y^* \sigma_2^2}{2} \\
&- \frac{\alpha}{1 + \beta x}\left(1 - \frac{l_1 k}{1 + \beta x^*}\right)(x - x^*)(y - y^*).
\end{aligned}
$$

取 $l_1 = \dfrac{1 + \beta x^*}{k}$ 使得 $1 - \dfrac{l_1 k}{1 + \beta x^*} = 0$. 于是

$$
LV_1 \leqslant -\left(b - \frac{\alpha \beta y^*}{1 + \beta x^*}\right)(x - x^*)^2 + \frac{x^* \sigma_1^2}{2} + \frac{(1 + \beta x^*)y^* \sigma_2^2}{2k}.
$$

令

$$
V_2(x, y) = \frac{1}{2}\left[(x - x^*) + \frac{1}{k}(y - y^*)\right]^2.
$$

由于

$$
\begin{aligned}
d&\left[(x - x^*) + \frac{1}{k}(y - y^*)\right] \\
&= \left(ax - bx^2 - \frac{e}{k}y\right)dt + \sigma_1 x dB_1(t) + \frac{\sigma_2}{k}y dB_2(t) \\
&= \left[-bx(x - x^*)^2 + \alpha \frac{y^*(x - x^*) - x^*(y - y^*)}{1 + \beta x^*}\right]dt \\
&\quad + \sigma_1 x dB_1(t) + \frac{\sigma_2}{k}y dB_2(t),
\end{aligned}
$$

则

$$
\begin{aligned}
LV_2 =& \left[(x - x^*) + \frac{1}{k}(y - y^*)\right]\left[-bx(x - x^*)^2 + \alpha \frac{y^*(x - x^*) - x^*(y - y^*)}{1 + \beta x^*}\right] \\
&+ \frac{\sigma_1^2}{2}x^2 + \frac{\sigma_2^2}{2k^2}y^2 \\
=& -bx(x - x^*)^2 + \left(\frac{\alpha y^*}{1 + \beta x^*} + \frac{by^*}{k}\right)(x - x^*)^2 - \frac{b}{k}(x - x^*)^2 y
\end{aligned}
$$

$$-\frac{\alpha x^*}{k(1+\beta x^*)}(y-y^*)^2 + \frac{\sigma_1^2}{2}x^2 + \frac{\sigma_2^2}{2k^2}y^2$$

$$+ \left(\frac{\alpha y^*}{k(1+\beta x^*)} - \frac{\alpha x^*}{1+\beta x^*} - \frac{bx^*}{k}\right)(x-x^*)(y-y^*)$$

$$\leqslant \left(\frac{\alpha y^*}{1+\beta x^*} + \frac{by^*}{k} + \sigma_1^2\right)(x-x^*)^2 - \left(\frac{\alpha x^*}{k(1+\beta x^*)} - \frac{\sigma_2^2}{k^2}\right)(y-y^*)^2$$

$$+ \left(\frac{\alpha y^*}{k(1+\beta x^*)} - \frac{\alpha x^*}{1+\beta x^*} - \frac{bx^*}{k}\right)(x-x^*)(y-y^*)$$

$$+ \sigma_1^2(x^*)^2 + \frac{\sigma_2^2}{k^2}(y^*)^2.$$

由于

$$\left(\frac{\alpha y^*}{k(1+\beta x^*)} - \frac{\alpha x^*}{1+\beta x^*} - \frac{bx^*}{k}\right)(x-x^*)(y-y^*)$$

$$\leqslant \frac{\left(\dfrac{\alpha y^*}{k(1+\beta x^*)} - \dfrac{\alpha x^*}{1+\beta x^*} - \dfrac{bx^*}{k}\right)^2}{2\left(\dfrac{\alpha x^*}{k(1+\beta x^*)} - \dfrac{\sigma_2^2}{k^2}\right)}(x-x^*)^2$$

$$+ \frac{1}{2}\left(\frac{\alpha x^*}{k(1+\beta x^*)} - \frac{\sigma_2^2}{k^2}\right)(y-y^*)^2$$

$$:= \delta(x-x^*)^2 + \frac{1}{2}\left(\frac{\alpha x^*}{k(1+\beta x^*)} - \frac{\sigma_2^2}{k^2}\right)(y-y^*)^2,$$

则

$$LV_2 \leqslant \left(\frac{\alpha y^*}{1+\beta x^*} + \frac{by^*}{k} + \sigma_1^2 + \delta\right)(x-x^*)^2$$

$$- \frac{1}{2}\left(\frac{\alpha x^*}{k(1+\beta x^*)} - \frac{\sigma_2^2}{k^2}\right)(y-y^*)^2 + \sigma_1^2(x^*)^2 + \frac{\sigma_2^2}{k^2}(y^*)^2.$$

现定义 C^2 函数 $V: \mathbb{R}_+^2 \to \bar{\mathbb{R}}_+$,

$$V(x,y) = V_1(x,y) + l_2 V_2(x,y),$$

其中 $l_2 > 0$ 为待定常数. 于是

$$LV \leqslant -\left[b - \frac{\alpha\beta y^*}{1+\beta x^*} - l_2\left(\frac{\alpha y^*}{1+\beta x^*} + \frac{by^*}{k} + \sigma_1^2 + \delta\right)\right](x-x^*)^2$$

$$- \frac{l_2}{2}\left(\frac{\alpha x^*}{k(1+\beta x^*)} - \frac{\sigma_2^2}{k^2}\right)(y-y^*)^2$$

$$+ \left(\frac{1}{2} + l_2 x^*\right)x^*\sigma_1^2 + \left(\frac{1+\beta x^*}{2} + \frac{l_2 y^*}{k}\right)\frac{y^*\sigma_2^2}{k}. \tag{4.1.5}$$

取 $l_2 > 0$ 满足

$$\left[b - \frac{\alpha\beta y^*}{1 + \beta x^*} - l_2 \left(\frac{\alpha y^*}{1 + \beta x^*} + \frac{by^*}{k} + \sigma_1^2 + \delta \right) \right] = \frac{1}{2} \left(b - \frac{\alpha\beta y^*}{1 + \beta x^*} \right).$$

从而由 (4.1.5) 可得

$$LV \leqslant - \frac{1}{2} \left(b - \frac{\alpha\beta y^*}{1 + \beta x^*} \right) (x - x^*)^2 - \frac{l_2}{2} \left(\frac{\alpha x^*}{k(1 + \beta x^*)} - \frac{\sigma_2^2}{k^2} \right) (y - y^*)^2$$
$$+ \left(\frac{1}{2} + l_2 x^* \right) x^* \sigma_1^2 + \left(\frac{1 + \beta x^*}{2} + \frac{l_2 y^*}{k} \right) \frac{y^* \sigma_2^2}{k}.$$

由于

$$\left(\frac{1}{2} + l_2 x^* \right) x^* \sigma_1^2 + \left(\frac{1 + \beta x^*}{2} + \frac{l_2 y^*}{k} \right) \frac{y^* \sigma_2^2}{k}$$
$$< \min \left\{ \frac{1}{2} \left(b - \frac{\alpha\beta y^*}{1 + \beta x^*} \right) (x^*)^2, \frac{l_2}{2} \left(\frac{\alpha x^*}{k(1 + \beta x^*)} - \frac{\sigma_2^2}{k^2} \right) (y^*)^2 \right\},$$

则椭圆

$$- \frac{1}{2} \left(b - \frac{\alpha\beta y^*}{1 + \beta x^*} \right) (x - x^*)^2 - \frac{l_2}{2} \left(\frac{\alpha x^*}{k(1 + \beta x^*)} - \frac{\sigma_2^2}{k^2} \right) (y - y^*)^2$$
$$+ \left(\frac{1}{2} + l_2 x^* \right) x^* \sigma_1^2 + \left(\frac{1 + \beta x^*}{2} + \frac{l_2 y^*}{k} \right) \frac{y^* \sigma_2^2}{k} = 0$$

全部位于 $\mathbb{R}_+^2$ 中. 选取 U 是包含椭圆的邻域且 $\bar{U} \subseteq \mathbb{R}_+^2$, 于是对所有的 $(x, y) \in \mathbb{R}_+^2 \setminus U$, 有 $LV \leqslant -C$ (C 为一正常数), 这意味着定理 1.4.2 中的条件 (B.2) 满足. 因此解 $(x(t), y(t))$ 在区域 U 是常返的, 结合引理 1.4.1 和注 4.1.1 可知 $(x(t), y(t))$ 在 $\mathbb{R}_+^2$ 中的任意有界区域 D 是常返的. 另一方面, 对任意的 D, 存在

$$M = \min\{\sigma_1^2 x^2, \sigma_2^2 y^2, (x, y) \in \bar{D}\} > 0$$

使得

$$\sum_{i,j=1}^{2} \lambda_{ij} \xi_i \xi_j = \sigma_1^2 x^2 \xi_1^2 + \sigma_2^2 y^2 \xi_2^2 \geqslant M \mid \xi \mid^2, \quad \text{所有的} \quad x \in \bar{D}, \, \xi \in \mathbb{R}^2,$$

则定理 1.4.2 中的条件 (B.1) 也是满足的. 因此, 系统 (4.1.1) 存在平稳分布 $\mu(\cdot)$, 且是遍历的.　　　　　　　　　　　　　　　　　　　　　　　　　　　　□

4.2 随机修正的 Leslie-Gower 和 Holling II 型捕食–食饵系统

在系统 (4.0.2) 中考虑白噪声, 假设

$$a \rightarrow a + \alpha dB_1(t),$$
$$r \rightarrow r + \beta dB_2(t),$$

其中 $B_1(t), B_2(t)$ 相互独立的布朗运动, α^2 和 β^2 表示白噪声的强度. 另外, 为计算方便, 假设 $m_1 = m_2 = m$, 则相应于系统 (4.0.2) 的随机系统具有如下形式

$$\begin{cases} dx(t) = x(t)\left(a - bx(t) - \dfrac{cy(t)}{m + x(t)}\right) dt + \alpha x(t) dB_1(t), \\ dy(t) = y(t)\left(r - \dfrac{fy(t)}{m + x(t)}\right) dt + \beta y(t) dB_2(t). \end{cases} \tag{4.2.1}$$

4.2.1 系统正解的存在唯一性

由于 $x(t), y(t)$ 分别表示系统 (4.2.1) 中食饵和捕食者在 t 时刻的种群密度, 则要求解是正的才有意义. 本节通过变量代换和随机比较定理 (定理 1.2.9) 给出系统正解的存在唯一性.

引理 4.2.1 对任意初值 $(x_0, y_0) \in \mathbb{R}_+^2$, 系统 (4.2.1) 几乎必然存在唯一的局部正解 $(x(t), y(t)) \in \mathbb{R}_+^2$, $t \in [0, \tau_e)$.

证明 考虑如下方程

$$\begin{cases} du(t) = \left(a - \dfrac{\alpha^2}{2} - be^{u(t)} - \dfrac{ce^{v(t)}}{m + e^{u(t)}}\right) dt + \alpha dB_1(t), \\ dv(t) = \left(r - \dfrac{\beta^2}{2} - \dfrac{fe^{v(t)}}{m + e^{u(t)}}\right) dt + \beta dB_2(t), \end{cases} \tag{4.2.2}$$

具有初值为 $u(0) = \log x_0, v(0) = \log y_0$. 显然系统 (4.2.2) 的系数满足局部 Lipschitz 条件, 则存在唯一的局部解 $(u(t), v(t)), t \in [0, \tau_e)$, 其中 τ_e 是爆破时刻 [20, 62]. 于是由 Itô 公式显然可得 $x(t) = e^{u(t)}, y(t) = e^{v(t)}$ 是系统 (4.0.2) 具有初值 $(x_0, y_0) \in \mathbb{R}_+^2$ 的唯一局部正解. □

引理 4.2.1 给出了系统 (4.2.1) 存在唯一局部正解. 下面给出该正解是全局存在的, 即证明 $\tau_e = \infty$.

当 $t \in [0, \tau_e)$ 时, 系统 (4.0.2) 的解 $(x(t), y(t)) \in \mathbb{R}_+^2$, 则

$$dx(t) \leqslant x(t)(a - bx(t))dt + \alpha x(t)dB_1(t).$$

令

$$\Phi(t) = \frac{e^{\left(a-\frac{\alpha^2}{2}\right)t+\alpha B_1(t)}}{\frac{1}{x_0} + b\int_0^t e^{\left(a-\frac{\alpha^2}{2}\right)s+\alpha B_1(s)}ds}, \tag{4.2.3}$$

则 $\Phi(t)$ 是如下方程的唯一正解

$$\begin{cases} d\Phi(t) = \Phi(t)(a - b\Phi(t))dt + \alpha\Phi(t)dB_1(t), \\ \Phi(0) = x_0. \end{cases}$$

由随机比较定理可得

$$x(t) \leqslant \Phi(t), \quad t \in [0, \tau_e) \ \text{a.s.}$$

另外,

$$\begin{aligned} dy(t) &= y(t)\left[r - \frac{f}{m}y(t) + \frac{fx(t)y(t)}{m(m+x(t))}\right]dt + \beta y(t)dB_2(t) \\ &\geqslant y(t)\left(r - \frac{f}{m}y(t)\right)dt + \beta y(t)dB_2(t). \end{aligned}$$

显然

$$\psi(t) = \frac{e^{\left(r-\frac{\beta^2}{2}\right)t+\beta B_2(t)}}{\frac{1}{y_0} + \frac{f}{m}\int_0^t e^{\left(r-\frac{\beta^2}{2}\right)s+\beta B_2(s)}ds} \tag{4.2.4}$$

是如下方程的唯一正解

$$\begin{cases} d\psi(t) = \psi(t)\left(r - \frac{f}{m}\psi(t)\right)dt + \beta\psi(t)dB_2(t), \\ \psi(0) = y_0, \end{cases}$$

且 $y(t) \geqslant \psi(t), t \in [0, \tau_e)$ a.s.

另一方面,

$$dy(t) \leqslant y(t)\left(r - \frac{f}{m+\Phi(t)}y(t)\right)dt + \beta y(t)dB_2(t).$$

类似地有

$$y(t) \leqslant \Psi(t), \quad t \in [0, \tau_e) \ \text{a.s.}$$

其中

$$\Psi(t) = \frac{e^{\left(r-\frac{\beta^2}{2}\right)t+\beta B_2(t)}}{\frac{1}{y_0} + f\int_0^t \frac{1}{m+\Phi(s)}e^{\left(r-\frac{\beta^2}{2}\right)s+\beta B_2(s)}ds}. \tag{4.2.5}$$

从而有

$$dx(t) \geqslant x(t)\left(a - bx(t) - \frac{c\Psi(t)}{m}\right)dt + \alpha x(t)dB_1(t).$$

于是

$$x(t) \geqslant \frac{e^{\left(a-\frac{\alpha^2}{2}\right)t - \frac{c}{m}\int_0^t \Psi(s)ds + \beta B_2(t)}}{\dfrac{1}{y_0} + b\displaystyle\int_0^t e^{\left(a-\frac{\alpha^2}{2}\right)s - \frac{c}{m}\int_0^s \Psi(u)du + \beta B_2(s)}ds} := \phi(t), \quad t \in [0, \tau_e) \text{ a.s.} \quad (4.2.6)$$

注意到

$$\phi(t) \leqslant x(t) \leqslant \Phi(t), \quad \psi(t) \leqslant y(t) \leqslant \Psi(t), \quad t \in [0, \tau_e) \text{ a.s.},$$

并且 $\phi(t), \Phi(t), \psi(t)$ 和 $\Psi(t), t \geqslant 0$ 都是全局存在的正解, 因而可得下面定理.

定理 4.2.1 任给初值 $(x_0, y_0) \in \mathbb{R}_+^2$, 系统 (4.2.1) 几乎必然存在唯一正解 $(x(t), y(t)) \in \mathbb{R}_+^2, t \geqslant 0$, 且存在如 (4.2.6), (4.2.3), (4.2.4) 和 (4.2.5) 定义的函数 ϕ, Φ, ψ 和 Ψ 满足

$$\phi(t) \leqslant x(t) \leqslant \Phi(t), \quad \psi(t) \leqslant y(t) \leqslant \Psi(t), \quad t \geqslant 0 \text{ a.s.} \quad (4.2.7)$$

4.2.2 系统的持久性

1. 时间均值意义下的持久性

本部分假设如下条件成立.

(H) $a > \dfrac{\alpha^2}{2}$, $r > \dfrac{\beta^2}{2}$ 且 $\dfrac{a - \dfrac{\alpha^2}{2}}{c} > \dfrac{r - \dfrac{\beta^2}{2}}{f}$.

取 T 使得当 $t \geqslant T$ 时有 $\dfrac{1}{2}e^{\left(a-\frac{\alpha^2}{2}\right)t} \geqslant 1$. 于是当 $s \geqslant T$ 时, 由 (4.2.3) 易见

$$\begin{aligned}
\Phi(s) &= \frac{e^{\left(a-\frac{\alpha^2}{2}\right)s + \alpha B_1(s)}}{\dfrac{1}{x_0} + b\displaystyle\int_0^s e^{\left(a-\frac{\alpha^2}{2}\right)u + \alpha B_1(u)}du} \\[2mm]
&\leqslant \frac{e^{\left(a-\frac{\alpha^2}{2}\right)s + \alpha B_1(s)}}{b\displaystyle\int_0^s e^{\left(a-\frac{\alpha^2}{2}\right)u + \alpha B_1(u)}du} \\[2mm]
&\leqslant \frac{e^{\left(a-\frac{\alpha^2}{2}\right)s + \alpha B_1(s)}}{be^{\alpha \min\limits_{0 \leqslant u \leqslant s} B_1(u)}\displaystyle\int_0^s e^{\left(a-\frac{\alpha^2}{2}\right)u}du}
\end{aligned}$$

$$= \frac{a - \frac{\alpha^2}{2}}{b} \frac{e^{\left(a - \frac{\alpha^2}{2}\right)s + \alpha B_1(s)}}{e^{\alpha \min\limits_{0 \leqslant u \leqslant s} B_1(u)} \left[e^{\left(a - \frac{\alpha^2}{2}\right)s} - 1\right]}$$

$$\leqslant \frac{2\left(a - \frac{\alpha^2}{2}\right)}{b} \frac{e^{\left(a - \frac{\alpha^2}{2}\right)s + \alpha B_1(s)}}{e^{\alpha \min\limits_{0 \leqslant u \leqslant s} B_1(u)} e^{\left(a - \frac{\alpha^2}{2}\right)s}}$$

$$= \frac{2a - \alpha^2}{b} e^{\alpha\left(B_1(s) - \min\limits_{0 \leqslant u \leqslant s} B_1(u)\right)}, \tag{4.2.8}$$

且

$$f \int_T^t \frac{1}{m + \Phi(s)} e^{\left(r - \frac{\beta^2}{2}\right)s + \beta B_2(s)} ds$$

$$\geqslant f \int_T^t \frac{1}{m + \frac{2a - \alpha^2}{b} e^{\alpha\left(B_1(s) - \min\limits_{0 \leqslant u \leqslant s} B_1(u)\right)}} e^{\left(r - \frac{\beta^2}{2}\right)s + \beta B_2(s)} ds$$

$$\geqslant \frac{bf}{bm + 2a - \alpha^2} \int_T^t e^{-\alpha\left(B_1(s) - \min\limits_{0 \leqslant u \leqslant s} B_1(u)\right)} e^{\left(r - \frac{\beta^2}{2}\right)s + \beta B_2(s)} ds$$

$$\geqslant \frac{bf}{bm + 2a - \alpha^2} e^{\alpha\left(\min\limits_{0 \leqslant s \leqslant t} B_1(s) - \max\limits_{0 \leqslant s \leqslant t} B_1(s)\right) + \beta \min\limits_{0 \leqslant s \leqslant t} B_2(s)} \int_T^t e^{\left(r - \frac{\beta^2}{2}\right)s} ds$$

$$= \frac{2bf}{(bm + 2a - \alpha^2)(2r - \beta^2)} e^{\alpha\left(\min\limits_{0 \leqslant s \leqslant t} B_1(s) - \max\limits_{0 \leqslant s \leqslant t} B_1(s)\right) + \beta \min\limits_{0 \leqslant s \leqslant t} B_2(s)}$$

$$\times \left[e^{(r - \beta^2/2)t} - e^{(r - \beta^2/2)T}\right].$$

结合此式和 (4.2.8), (4.2.5) 有

$$\frac{1}{\Psi(t)} \geqslant e^{-\left(r - \beta^2/2\right)(t - T) - \beta(B_2(t) - B_2(T))}$$

$$\times \left[\frac{1}{y(T)} + \frac{2bf\left(e^{(r - \beta^2/2)t} - e^{(r - \beta^2/2)T}\right)}{(bm + 2a - \alpha^2)(2r - \beta^2)}\right.$$

$$\left. \times e^{\alpha\left(\min\limits_{0 \leqslant s \leqslant t} B_1(s) - \max\limits_{0 \leqslant s \leqslant t} B_1(s)\right) + \beta \min\limits_{0 \leqslant s \leqslant t} B_2(s)}\right]$$

$$\geqslant \frac{2bf e^{(r - \beta^2/2)T}\left(1 - e^{-(r - \beta^2/2)(t - T)}\right)}{(bm + 2a - \alpha^2)(2r - \beta^2)}$$

$$\times e^{\alpha\left(\min\limits_{0 \leqslant s \leqslant t} B_1(s) - \max\limits_{0 \leqslant s \leqslant t} B_1(s)\right) + \beta\left(\min\limits_{0 \leqslant s \leqslant t} B_2(s) - \max\limits_{0 \leqslant s \leqslant t} B_2(s)\right)}$$

$$:= K_1(t) e^{\alpha\left(\min\limits_{0 \leqslant s \leqslant t} B_1(s) - \max\limits_{0 \leqslant s \leqslant t} B_1(s)\right) + \beta\left(\min\limits_{0 \leqslant s \leqslant t} B_2(s) - \max\limits_{0 \leqslant s \leqslant t} B_2(s)\right)},$$

其中 $K_1(t) = \dfrac{2bfe^{(r-\beta^2/2)T}\left(1 - e^{-(r-\beta^2/2)(t-T)}\right)}{(bm + 2a - \alpha^2)(2r - \beta^2)}$, 且

$$\lim_{t\to\infty} \frac{\log K_1(t)}{t} = 0. \tag{4.2.9}$$

从而

$$-\log \Psi(t) \geqslant \log K_1(t) + \alpha\left(\min_{0\leqslant s\leqslant t} B_1(s) - \max_{0\leqslant s\leqslant t} B_1(s)\right)$$
$$+ \beta\left(\min_{0\leqslant s\leqslant t} B_2(s) - \max_{0\leqslant s\leqslant t} B_2(s)\right).$$

因而

$$\frac{\log \Psi(t)}{t} \leqslant -\frac{\log K_1(t)}{t} - \alpha\frac{\displaystyle\min_{0\leqslant s\leqslant t} B_1(s) - \max_{0\leqslant s\leqslant t} B_1(s)}{t}$$
$$-\beta\frac{\displaystyle\min_{0\leqslant s\leqslant t} B_2(s) - \max_{0\leqslant s\leqslant t} B_2(s)}{t}. \tag{4.2.10}$$

由于 $\displaystyle\max_{0\leqslant s\leqslant t} B_1(s)$ 和 $\displaystyle\max_{0\leqslant s\leqslant t} B_2(s)$ 的分布分别与 $|B_1(t)|$ 和 $|B_2(t)|$ 的分布相同, 且 $\displaystyle\min_{0\leqslant s\leqslant t} B_1(s)$ 和 $\displaystyle\min_{0\leqslant s\leqslant t} B_2(s)$ 与 $-\displaystyle\max_{0\leqslant s\leqslant t} B_1(s)$ 和 $-\displaystyle\max_{0\leqslant s\leqslant t} B_2(s)$ 分别具有相同的分布. 于是结合布朗运动的性质和 (4.2.9), (4.2.10) 可知

$$\limsup_{t\to\infty} \frac{\log \Psi(t)}{t} \leqslant 0 \quad \text{a.s.}$$

因此

$$\limsup_{t\to\infty} \frac{\log y(t)}{t} \leqslant 0 \quad \text{a.s.} \tag{4.2.11}$$

另一方面, 当 $r > \dfrac{\beta^2}{2}$ 时, 由引理 2.1.3 知

$$\lim_{t\to\infty} \frac{\log \psi(t)}{t} = 0 \quad \text{a.s.}$$

上式结合 (4.2.7) 得

$$\limsup_{t\to\infty} \frac{\log y(t)}{t} \geqslant 0 \quad \text{a.s.} \tag{4.2.12}$$

因而由 (4.2.11) 和 (4.2.12) 可得

$$\lim_{t\to\infty} \frac{\log y(t)}{t} = 0 \quad \text{a.s.} \tag{4.2.13}$$

下面探讨 Lesile-Gower 项 $\dfrac{y(t)}{m + x(t)}$ 的极限.

对 (4.2.2) 的第二个方程从 0 到 t 积分可得

$$\int_0^t \frac{y(s)}{m+x(s)} ds = -\frac{\log y(t) - \log y_0}{f} + \frac{r - \frac{\beta^2}{2}}{f} t + \frac{\beta}{f} B_2(t).$$

于是

$$\frac{1}{t} \int_0^t \frac{y(s)}{m+x(s)} ds = -\frac{\log y(t) - \log y_0}{ft} + \frac{r - \frac{\beta^2}{2}}{f} + \frac{\beta}{f} \frac{B_2(t)}{t}.$$

由 (4.2.13) 和布朗运动的性质可得

$$\lim_{t \to \infty} \frac{1}{t} \int_0^t \frac{y(s)}{m+x(s)} ds = \frac{r - \frac{\beta^2}{2}}{f} \quad \text{a.s.} \tag{4.2.14}$$

定理 4.2.2   设 $(x(t), y(t))$ 系统 (4.2.1) 具有初值 $(x_0, y_0) \in \mathbb{R}_+^2$ 的正解. 若条件 (H) 满足, 则

$$\lim_{t \to \infty} \frac{1}{t} \int_0^t \frac{y(s)}{m+x(s)} ds = \frac{r - \frac{\beta^2}{2}}{f} \quad \text{a.s.},$$

即系统 (4.2.1) 的 Leslie-Gower 项在时间均值意义下是稳定的.

下面研究食饵 $x(t)$ 的极限. 显然, 由 Itô 公式可得

$$\frac{1}{x(t)} = \frac{1}{x_0} e^{-\left(a - \frac{\alpha^2}{2}\right)t + c\int_0^t \frac{y(s)}{m+x(s)} ds - \alpha B_1(t)}$$

$$+ b \int_0^t e^{-\left(a - \frac{\alpha^2}{2}\right)(t-s) + c\int_s^t \frac{y(u)}{m+x(u)} du - \alpha(B_1(t) - B_1(s))} ds$$

$$:= I_1 + I_2.$$

下面分别估计 I_1 和 I_2.

$$I_1 = \frac{1}{x_0} e^{-\left(a - \frac{\alpha^2}{2}\right)t - \frac{c}{f}(\log y(t) - \log y_0) + \frac{c(2r - \beta^2)}{2f} t + \frac{c\beta}{f} B_2(t) - \alpha B_1(t)}$$

$$\leqslant \frac{1}{x_0} e^{-\left(a - \frac{\alpha^2}{2} - \frac{c(2r - \beta^2)}{2f}\right)t + \frac{c}{f}\left(\max_{0 \leqslant s \leqslant t} \log y(s) - \log y(t)\right)}$$

$$\times e^{\frac{c\beta}{f}\left(B_2(t) - \min_{0 \leqslant s \leqslant t} B_2(s)\right) + \alpha\left(\max_{0 \leqslant s \leqslant t} B_1(s) - B_1(t)\right)}$$

$$:= K_{21}(t) e^{\frac{c\beta}{f}\left(B_2(t) - \min_{0 \leqslant s \leqslant t} B_2(s)\right) + \alpha\left(\max_{0 \leqslant s \leqslant t} B_1(s) - B_1(t)\right) + \frac{c}{f}\left(\max_{0 \leqslant s \leqslant t} \log y(s) - \log y(t)\right)}.$$

$$I_2 = b \int_0^t e^{-\left(a - \frac{\alpha^2}{2}\right)(t-s) - \frac{c}{f}(\log y(t) - \log y(s)) + \frac{c(2r - \beta^2)}{2f}(t-s)}$$

$$\cdot e^{\frac{c\beta}{f}(B_2(t) - B_2(s)) - \alpha(B_1(t) - B_1(s))} ds$$

$$\leqslant b e^{\frac{c\beta}{f}\left(B_2(t) - \min_{0 \leqslant s \leqslant t} B_2(s)\right) + \alpha\left(\max_{0 \leqslant s \leqslant t} B_1(s) - B_1(t)\right) + \frac{c}{f}\left(\max_{0 \leqslant s \leqslant t} \log y(s) - \log y(t)\right)}$$

$$\times \int_0^t e^{-\left(a - \frac{\alpha^2}{2} - \frac{c(2r - \beta^2)}{2f}\right)(t-s)} ds$$

$$= \frac{2bf\left[1 - e^{-\left(a - \frac{\alpha^2}{2} - \frac{c(2r - \beta^2)}{2f}\right)t}\right]}{f(2a - \alpha^2) - c(2r - \beta^2)}$$

$$\times e^{\frac{c\beta}{f}\left(B_2(t) - \min_{0 \leqslant s \leqslant t} B_2(s)\right) + \alpha\left(\max_{0 \leqslant s \leqslant t} B_1(s) - B_1(t)\right) + \frac{c}{f}\left(\max_{0 \leqslant s \leqslant t} \log y(s) - \log y(t)\right)}$$

$$:= K_{22}(t) e^{\frac{c\beta}{f}\left(B_2(t) - \min_{0 \leqslant s \leqslant t} B_2(s)\right) + \alpha\left(\max_{0 \leqslant s \leqslant t} B_1(s) - B_1(t)\right) + \frac{c}{f}\left(\max_{0 \leqslant s \leqslant t} \log y(s) - \log y(t)\right)}.$$

于是

$$\frac{1}{x(t)} \leqslant (K_{21}(t) + K_{22}(t)) e^{\frac{c}{f}\left(\max_{0 \leqslant s \leqslant t} \log y(s) - \log y(t)\right)}$$

$$\times e^{\frac{c\beta}{f}\left(B_2(t) - \min_{0 \leqslant s \leqslant t} B_2(s)\right) + \alpha\left(\max_{0 \leqslant s \leqslant t} B_1(s) - B_1(t)\right)}$$

$$:= K_2(t) e^{\frac{c}{f}\left(\max_{0 \leqslant s \leqslant t} \log y(s) - \log y(t)\right)}$$

$$\times e^{\frac{c\beta}{f}\left(B_2(t) - \min_{0 \leqslant s \leqslant t} B_2(s)\right) + \alpha\left(\max_{0 \leqslant s \leqslant t} B_1(s) - B_1(t)\right)},$$

其中当条件 (H) 满足时,

$$\lim_{t \to \infty} \frac{\log K_2(t)}{t} = 0. \tag{4.2.15}$$

从而

$$-\log x(t) \leqslant \log K_2(t) + \frac{c\beta\left(B_2(t) - \min_{0 \leqslant s \leqslant t} B_2(s)\right)}{f}$$

$$+ \alpha\left(\max_{0 \leqslant s \leqslant t} B_1(s) - B_1(t)\right) + \frac{c\left(\max_{0 \leqslant s \leqslant t} \log y(s) - \log y(t)\right)}{f}.$$

因此

$$\frac{\log x(t)}{t} \geqslant -\frac{\log K_2(t)}{t} - \frac{c\beta}{f} \frac{B_2(t) - \min\limits_{0 \leqslant s \leqslant t} B_2(s)}{t}$$

$$- \alpha \frac{\max\limits_{0 \leqslant s \leqslant t} B_1(s) - B_1(t)}{t} - \frac{c}{f} \frac{\max\limits_{0 \leqslant s \leqslant t} \log y(s) - \log y(t)}{t}.$$

于是结合布朗运动的性质以及 (4.2.13), (4.2.15) 可得

$$\liminf_{t \to \infty} \frac{\log x(t)}{t} \geqslant 0 \quad \text{a.s.} \tag{4.2.16}$$

另一方面, 由 (4.2.7) 和引理 2.1.3 可得

$$\limsup_{t \to \infty} \frac{\log x(t)}{t} \leqslant \lim_{t \to \infty} \frac{\log \Phi(t)}{t} = 0 \quad \text{a.s.} \tag{4.2.17}$$

于是由 (4.2.16) 和 (4.2.17) 可知

$$\lim_{t \to \infty} \frac{\log x(t)}{t} = 0 \quad \text{a.s.} \tag{4.2.18}$$

此外, 由于

$$\frac{\log x(t) - \log x_0}{t} = a - \frac{\alpha^2}{2} - \frac{b}{t} \int_0^t x(s)ds - \frac{c}{t} \int_0^t \frac{y(s)}{m + x(s)}ds + \alpha \frac{B_1(t)}{t},$$

结合 (4.2.14), (4.2.18) 可得

$$\lim_{t \to \infty} \frac{1}{t} \int_0^t x(s)ds = \frac{a - \dfrac{\alpha^2}{2}}{b} - \frac{c\left(r - \dfrac{\beta^2}{2}\right)}{bf} \quad \text{a.s.} \tag{4.2.19}$$

定理 4.2.3 设 $(x(t), y(t))$ 是系统 (4.2.1) 具有初值 $(x_0, y_0) \in \mathbb{R}_+^2$ 的正解. 若条件 (H) 满足, 则

$$\lim_{t \to \infty} \frac{1}{t} \int_0^t x(s)ds = \frac{a - \dfrac{\alpha^2}{2}}{b} - \frac{c\left(r - \dfrac{\beta^2}{2}\right)}{bf} \quad \text{a.s.},$$

即食饵在时间均值意义下是稳定的.

进一步地, 由 (4.2.14) 可见

$$\liminf_{t \to \infty} \frac{1}{t} \int_0^t y(s)ds \geqslant m \lim_{t \to \infty} \frac{1}{t} \int_0^t \frac{y(s)}{m + x(s)}ds = \frac{m\left(r - \dfrac{\beta^2}{2}\right)}{f} \quad \text{a.s.}$$

由上式和 (4.2.19) 可得如下结论.

定理 4.2.4 设 $(x(t), y(t))$ 是系统 (4.2.1) 具有初值 $(x_0, y_0) \in \mathbb{R}_+^2$ 的正解. 若条件 (H) 满足, 则系统 (4.2.1) 在时间均值意义下是持久的.

2. 平稳分布, 遍历性

系统 (4.2.1) 写成如系统 (1.4.1) 的形式, 其为

$$d \begin{pmatrix} x(t) \\ y(t) \end{pmatrix} = \begin{pmatrix} x(t) \left(a - bx(t) - \dfrac{cy(t)}{m + x(t)} \right) \\ y(t) \left(r - \dfrac{fy(t)}{m + x(t)} \right) \end{pmatrix} dt + \begin{pmatrix} \alpha x(t) \\ 0 \end{pmatrix} dB_1(t) + \begin{pmatrix} 0 \\ \beta y(t) \end{pmatrix} dB_2(t).$$

相应的扩散阵为

$$A(x, y) = \begin{pmatrix} \alpha^2 x^2 & 0 \\ 0 & \beta^2 y^2 \end{pmatrix}.$$

注记 4.2.1 类似互惠系统可得系统 (4.2.1) 的解 $(x(t), y(t))$ 是 $\mathbb{R}_+^2$ 中的自治 Markov 过程.

下面利用定理 1.4.2 给出系统 (4.2.1) 存在平稳分布, 且具有遍历性.

定理 4.2.5 若 $\dfrac{r}{f} < \min \left\{ \dfrac{a}{c}, \dfrac{bm}{c} \right\}$, 且 $\alpha > 0, \beta > 0$ 满足

$$\delta < \min \left\{ \frac{bfm - cr}{f} \left[x^* + \frac{f}{4(bfm - cr)} \left(x^* \alpha^2 + \frac{cy^* \beta^2}{r} \right) \right]^2, \frac{cf}{r} (y^*)^2 \right\}.$$

则对任意的初值 $(x_0, y_0) \in \mathbb{R}_+^2$, 系统 (4.2.1) 存在平稳分布 $\mu(\cdot)$, 且是遍历的. 这里 (x^*, y^*) 如 (4.0.5) 所定义, 且

$$\delta = \frac{f}{16(bfm - cr)} \left(x^* \alpha^2 + \frac{cy^* \beta^2}{r} \right)^2 + \frac{1}{2} (x^* + m) \left(x^* \alpha^2 + \frac{cy^* \beta^2}{r} \right).$$

证明 前面已指出对任意的初值 $(x_0, y_0) \in \mathbb{R}_+^2$, 系统 (4.2.1) 存在唯一的正解 $(x(t), y(t)) \in \mathbb{R}_+^2$. 定义 C^2 函数 $V : \mathbb{R}_+^2 \longrightarrow \bar{\mathbb{R}}_+$

$$V(x, y) = \left(x - x^* - x^* \ln \frac{x}{x^*} \right) + k \left(y - y^* - y^* \ln \frac{y}{y^*} \right)$$
$$:= V_1 + V_2,$$

其中 $k > 0$ 为待定常数, (x^*, y^*) 是系统 (4.0.2) 的平衡点. 由 Itô 公式, 并结合

(4.0.5) 可得

$$dV_1 = (x - x^*)\left[\left(a - bx - \frac{cy}{m+x}\right)dt + \alpha dB_1(t)\right] + \frac{1}{2}x^*\alpha^2 dt$$

$$= (x - x^*)\left[\left(bx^* + \frac{cy^*}{m+x^*} - bx - \frac{cy}{m+x}\right)dt + \alpha dB_1(t)\right] + \frac{1}{2}x^*\alpha^2 dt$$

$$= \left[-b(x - x^*)^2 + \frac{cy^*(x - x^*)^2}{(m+x^*)(m+x)} - \frac{c(x - x^*)(y - y^*)}{m+x} + \frac{1}{2}x^*\alpha^2\right]dt$$

$$\quad + \alpha(x - x^*)dB_1(t)$$

$$= \left[-b(x - x^*)^2 + \frac{cr(x - x^*)^2}{f(m+x)} - \frac{c(x - x^*)(y - y^*)}{m+x} + \frac{1}{2}x^*\alpha^2\right]dt$$

$$\quad + \alpha(x - x^*)dB_1(t),$$

$$dV_2 = (y - y^*)\left[\left(r - \frac{fy}{m+x}\right)dt + \beta dB_2(t)\right] + \frac{1}{2}y^*\beta^2 dt$$

$$= (y - y^*)\left[\left(\frac{fy^*}{m+x^*} - \frac{fy}{m+x}\right)dt + \beta dB_2(t)\right] + \frac{1}{2}y^*\beta^2 dt$$

$$= \left[-\frac{f(y - y^*)^2}{m+x} + \frac{fy^*(x - x^*)(y - y^*)}{(m+x^*)(m+x)} + \frac{1}{2}y^*\beta^2\right]dt + \beta(y - y^*)dB_2(t)$$

$$= \left[-\frac{f(y - y^*)^2}{m+x} + \frac{r(x - x^*)(y - y^*)}{m+x} + \frac{1}{2}y^*\beta^2\right]dt + \beta(y - y^*)dB_2(t).$$

于是

$$dV = dV_1 + kdV_2$$

$$:= LVdt + \alpha(x - x^*)dB_1(t) + k\beta(y - y^*)dB_2(t),$$

其中

$$LV = -b(x - x^*)^2 + \frac{cr(x - x^*)^2}{f(m+x)} - k\frac{f(y - y^*)^2}{m+x}$$

$$\quad - (c - kr)\frac{(x - x^*)(y - y^*)}{m+x} + \frac{x^*}{2}\alpha^2 + k\frac{y^*}{2}\beta^2.$$

选取 $k = \dfrac{c}{r}$，则

$$LV = -b(x - x^*)^2 + \frac{cr(x - x^*)^2}{f(m+x)} - \frac{cf(y - y^*)^2}{r(m+x)} + \frac{x^*}{2}\alpha^2 + \frac{cy^*}{2r}\beta^2$$

$$= -\frac{(bf(m+x) - cr)(x - x^*)^2}{f(m+x)} - \frac{cf(y - y^*)^2}{r(m+x)} + \frac{x^*}{2}\alpha^2 + \frac{cy^*}{2r}\beta^2$$

$$\leqslant -\frac{bfm - cr}{f(m+x)}(x - x^*)^2 - \frac{cf(y - y^*)^2}{r(m+x)} + \frac{x^*}{2}\alpha^2 + \frac{cy^*}{2r}\beta^2.$$

由于

$$(m+x)LV$$

$$\leqslant -\frac{bfm-cr}{f}(x-x^*)^2 - \frac{cf}{r}(y-y^*)^2 + \left(\frac{x^*}{2}\alpha^2 + \frac{cy^*}{2r}\beta^2\right)(m+x)$$

$$= -\frac{bfm-cr}{f}\left[x - x^* - \frac{f}{4(bfm-cr)}\left(x^*\alpha^2 + \frac{cy^*\beta^2}{r}\right)\right]^2 - \frac{cf}{r}(y-y^*)^2$$

$$+ \frac{f}{16(bfm-cr)}\left(x^*\alpha^2 + \frac{cy^*\beta^2}{r}\right)^2 + \frac{1}{2}(x^*+m)\left(x^*\alpha^2 + \frac{cy^*\beta^2}{r}\right)$$

$$:= -\frac{bfm-cr}{f}\left[x - x^* - \frac{f}{4(bfm-cr)}\left(x^*\alpha^2 + \frac{cy^*\beta^2}{r}\right)\right]^2$$

$$- \frac{cf}{r}(y-y^*)^2 + \delta,$$

则当 $\delta < \min\left\{\frac{bfm-cr}{f}\left[x^* + \frac{f}{4(bfm-cr)}\left(x^*\alpha^2 + \frac{cy^*\beta^2}{r}\right)\right]^2, \frac{cf}{r}(y^*)^2\right\}$ 时, 椭圆

$$\frac{-\frac{bfm-cr}{f}\left[x - x^* - \frac{f}{4(bfm-cr)}\left(x^*\alpha^2 + \frac{cy^*\beta^2}{r}\right)\right]^2}{m+x}$$

$$+ \frac{-\frac{cf}{r}(y-y^*)^2 + \delta}{m+x} = 0$$

全部位于 $\mathbb{R}_+^2$ 中. 令

$$H(x,y) = \frac{-\frac{bfm-cr}{f}\left[x - x^* - \frac{f}{4(bfm-cr)}\left(x^*\alpha^2 + \frac{cy^*\beta^2}{r}\right)\right]^2}{m+x}$$

$$+ \frac{-\frac{cf}{r}(y-y^*)^2 + \delta}{m+x},$$

则显然对任意给定的 $y > 0$,

$$\liminf_{x \to +\infty} H(x,y) = -\infty.$$

于是可取 U 为包含椭圆的一个邻域, $\bar{U} \subseteq \mathbb{R}_+^2$, 且当 $x \in \mathbb{R}_+^2 \setminus U$ 时, $LV < -C$ (C 为一正常数). 这表明定理 1.4.2 中的条件 (B.2) 满足. 因此解 $(x(t), y(t))$ 在区域 U 是常返的, 结合引理 1.4.1 和注 4.2.1 可知 $(x(t), y(t))$ 在 $\mathbb{R}_+^2$ 中的任意有界区域 D 是常返的. 另一方面, 对任意的 D, 存在

$$M = \min\{\alpha x^2, \beta y^2, (x,y) \in \bar{D}\} > 0,$$

使得对所有的 $(x, y) \in \bar{D}, \xi \in \mathbb{R}^2$ 满足

$$\sum_{i,j=1}^{2} a_{ij}(x, y)\xi_i\xi_j = \alpha^2 x^2 \xi_1^2 + \beta^2 y^2 \xi_2^2 \geqslant M \mid \xi \mid^2,$$

这意味着条件 (B.1) 也满足. 因此系统 (4.2.1) 存在平稳分布 $\mu(\cdot)$, 且是遍历的.　□

4.2.3　系统的非持久性

当条件 (H) 满足时, 系统 (4.2.1) 是持久的. 若不然, 会如何? 可得如下结论.

定理 4.2.6　设 $(x(t), y(t))$ 是系统 (4.2.1) 具有初值 $(x_0, y_0) \in \mathbb{R}_+^2$ 的正解. 则下列结论成立:

(i) 若 $a < \dfrac{\alpha^2}{2}, r > \dfrac{\beta^2}{2}$, 则 $\displaystyle\lim_{t\to\infty} x(t) = 0, \lim_{t\to\infty} \frac{1}{t}\int_0^t y(s)ds = \dfrac{m\left(r - \dfrac{\beta^2}{2}\right)}{f}$ a.s.;

(ii) 若 $a > \dfrac{\alpha^2}{2}, r < \dfrac{\beta^2}{2}$, 则 $\displaystyle\lim_{t\to\infty} \frac{1}{t}\int_0^t x(s)ds = \dfrac{a - \dfrac{\alpha^2}{2}}{b}, \lim_{t\to\infty} y(t) = 0$ a.s.;

(iii) 若 $a < \dfrac{\alpha^2}{2}, r < \dfrac{\beta^2}{2}$, 则 $\displaystyle\lim_{t\to\infty} x(t) = 0, \lim_{t\to\infty} y(t) = 0$ a.s.

证明　先证情形 (i) $a < \dfrac{\alpha^2}{2}, r > \dfrac{\beta^2}{2}$.

由 (4.2.2) 的第一个方程可得

$$\begin{aligned}
du(t) &= \left(a - \frac{\alpha^2}{2} - be^{u(t)} - \frac{ce^{v(t)}}{m + e^{u(t)}}\right)dt + \alpha dB_1(t) \\
&\leqslant \left(a - \frac{\alpha^2}{2}\right)dt + \alpha dB_1(t).
\end{aligned}$$

利用随机比较定理和扩散过程理论 (引理 1.3.2), 对 $\mu(t) = a - \dfrac{\alpha^2}{2}$ 和 $\sigma(t) = \alpha$, 易计算可得 $S(-\infty) > -\infty$ 和 $S(+\infty) = +\infty$, 则

$$\lim_{t\to\infty} u(t) = -\infty,$$

即

$$\lim_{t\to\infty} x(t) = 0, \quad \text{a.s.} \tag{4.2.20}$$

这表明对任意 $\varepsilon > 0$, 存在 $t_0 = t_0(\omega)$ 和一集合 Ω_ε, 使得 $P(\Omega_\varepsilon) \geqslant 1 - \varepsilon$, 且当 $t \geqslant t_0, \omega \in \Omega_\varepsilon$ 时, 有 $x(t) \leqslant \varepsilon$. 于是

$$\begin{aligned}
dy(t) &= y(t)\left(r - \frac{fy(t)}{m + x(t)}\right)dt + \beta y(t)dB_2(t) \\
&\leqslant y(t)\left(r - \frac{f}{m + \epsilon}y(t)\right)dt + \beta y(t)dB_2(t),
\end{aligned}$$

且

$$dy(t) \geqslant y(t)\left(r - \frac{f}{m}y(t)\right)dt + \beta y(t)dB_2(t).$$

当 $r > \dfrac{\beta^2}{2}$ 时, 由定理 2.1.1 和随机比较定理可得

$$\liminf_{t \to \infty} \frac{1}{t}\int_0^t y(s)ds \geqslant \frac{r - \dfrac{\beta^2}{2}}{\dfrac{f}{m}} = \frac{m\left(r - \dfrac{\beta^2}{2}\right)}{f} \quad \text{a.s.,}$$

$$\limsup_{t \to \infty} \frac{1}{t}\int_0^t y(s)ds \leqslant \frac{r - \dfrac{\beta^2}{2}}{\dfrac{f}{m+\epsilon}} = \frac{(m+\epsilon)\left(r - \dfrac{\beta^2}{2}\right)}{f} \quad \text{a.s.,}$$

因此 ϵ 的任意性有

$$\lim_{t \to \infty} \frac{1}{t}\int_0^t y(s)ds = \frac{m\left(r - \dfrac{\beta^2}{2}\right)}{f} \quad \text{a.s.}$$

再证情形 (ii) $a > \dfrac{\alpha^2}{2}, r < \dfrac{\beta^2}{2}$.

由 (4.2.2) 的第二个方程可得

$$dv(t) = \left(r - \frac{\beta^2}{2} - \frac{fe^{v(t)}}{m + e^{u(t)}}\right)dt + \beta dB_2(t)$$

$$\leqslant \left(r - \frac{\beta^2}{2}\right)dt + \beta dB_2(t).$$

类似 (4.2.20) 的论证, 可得当 $r < \dfrac{\beta^2}{2}$ 时, 有

$$\lim_{t \to \infty} y(t) = 0 \quad \text{a.s.}$$

于是对任意小的 $\varepsilon > 0$, 存在 $T_0 = T_0(\omega)$ 和一集合 Ω_ε, 满足 $P(\Omega_\varepsilon) \geqslant 1 - \varepsilon$, 且当 $t \geqslant T_0$ 和 $\omega \in \Omega_\varepsilon$ 时, $\dfrac{cy(t)}{m + x(t)} \leqslant \varepsilon$. 因此,

$$dx(t) \geqslant x(t)(a - bx(t) - \epsilon)dt + \alpha x(t)dB_1(t),$$

$$dx(t) \leqslant x(t)(a - bx(t))dt + \alpha x(t)dB_1(t).$$

当 $a > \dfrac{\alpha^2}{2}$ 时, 由定理 2.1.1 和随机比较定理可得

$$\liminf_{t \to \infty} \frac{1}{t}\int_0^t x(s)ds \geqslant \frac{a - \epsilon - \dfrac{\alpha^2}{2}}{b} \quad \text{a.s.}$$

$$\limsup_{t \to \infty} \frac{1}{t}\int_0^t x(s)ds \leqslant \frac{a - \dfrac{\alpha^2}{2}}{b} \quad \text{a.s.}$$

由 ϵ 的任意性, 有

$$\lim_{t\to\infty}\frac{1}{t}\int_0^t x(s)ds = \frac{a-\frac{\alpha^2}{2}}{b}\quad\text{a.s.}$$

最后证明情形 (iii) $a < \dfrac{\alpha^2}{2}, r < \dfrac{\beta^2}{2}$.

由情形 (i) 和情形 (ii), 易得当 $a < \dfrac{\alpha^2}{2}, r < \dfrac{\beta^2}{2}$ 时, 有

$$\lim_{t\to\infty} x(t) = 0,\quad \lim_{t\to\infty} y(t) = 0\quad\text{a.s.}\qquad\square$$

定理 4.2.7　假设 $(x(t), y(t))$ 是系统 (4.2.1) 具有初值 $(x_0, y_0) \in \mathbb{R}_+^2$ 的正解. 则下列结论成立:

(i) 若 $a < \dfrac{\alpha^2}{2}, r = \dfrac{\beta^2}{2}$, 则当 $t\to\infty$ 时, $x(t)\to 0$ a.s., $y(t)\to 0$ 依概率;

(ii) 若 $a = \dfrac{\alpha^2}{2}, r < \dfrac{\beta^2}{2}$, 则当 $t\to\infty$ 时, $x(t)\to 0$ 依概率, $y(t)\to 0$ a.s.

证明　先证情形 (i) $a < \dfrac{\alpha^2}{2}, r = \dfrac{\beta^2}{2}$.

当 $a < \dfrac{\alpha^2}{2}$ 时, 由定理 2.1.5 的证明可知

$$\lim_{t\to\infty} x(t) = 0\quad\text{a.s.},$$

则对任意的 $\varepsilon > 0$, 存在 $t_0 = t_0(\omega)$ 和一集合 Ω_ε, 有 $P(\Omega_\varepsilon)\geqslant 1-\varepsilon$, 且当 $t\geqslant t_0, \omega\in\Omega_\varepsilon$ 时, $x(t)\leqslant\varepsilon$. 此时由系统 (4.2.1) 的第二个方程可得

$$dy(t)\geqslant y(t)\left(r - \frac{f}{m}y(t)\right)dt + \beta y(t)dB_2(t),$$

$$dy(t)\leqslant y(t)\left(r - \frac{f}{m+\epsilon}y(t)\right)dt + \beta y(t)dB_2(t).$$

因此, 当 $r = \dfrac{\beta^2}{2}$ 时, 由定理 2.1.5 和随机比较定理可得, 依概率意义下 $y(t)\to 0$.

情形 (ii) $a = \dfrac{\alpha^2}{2}, r < \dfrac{\beta^2}{2}$.

类似定理 4.2.6 证明可得, 当 $r < \dfrac{\beta^2}{2}$ 时

$$\lim_{t\to\infty} y(t) = 0\quad\text{a.s.}$$

于是对任意 $\varepsilon > 0$, 存在 T_0 和一集合 Ω_ε, 有 $P(\Omega_\varepsilon)\geqslant 1-\varepsilon$, 且当 $t\geqslant T_0$ 和 $\omega\in\Omega_\varepsilon$ 时, $\dfrac{cy(t)}{m+x(t)}\leqslant\varepsilon$. 从而

$$dx(t)\geqslant x(t)(a - bx(t) - \epsilon)dt + \alpha x(t)dB_1(t),$$

$$dx(t)\leqslant x(t)(a - bx(t))dt + \alpha x(t)dB_1(t).$$

同理, 当 $a = \dfrac{\alpha^2}{2}$ 时, 由定理 2.1.5 和随机比较定理可得, 依概率意义下 $x(t) \to 0$. □

注记 4.2.2　定理 4.2.6 和定理 4.2.7 给出了一个种群或是两个种群在一定条件下几乎必然或是依概率趋于零. 假设 $a = \dfrac{\alpha^2}{2}, r = \dfrac{\beta^2}{2}$. 由于

$$dx(t) \leqslant x(t)(a - bx(t))dt + \alpha x(t)dB_1(t),$$

则由随机比较定理和定理 2.1.5 可得至少在依概率意义下 $x(t) \to 0$. 因此当 $a \leqslant \dfrac{\alpha^2}{2}$ 或 $r \leqslant \dfrac{\beta^2}{2}$ 时, 系统 (4.2.1) 是非持久的.

4.3　随机比率依赖型捕食–食饵系统

随机比率依赖型模型已有学者研究. 例如, Bandyopadhyay 等 [30] 假设比率依赖型捕食–食饵系统的状态变量受随机扰动

$$\sigma_1(x - x^*)\dot{B}_1(t), \quad \sigma_2(y - y^*)\dot{B}_2(t),$$

其中 (x^*, y^*) 是系统 (4.0.6) 的正平衡点, $\dot{B}_1(t)$ 和 $\dot{B}_2(t)$ 是白噪声. 他们给出了相应的随机系统在均方意义下的渐近稳定性. Tapan 等 [204] 考虑环境的振动主要是食饵内禀增长率和捕食者死亡率的扰动. 他们假设参数 a 和 d 扰动为

$$a \to a + \alpha\dot{B}_1(t),$$
$$d \to d + \beta\dot{B}_2(t),$$

其中 $B_1(t)$ 和 $B_2(t)$ 是相互独立的布朗运动, α^2 和 β^2 表示白噪声的强度, 于是相应的随机比率依赖型捕食–食饵系统为

$$\begin{cases} dx(t) = x(t)\left(a - bx(t) - \dfrac{cy(t)}{my(t) + x(t)}\right)dt + \alpha x(t)dB_1(t), \\ dy(t) = y(t)\left(-d + \dfrac{fx(t)}{my(t) + x(t)}\right)dt - \beta y(t)dB_2(t). \end{cases} \tag{4.3.1}$$

通过对随机微分方程作 Laplace 变换的方法, Tapan 和 Malay[204] 计算了捕食者和食饵的振动强度 (方差). 本节主要研究系统 (4.3.1) 的持久性和非持久性.

4.3.1　系统正解的存在唯一性以及有界性

由于 $x(t)$ 和 $y(t)$ 分别表示 t 时刻系统 (4.3.1) 中食饵和捕食者的种群密度, 故要求系统的解是正的. 本节通过类似 4.2.1 小节的证明方法给出系统 (4.3.1) 存在唯一的正解, 且在均值意义下是有界的.

引理 4.3.1　对任意的初值 $(x_0, y_0) \in \mathbb{R}_+^2$, 系统 (4.3.1) 几乎必然存在唯一的局部正解 $(x(t), y(t)), t \in [0, \tau_e)$.

证明　考虑初值为 $u(0) = \log x_0, v(0) = \log y_0$ 的方程

$$
\begin{cases}
du(t) = \left(a - \dfrac{\alpha^2}{2} - be^{u(t)} - \dfrac{ce^{v(t)}}{me^{v(t)} + e^{u(t)}} \right) dt + \alpha dB_1(t), \\
dv(t) = \left(-d - \dfrac{\beta^2}{2} + \dfrac{fe^{u(t)}}{me^{v(t)} + e^{u(t)}} \right) dt - \beta dB_2(t).
\end{cases} \tag{4.3.2}
$$

显然, 系统 (4.3.2) 的系数满足局部 Lipschitz 条件, 则系统存在唯一的局部解 $(u(t), v(t)), t \in [0, \tau_e)$, 其中 τ_e 是爆破时刻 [20, 62]. 于是由 Itô 公式显然可得 $x(t) = e^{u(t)}, y(t) = e^{v(t)}$ 是系统 (4.3.1) 初值为 $(x_0, y_0) \in \mathbb{R}_+^2$ 的唯一局部正解. 引理 4.3.1 得证.　　　　□

下面给出全局正解的存在性.

由于解是正的, 则

$$
dx(t) \leqslant x(t)(a - bx(t))dt + \alpha x(t)dB_1(t).
$$

令

$$
\Phi(t) = \frac{e^{\left(a - \frac{\alpha^2}{2} \right)t + \alpha B_1(t)}}{\dfrac{1}{x_0} + b \displaystyle\int_0^t e^{\left(a - \frac{\alpha^2}{2} \right)s + \alpha B_1(s)}ds},
$$

则 $\Phi(t)$ 是如下方程的唯一解,

$$
\begin{cases}
d\Phi(t) = \Phi(t)(a - b\Phi(t))dt + \alpha\Phi(t)dB_1(t), \\
\Phi(0) = x_0.
\end{cases} \tag{4.3.3}
$$

由随机比较定理有

$$
x(t) \leqslant \Phi(t), \quad t \in [0, \tau_e) \text{ a.s.}
$$

另一方面,

$$
\begin{aligned}
dx(t) &\geqslant x(t)\left(a - bx(t) - \frac{c}{m} \right) dt + \alpha x(t)dB_1(t) \\
&= x(t)\left(a - \frac{c}{m} - bx(t) \right) dt + \alpha x(t)dB_1(t).
\end{aligned}
$$

类似可知

$$
\phi(t) = \frac{e^{\left(a - \frac{c}{m} - \frac{\alpha^2}{2} \right)t + \alpha B_1(t)}}{\dfrac{1}{x_0} + b \displaystyle\int_0^t e^{\left(a - \frac{c}{m} - \frac{\alpha^2}{2} \right)s + \alpha B_1(s)}ds}
$$

是方程

$$\begin{cases} d\phi(t) = \phi(t)\left(a - \dfrac{c}{m} - b\phi(t)\right)dt + \alpha\phi(t)dB_1(t), \\ \phi(0) = x_0 \end{cases} \tag{4.3.4}$$

的唯一正解, 且

$$x(t) \geqslant \phi(t), \quad t \in [0, \tau_e] \text{ a.s.}$$

因此

$$\phi(t) \leqslant x(t) \leqslant \Phi(t), \quad t \in [0, \tau_e] \text{ a.s.} \tag{4.3.5}$$

下面考察捕食者 $y(t)$. 类似上面的论证可得

$$dy(t) \geqslant -dy(t)dt - \beta y(t)dB_2(t),$$

$$dy(t) = y(t)\left(-d + f - \frac{fmy(t)}{my(t) + x(t)}\right)dt - \beta y(t)dB_2(t)$$

$$\leqslant (f - d)y(t)dt - \beta y(t)dB_2(t).$$

同样由随机比较定理, 当 $t \in [0, \tau_e)$ 时

$$\begin{aligned} y(t) &\geqslant y_0 e^{\left(-d - \frac{\beta^2}{2}\right)t - \beta B_2(t)} := \underline{y}(t), \\ y(t) &\leqslant y_0 e^{\left(f - d - \frac{\beta^2}{2}\right)t - \beta B_2(t)} := \overline{y}(t) \text{ a.s.} \end{aligned} \tag{4.3.6}$$

由 $\phi(t), \Phi(t), \underline{y}(t)$ 和 $\overline{y}(t)$ 的表达式易见它们在 $t \in [0, \infty)$ 上均是存在的, 即 $\tau_e = \infty$. 因此下面定理成立.

定理 4.3.1　对任意初值 $(x_0, y_0) \in \mathbb{R}_+^2$, 系统 (4.3.1) 几乎必然存在唯一的正解 $(x(t), y(t))$, 且存在如上定义的函数 $\phi(t), \Phi(t), \underline{y}(t)$ 和 $\overline{y}(t)$ 满足

$$\phi(t) \leqslant x(t) \leqslant \Phi(t), \quad \underline{y}(t) \leqslant y(t) \leqslant \overline{y}(t), \quad t \geqslant 0 \text{ a.s.}$$

另外, 由上面的论证可知, 如果捕食者不存在, 食饵按照随机 Logistic 模型增长, 即系统 (4.3.3). 由 Jiang 等 [103] 给出的引理 2.2 和引理 2.3 可得如下结论.

引理 4.3.2　设 $\Phi(t)$ 是系统 (4.3.3) 的解. 则

$$\limsup_{t \to \infty} E[\Phi(t)] \leqslant \frac{a}{b}. \tag{4.3.7}$$

下面给出系统 (4.3.1) 具有正初值的解 $(x(t), y(t))$ 在均值意义下是一致有界的.

定理 4.3.2　设 $(x(t), y(t))$ 是系统 (4.3.1) 初值为 $(x_0, y_0) \in \mathbb{R}_+^2$ 的解, 则

$$\limsup_{t \to \infty} E[x(t)] \leqslant \frac{a}{b}, \quad \limsup_{t \to \infty} \left(E[x(t)] + \frac{c}{f}E[y(t)]\right) \leqslant \frac{(a + d)^2}{4bd}. \tag{4.3.8}$$

即系统在均值意义下一致有界.

证明　由 (4.3.7) 和 $x(t) \leqslant \Phi(t)$ a.s. 易见 $\limsup\limits_{t\to\infty} E[x(t)] \leqslant \dfrac{a}{b}$. 下面给出 $y(t)$ 在均值意义下也是一致有界的. 令

$$G(t) = x(t) + \frac{c}{f}y(t),$$

则

$$dG(t) = \left[x(t)(a - bx(t)) - \frac{cd}{f}y(t) \right] dt + \alpha x(t)dB_1(t) - \frac{c\beta}{f}y(t)dB_2(t)$$

$$= [(a + d)x(t) - bx^2(t) - dG(t)]dt + \alpha x(t)dB_1(t) - \frac{c\beta}{f}y(t)dB_2(t).$$

上式从 0 到 t 积分可得

$$G(t) = G(0) + \int_0^t [(a + d)x(s) - bx^2(s) - dG(s)]ds$$

$$+ \alpha \int_0^t x(s)dB_1(s) - \frac{c\beta}{f}\int_0^t y(s)dB_2(s).$$

于是

$$E[G(t)] = G(0) + \int_0^t E[(a + d)x(s) - bx^2(s) - dG(s)]ds,$$

且

$$\frac{dE[G(t)]}{dt} = (a + d)E[x(t)] - bE[x^2(t)] - dE[G(t)]$$

$$\leqslant (a + d)E[x(t)] - b(E[x(t)])^2 - dE[G(t)].$$

显然, 函数 $(a + d)E[x(t)] - b(E[x(t)])^2$ 的最大值为 $\dfrac{(a+d)^2}{4b}$. 故

$$\frac{dE[G(t)]}{dt} \leqslant \frac{(a+d)^2}{4b} - dE[G(t)].$$

因此由比较定理可得 $0 \leqslant \limsup\limits_{t\to\infty} E[G(t)] \leqslant \dfrac{(a+d)^2}{4bd}$. 　　□

注记 4.3.1　由于系统 (4.3.1) 的解是正的, 结合 (4.3.8) 显然可得

$$\limsup_{t\to\infty} E[y(t)] \leqslant \frac{f(a+d)^2}{4bcd}.$$

注记 4.3.2　Bandyopadhyay 等 [30] 已经给出了系统 (4.0.6) 是一致有界的. 定理 4.3.2 也给出了系统 (4.3.1) 的解在时间均值意义一致有界, 该性质相似于确定性系统.

4.3.2 系统的持久性

本小节总假设下面条件成立:

(H) $a - \dfrac{\alpha^2}{2} - \dfrac{c}{m} > 0$, $f - d - \dfrac{\beta^2}{2} > 0$.

令 $\Phi(t)$ 和 $\phi(t)$ 分别是系统 (4.3.3) 和 (4.3.4) 的解. 当 $a - \dfrac{c}{m} - \dfrac{\alpha^2}{2} > 0$ 时, 由引理 2.1.3 和定理 2.1.1 可知,

$$\lim_{t \to \infty} \frac{\log \Phi(t)}{t} = 0, \quad \lim_{t \to \infty} \frac{1}{t} \int_0^t \Phi(s) ds = \frac{a - \frac{\alpha^2}{2}}{b} \quad \text{a.s.};$$

$$\lim_{t \to \infty} \frac{\log \phi(t)}{t} = 0, \quad \lim_{t \to \infty} \frac{1}{t} \int_0^t \phi(s) ds = \frac{a - \frac{\alpha^2}{2} - \frac{c}{m}}{b} \quad \text{a.s.}$$

由此结合 (4.3.5), 由随机比较定理可得

$$\lim_{t \to \infty} \frac{\log x(t)}{t} = 0 \quad \text{a.s.} \tag{4.3.9}$$

和

$$\frac{a - \frac{\alpha^2}{2} - \frac{c}{m}}{b} \leqslant \liminf_{t \to \infty} \frac{1}{t} \int_0^t x(s) ds \leqslant \limsup_{t \to \infty} \frac{1}{t} \int_0^t x(s) ds \leqslant \frac{a - \frac{\alpha^2}{2}}{b} \quad \text{a.s.}$$

另一方面,

$$dy(t) \leqslant y(t) \left(-d + \frac{f\Phi(t)}{my(t)} \right) dt - \beta y(t) dB_2(t)$$

$$= \left(-dy(t) + \frac{f}{m} \Phi(t) \right) dt - \beta y(t) dB_2(t).$$

令 $\Psi(t)$ 是方程

$$\begin{cases} d\Psi(t) = \left(-d\Psi(t) + \dfrac{f}{m} \Phi(t) \right) dt - \beta \Psi(t) dB_2(t), \\ \Psi(0) = y_0 \end{cases} \tag{4.3.10}$$

的解. 由随机比较定理易知 $y(t) \leqslant \Psi(t), t \geqslant 0$ a.s. 取 T 满足

$$\frac{1}{2} e^{\left(a - \frac{\alpha^2}{2} \right) T} \geqslant 1.$$

对 (4.3.10) 从 T 到 $t (t > T)$ 积分可得

$$\Psi(t) = \Psi(T) e^{-\left(d + \frac{\beta^2}{2} \right)(t-T) - \beta(B_2(t) - B_2(T))}$$

$$+ \frac{f}{m} \int_T^t \Phi(s) e^{-\left(d + \frac{\beta^2}{2} \right)(t-s) - \beta(B_2(t) - B_2(s))} ds. \tag{4.3.11}$$

当 $s \geqslant T$ 时，有 $\dfrac{1}{2}e^{(a-\frac{\alpha^2}{2})s} \geqslant 1$，且

$$
\begin{aligned}
\Phi(s) &= \frac{e^{\left(a-\frac{\alpha^2}{2}\right)s+\alpha B_1(s)}}{\dfrac{1}{x_0} + b\displaystyle\int_0^s e^{\left(a-\frac{\alpha^2}{2}\right)u+\alpha B_1(u)}du} \\
&\leqslant \frac{e^{\left(a-\frac{\alpha^2}{2}\right)s+\alpha B_1(s)}}{b\displaystyle\int_0^s e^{\left(a-\frac{\alpha^2}{2}\right)u+\alpha B_1(u)}du} \\
&\leqslant \frac{e^{\left(a-\frac{\alpha^2}{2}\right)s+\alpha B_1(s)}}{be^{\alpha \min\limits_{0\leqslant u\leqslant s} B_1(u)}\displaystyle\int_0^s e^{\left(a-\frac{\alpha^2}{2}\right)u}du} \\
&= \frac{a-\frac{\alpha^2}{2}}{b}\frac{e^{\left(a-\frac{\alpha^2}{2}\right)s+\alpha B_1(s)}}{e^{\alpha \min\limits_{0\leqslant u\leqslant s} B_1(u)}\left[e^{\left(a-\frac{\alpha^2}{2}\right)s}-1\right]} \\
&\leqslant \frac{2\left(a-\frac{\alpha^2}{2}\right)}{b}\frac{e^{\left(a-\frac{\alpha^2}{2}\right)s+\alpha B_1(s)}}{e^{\alpha \min\limits_{0\leqslant u\leqslant s} B_1(u)}e^{\left(a-\frac{\alpha^2}{2}\right)s}} \\
&= \frac{2\left(a-\frac{\alpha^2}{2}\right)}{b}e^{\alpha\left(B_1(s)-\min\limits_{0\leqslant u\leqslant s} B_1(u)\right)}.
\end{aligned}
$$

于是代入 (4.3.11) 可得

$$
\begin{aligned}
\Psi(t) &= \Psi(T)e^{-\left(d+\frac{\beta^2}{2}\right)(t-T)-\beta(B_2(t)-B_2(T))} \\
&\quad + \frac{2f\left(a-\frac{\alpha^2}{2}\right)}{bm}\int_T^t e^{\alpha\left(B_1(s)-\min\limits_{0\leqslant u\leqslant s} B_1(u)\right)}e^{-\left(d+\frac{\beta^2}{2}\right)(t-s)-\beta(B_2(t)-B_2(s))}ds \\
&\leqslant \Psi(T)e^{-\left(d+\frac{\beta^2}{2}\right)(t-T)-\beta(B_2(t)-B_2(T))} \\
&\quad + \frac{2f\left(a-\frac{\alpha^2}{2}\right)}{bm}\int_T^t e^{-\left(d+\frac{\beta^2}{2}\right)(t-s)}ds \\
&\quad \times e^{\alpha\left(\max\limits_{0\leqslant s\leqslant t} B_1(s)-\min\limits_{0\leqslant s\leqslant t} B_1(s)\right)+\beta\left(\max\limits_{0\leqslant s\leqslant t} B_2(s)-B_2(t)\right)} \\
&= \Psi(T)e^{-\left(d+\frac{\beta^2}{2}\right)(t-T)-\beta(B_2(t)-B_2(T))} \\
&\quad + \frac{2f\left(a-\frac{\alpha^2}{2}\right)}{bm\left(d+\frac{\beta^2}{2}\right)}\left[1-e^{-\left(d+\frac{\beta^2}{2}\right)(t-T)}\right] \\
&\quad \times e^{\alpha\left(\max\limits_{0\leqslant s\leqslant t} B_1(s)-\min\limits_{0\leqslant s\leqslant t} B_1(s)\right)+\beta\left(\max\limits_{0\leqslant s\leqslant t} B_2(s)-B_2(t)\right)}
\end{aligned}
$$

$$\leqslant e^{\alpha\left(\max\limits_{0\leqslant s\leqslant t} B_1(s)-\min\limits_{0\leqslant s\leqslant t} B_1(s)\right)+\beta\left(\max\limits_{0\leqslant s\leqslant t} B_2(s)-B_2(t)\right)}\left[\Psi(T)+\frac{2f\left(a-\frac{\alpha^2}{2}\right)}{bm\left(d+\frac{\beta^2}{2}\right)}\right]$$

$$:=K_1 e^{\alpha\left(\max\limits_{0\leqslant s\leqslant t} B_1(s)-\min\limits_{0\leqslant s\leqslant t} B_1(s)\right)+\beta\left(\max\limits_{0\leqslant s\leqslant t} B_2(s)-B_2(t)\right)},$$

其中 $K_1 = \Psi(T) + \dfrac{2f\left(a-\frac{\alpha^2}{2}\right)}{bm\left(d+\frac{\beta^2}{2}\right)}$. 于是

$$\frac{\log\Psi(t)}{t} \leqslant \frac{\log K_1}{t} + \alpha\frac{\max\limits_{0\leqslant s\leqslant t} B_1(s)}{t}$$
$$-\alpha\frac{\min\limits_{0\leqslant s\leqslant t} B_1(s)}{t} + \beta\frac{\max\limits_{0\leqslant s\leqslant t} B_2(s)}{t} - \beta\frac{B_2(t)}{t}. \tag{4.3.12}$$

注意到

$$\lim_{t\to\infty}\frac{\log K_1}{t} = 0,$$

并结合布朗运动的性质可得

$$\limsup_{t\to\infty}\frac{\log\Psi(t)}{t} \leqslant 0 \ \text{ a.s.}$$

于是由随机比较定理有

$$\limsup_{t\to\infty}\frac{\log y(t)}{t} \leqslant 0 \ \text{ a.s.} \tag{4.3.13}$$

另一方面,

$$dy(t) = y(t)\left(-d+f-\frac{fmy(t)}{my(t)+x(t)}\right)dt - \beta y(t)dB_2(t)$$
$$\geqslant y(t)\left(-d+f-\frac{fm}{x(t)}y(t)\right)dt - \beta y(t)dB_2(t)$$
$$\geqslant y(t)\left(-d+f-\frac{fm}{\phi(t)}y(t)\right)dt - \beta y(t)dB_2(t).$$

令 $\psi(t)$ 是如下方程的解:

$$\begin{cases} d\psi(t) = \psi(t)\left(-d+f-\dfrac{fm}{\phi(t)}\psi(t)\right)dt - \beta\psi(t)dB_2(t), \\ \psi(0) = y_0. \end{cases}$$

显然, $y(t) \geqslant \psi(t), t \geqslant 0$ a.s., 且

$$\frac{1}{\psi(t)} = \frac{1}{y_0}e^{-\left(f-d-\frac{\beta^2}{2}\right)t+\beta B_2(t)}$$
$$+fm\int_0^t \frac{1}{\phi(s)}e^{-\left(f-d-\frac{\beta^2}{2}\right)(t-s)+\beta(B_2(t)-B_2(s))}ds. \tag{4.3.14}$$

注意到

$$\frac{1}{\phi(s)} = e^{-\left(a-\frac{c}{m}-\frac{\alpha^2}{2}\right)s-\alpha B_1(s)}\left[\frac{1}{x_0} + b\int_0^s e^{\left(a-\frac{c}{m}-\frac{\alpha^2}{2}\right)u+\alpha B_1(u)}du\right]$$

$$= \frac{1}{x_0}e^{-\left(a-\frac{c}{m}-\frac{\alpha^2}{2}\right)s-\alpha B_1(s)}$$

$$+ be^{-\left(a-\frac{c}{m}-\frac{\alpha^2}{2}\right)s-\alpha B_1(s)}\int_0^s e^{\left(a-\frac{c}{m}-\frac{\alpha^2}{2}\right)u+\alpha B_1(u)}du$$

$$\leqslant \frac{1}{x_0}e^{-\left(a-\frac{c}{m}-\frac{\alpha^2}{2}\right)s-\alpha B_1(s)}$$

$$+ be^{-\left(a-\frac{c}{m}-\frac{\alpha^2}{2}\right)s+\alpha\left(\max_{0\leqslant u\leqslant s}B_1(u)-B_1(s)\right)}\int_0^s e^{\left(a-\frac{c}{m}-\frac{\alpha^2}{2}\right)u}du$$

$$= \frac{1}{x_0}e^{-\left(a-\frac{c}{m}-\frac{\alpha^2}{2}\right)s-\alpha B_1(s)}$$

$$+ \frac{be^{-\left(a-\frac{c}{m}-\frac{\alpha^2}{2}\right)s+\alpha\left(\max_{0\leqslant u\leqslant s}B_1(u)-B_1(s)\right)}}{a-\frac{c}{m}-\frac{\alpha^2}{2}}\left[e^{\left(a-\frac{c}{m}-\frac{\alpha^2}{2}\right)s}-1\right]$$

$$\leqslant \frac{1}{x_0}e^{-\left(a-\frac{c}{m}-\frac{\alpha^2}{2}\right)s-\alpha B_1(s)} + \frac{be^{\alpha\left(\max_{0\leqslant u\leqslant s}B_1(u)-B_1(s)\right)}}{a-\frac{c}{m}-\frac{\alpha^2}{2}},$$

于是

$$\frac{1}{\psi(t)} \leqslant \frac{1}{y_0}e^{-\left(f-d-\frac{\beta^2}{2}\right)t+\beta B_2(t)}$$

$$+ \frac{fm}{x_0}\int_0^t e^{-\left(a-\frac{c}{m}-\frac{\alpha^2}{2}\right)s-\alpha B_1(s)-\left(f-d-\frac{\beta^2}{2}\right)(t-s)+\beta(B_2(t)-B_2(s))}ds$$

$$+ \frac{bfm}{a-\frac{c}{m}-\frac{\alpha^2}{2}}\int_0^t e^{\alpha\left(\max_{0\leqslant u\leqslant s}B_1(u)-B_1(s)\right)-\left(f-d-\frac{\beta^2}{2}\right)(t-s)+\beta(B_2(t)-B_2(s))}ds$$

$$\leqslant \frac{1}{y_0}e^{-\left(f-d-\frac{\beta^2}{2}\right)t+\beta B_2(t)}$$

$$+ \frac{fm}{x_0}\int_0^t e^{-\left(a-\frac{c}{m}-\frac{\alpha^2}{2}\right)s-\left(f-d-\frac{\beta^2}{2}\right)(t-s)}ds$$

$$\times e^{-\alpha\min_{0\leqslant s\leqslant t}B_1(s)+\beta\left(B_2(t)-\min_{0\leqslant s\leqslant t}B_2(s)\right)}$$

$$+ \frac{bfm}{a-\frac{c}{m}-\frac{\alpha^2}{2}}\int_0^t e^{-\left(f-d-\frac{\beta^2}{2}\right)(t-s)}ds$$

$$\times e^{\alpha\left(\max_{0\leqslant s\leqslant t}B_1(s)-\min_{0\leqslant s\leqslant t}B_1(s)\right)+\beta\left(B_2(t)-\min_{0\leqslant s\leqslant t}B_2(s)\right)}. \tag{4.3.15}$$

若 $f-d-\dfrac{\beta^2}{2} \neq a-\dfrac{c}{m}-\dfrac{\alpha^2}{2}$，则由 (4.3.15) 有

$$\frac{1}{\psi(t)} \leqslant \frac{1}{y_0} e^{-\left(f-d-\frac{\beta^2}{2}\right)t+\beta B_2(t)} + \frac{fme^{-\alpha \min\limits_{0 \leqslant s \leqslant t} B_1(s)+\beta\left(B_2(t)-\min\limits_{0 \leqslant s \leqslant t} B_2(s)\right)}}{x_0\left(f-d-\frac{\beta^2}{2}-a+\frac{c}{m}+\frac{\alpha^2}{2}\right)}$$

$$\times \left[e^{-\left(a-\frac{c}{m}-\frac{\alpha^2}{2}\right)t} - e^{-\left(f-d-\frac{\beta^2}{2}\right)t}\right]$$

$$+ \frac{bfme^{\alpha\left(\max\limits_{0 \leqslant s \leqslant t} B_1(s)-\min\limits_{0 \leqslant s \leqslant t} B_1(s)\right)+\beta\left(B_2(t)-\min\limits_{0 \leqslant s \leqslant t} B_2(s)\right)}}{\left(a-\frac{c}{m}-\frac{\alpha^2}{2}\right)\left(f-d-\frac{\beta^2}{2}\right)}$$

$$\times \left[1 - e^{-\left(f-d-\frac{\beta^2}{2}\right)t}\right]$$

$$\leqslant e^{\alpha\left(\max\limits_{0 \leqslant s \leqslant t} B_1(s)-\min\limits_{0 \leqslant s \leqslant t} B_1(s)\right)+\beta\left(B_2(t)-\min\limits_{0 \leqslant s \leqslant t} B_2(s)\right)}$$

$$\left[\frac{1}{y_0} + \frac{2fm}{x_0\left|f-d-\frac{\beta^2}{2}-a+\frac{c}{m}+\frac{\alpha^2}{2}\right|} + \frac{bfm}{\left(a-\frac{c}{m}-\frac{\alpha^2}{2}\right)\left(f-d-\frac{\beta^2}{2}\right)}\right];$$

若 $f-d-\dfrac{\beta^2}{2} = a-\dfrac{c}{m}-\dfrac{\alpha^2}{2}$, 则由 (4.3.15) 有

$$\frac{1}{\psi(t)} \leqslant \frac{1}{y_0} e^{-\left(f-d-\frac{\beta^2}{2}\right)t+\beta B_2(t)}$$

$$+ \frac{fm}{x_0} e^{-\alpha \min\limits_{0 \leqslant s \leqslant t} B_1(s)+\beta\left(B_2(t)-\min\limits_{0 \leqslant s \leqslant t} B_2(s)\right)} t e^{-\left(f-d-\frac{\beta^2}{2}\right)t}$$

$$+ \frac{bfm}{\left(f-d-\frac{\beta^2}{2}\right)^2}\left[1 - e^{-\left(f-d-\frac{\beta^2}{2}\right)t}\right]$$

$$\times e^{\alpha\left(\max\limits_{0 \leqslant s \leqslant t} B_1(s)-\min\limits_{0 \leqslant s \leqslant t} B_1(s)\right)+\beta\left(B_2(t)-\min\limits_{0 \leqslant s \leqslant t} B_2(s)\right)}$$

$$\leqslant e^{\alpha\left(\max\limits_{0 \leqslant s \leqslant t} B_1(s)-\min\limits_{0 \leqslant s \leqslant t} B_1(s)\right)+\beta\left(B_2(t)-\min\limits_{0 \leqslant s \leqslant t} B_2(s)\right)}$$

$$\times \left[\frac{1}{y_0} + \frac{fm}{x_0}t + \frac{bfm}{\left(f-d-\frac{\beta^2}{2}\right)^2}\right].$$

总之,

$$\frac{1}{\psi(t)} \leqslant K_2(t) e^{\alpha\left(\max\limits_{0 \leqslant s \leqslant t} B_1(s)-\min\limits_{0 \leqslant s \leqslant t} B_1(s)\right)+\beta\left(B_2(t)-\min\limits_{0 \leqslant s \leqslant t} B_2(s)\right)},$$

其中

$$K_2(t) = \frac{1}{y_0} + \frac{bfm}{\left(a - \dfrac{c}{m} - \dfrac{\alpha^2}{2}\right)\left(f - d - \dfrac{\beta^2}{2}\right)}$$

$$+ \max\left\{\frac{2fm}{x_0\left|f - d - \dfrac{\beta^2}{2} - a + \dfrac{c}{m} + \dfrac{\alpha^2}{2}\right|}, \frac{fm}{x_0}t\right\}.$$

于是

$$\frac{\log\psi(t)}{t} \geqslant -\frac{\log K_2(t)}{t} - \alpha\frac{\max\limits_{0\leqslant s\leqslant t} B_1(s)}{t}$$

$$+ \alpha\frac{\min\limits_{0\leqslant s\leqslant t} B_1(s)}{t} - \beta\frac{B_2(t)}{t} + \beta\frac{\min\limits_{0\leqslant s\leqslant t} B_2(s)}{t}.$$

从而由

$$\lim_{t\to\infty}\frac{\log K_2(t)}{t} = 0 \tag{4.3.16}$$

及布朗运动的性质可得

$$\liminf_{t\to\infty}\frac{\log\psi(t)}{t} \geqslant 0 \ \ \text{a.s.}$$

再结合随机比较定理可知:

$$\liminf_{t\to\infty}\frac{\log y(t)}{t} \geqslant 0 \ \ \text{a.s.} \tag{4.3.17}$$

因此由 (4.3.13) 和 (4.3.17) 知

$$\lim_{t\to\infty}\frac{\log y(t)}{t} = 0 \ \ \text{a.s.} \tag{4.3.18}$$

另一方面由 (4.3.1) 有

$$d\log y(t) = \left(-d - \frac{\beta^2}{2} + \frac{fx(t)}{my(t) + x(t)}\right)dt - \beta dB_2(t).$$

上式从 0 到 t 积分可得

$$\log y(t) - \log y(0) = \left(-d - \frac{\beta^2}{2}\right)t + \int_0^t \frac{fx(s)}{my(s) + x(s)}ds - \beta B_2(t).$$

于是

$$\frac{\log y(t) - \log y(0)}{t} = -d - \frac{\beta^2}{2} + \frac{1}{t}\int_0^t \frac{fx(s)}{my(s) + x(s)}ds - \beta\frac{B_2(t)}{t}. \tag{4.3.19}$$

从而结合 (4.3.18) 得

$$\lim_{t\to\infty} \frac{1}{t}\int_0^t \frac{x(s)}{my(s)+x(s)}ds = \frac{d+\frac{\beta^2}{2}}{f} \quad \text{a.s.},$$

且易得

$$\lim_{t\to\infty} \frac{1}{t}\int_0^t \frac{y(s)}{my(s)+x(s)}ds = \frac{f-d-\frac{\beta^2}{2}}{mf} \quad \text{a.s.} \tag{4.3.20}$$

综合以上论证可得如下结论.

定理 4.3.3 设 $(x(t),y(t))$ 是系统 (4.3.1) 具有初值 $(x_0,y_0)\in\mathbb{R}_+^2$ 的解. 若条件 (H) 满足, 则

$$\lim_{t\to\infty} \frac{1}{t}\int_0^t \frac{x(s)}{my(s)+x(s)}ds = \frac{d+\frac{\beta^2}{2}}{f},$$

$$\lim_{t\to\infty} \frac{1}{t}\int_0^t \frac{y(s)}{my(s)+x(s)}ds = \frac{f-d-\frac{\beta^2}{2}}{mf} \quad \text{a.s.}$$

换言之, 比率依赖函数 $P\left(\dfrac{x}{y}\right)$ 在时间均值意义下是稳定的.

事实上,

$$d\log x(t) = \left(a-\frac{\alpha^2}{2}-bx(t)-\frac{cy(t)}{my(t)+x(t)}\right)dt + \alpha dB_1(t),$$

则

$$\frac{\log x(t)-\log x(0)}{t}$$
$$=a-\frac{\alpha^2}{2}-\frac{b}{t}\int_0^t x(s)ds-\frac{c}{t}\int_0^t \frac{y(s)}{my(s)+x(s)}ds+\alpha\frac{B_1(t)}{t}.$$

上式结合 (4.3.9) 和 (4.3.20) 显然有

$$\lim_{t\to\infty} \frac{1}{t}\int_0^t x(s)ds = \frac{a-\frac{\alpha^2}{2}}{b} - \frac{c\left(f-d-\frac{\beta^2}{2}\right)}{bfm}$$

$$= \frac{c\left(d-\frac{\beta^2}{2}\right)-f\left[c-m\left(a-\frac{\alpha^2}{2}\right)\right]}{bfm} \quad \text{a.s.}$$

故有下述结论成立.

定理 4.3.4 设 $(x(t),y(t))$ 是系统 (4.3.1) 具有初值 $(x_0,y_0)\in\mathbb{R}_+^2$ 的解. 若条件 (H) 满足, 则

$$\lim_{t\to\infty} \frac{1}{t}\int_0^t x(s)ds = \frac{c\left(d-\frac{\beta^2}{2}\right)-f\left[c-m\left(a-\frac{\alpha^2}{2}\right)\right]}{bfm} \quad \text{a.s.}, \tag{4.3.21}$$

即食饵在时间均值意义下是稳定的.

下面给出系统 (4.3.1) 是持久的. 沿用随机系统时间均值意义下的持久性的定义 3.1.1, 给出系统 (4.3.1) 在时间均值意义下的持久性.

定义 4.3.1   称系统 (4.3.1) 在时间均值意义下是持久的, 如果

$$\lim_{t\to\infty}\frac{1}{t}\int_0^t x(s)ds > 0, \quad \liminf_{t\to\infty}\frac{1}{t}\int_0^t \frac{y(s)}{x(s)}ds > 0 \ \text{a.s.};$$

或

$$\lim_{t\to\infty}\frac{1}{t}\int_0^t y(s)ds > 0, \quad \liminf_{t\to\infty}\frac{1}{t}\int_0^t \frac{x(s)}{y(s)}ds > 0 \ \text{a.s.}$$

定理 4.3.5   若条件 (H) 成立, 则系统 (4.3.1) 在时间均值意义下是持久的.

证明   由 (4.3.20), 可得

$$\liminf_{t\to\infty}\frac{1}{t}\int_0^t \frac{y(s)}{x(s)}ds \geqslant \frac{f-d-\frac{\beta^2}{2}}{mf} \ \text{a.s.}$$

结合 (4.3.21), 根据定义 4.3.1 显然可得系统 (4.3.1) 在时间均值意义下是持久的. □

4.3.3   系统的非持久性

情形 (1) $a - \dfrac{\alpha^2}{2} < 0$.

令 $u(t) = \log x(t), v(t) = \log y(t)$, 由 Itô 公式可得

$$du(t) = \left(a - \frac{\alpha^2}{2} - be^{u(t)} - \frac{ce^{v(t)}}{me^{v(t)}+e^{u(t)}}\right)dt + \alpha dB_1(t)$$
$$\leqslant \left(a - \frac{\alpha^2}{2}\right)dt + \alpha dB_1(t).$$

由随机比较定理和扩散过程的理论 (引理 1.3.2) $\left(\text{此处 } \mu(t) = a - \dfrac{\alpha^2}{2}, \sigma(t) = \alpha\right)$, 通过计算易得 $S(-\infty) > -\infty$ 和 $S(+\infty) = +\infty$, 则

$$\lim_{t\to\infty} u(t) = -\infty \ \text{a.s.},$$

即

$$\lim_{t\to\infty} x(t) = 0 \ \text{a.s.}$$

此时, 必有

$$\lim_{t\to\infty} y(t) = 0 \ \text{a.s.} \tag{4.3.22}$$

若不然, 则有

$$\limsup_{t\to\infty} y(t) := k > 0 \ \text{a.s.}$$

于是任给 $\varepsilon > 0$, 存在 $t_0 = t_0(\omega)$ 和一集合 Ω_ε, 当 $t \geqslant t_0, \omega \in \Omega_\varepsilon$ 时, 有 $P(\Omega_\varepsilon) \geqslant 1 - \varepsilon$ 且 $\dfrac{fx(t)}{my(t) + x(t)} \leqslant \varepsilon$. 从而

$$y(t)(-ddt - \beta dB_2(t)) \leqslant dy(t) \leqslant y(t)[(-d + \varepsilon)dt - \beta dB_2(t)],$$

$$-\left(d + \frac{\beta^2}{2}\right)dt - \beta dB_2(t) \leqslant dv(t) \leqslant \left[-\left(d + \frac{\beta^2}{2}\right) + \varepsilon\right]dt - \beta dB_2(t).$$

由如上相同的论证和 ϵ 的任意性, 可得

$$\lim_{t \to \infty} v(t) = -\infty \ \text{a.s.},$$

即

$$\lim_{t \to \infty} y(t) = 0 \ \text{a.s.}$$

得矛盾. 故 (4.3.22) 成立.

结合以上的论证可得下面的结论.

定理 4.3.6 设 $(x(t), y(t))$ 是系统 (4.3.1) 具有初值 $(x_0, y_0) \in \mathbb{R}_+^2$ 的解. 若 $a - \dfrac{\alpha^2}{2} < 0$, 则

$$\lim_{t \to \infty} x(t) = 0, \quad \lim_{t \to \infty} y(t) = 0 \ \text{a.s.}$$

情形 (2) $f - d - \dfrac{\beta^2}{2} < 0$.

从 (4.3.6) 易见, 若 $f - d - \dfrac{\beta^2}{2} < 0$, 则

$$\lim_{t \to \infty} y(t) = 0 \ \text{a.s.} \tag{4.3.23}$$

下面考察食饵 $x(t)$. 显然

$$\begin{aligned}
dx(t) &= x(t)\left(a - bx(t) - \frac{cy(t)}{my(t) + x(t)}\right)dt + \alpha x(t)dB_1(t) \\
&= x(t)\left(a - \frac{c}{m} - bx(t) + \frac{\frac{c}{m}x(t)}{my(t) + x(t)}\right)dt + \alpha x(t)dB_1(t) \\
&\geqslant x(t)\left(a - \frac{c}{m} - bx(t)\right)dt + \alpha x(t)dB_1(t).
\end{aligned}$$

若 $a - \dfrac{c}{m} - \dfrac{\alpha^2}{2} > 0$, 则由定理 2.1.1 可得

$$\liminf_{t \to \infty} \frac{1}{t}\int_0^t x(s)ds \geqslant \frac{a - \dfrac{c}{m} - \dfrac{\sigma^2}{2}}{b} > 0 \ \text{a.s.}$$

这意味着存在 $T_0 > 0$ 和一个正常数 k_0 使得当 $t \geqslant T_0$ 时, $x(t) > k_0$ a.s. 另外, (4.3.23) 表明, $\forall\, \epsilon > 0$, 存在 $T = T(\omega) > T_0$ 和 Ω_ϵ 使得当 $t \geqslant T, \omega \in \Omega_\epsilon$ 时有 $P(\Omega_\epsilon) \geqslant 1 - \epsilon$ 和 $\dfrac{cy(t)}{x(t)} \leqslant \epsilon$. 于是当 $\omega \in \Omega_\epsilon, t \geqslant T$, 有

$$
\begin{aligned}
dx(t) &= x(t)\left(a - bx(t) - \frac{cy(t)}{my(t) + x(t)}\right) dt + \alpha x(t) dB_1(t) \\
&\geqslant x(t)\left(a - bx(t) - \frac{cy(t)}{x(t)}\right) dt + \alpha x(t) dB_1(t) \\
&\geqslant x(t)\left(a - \epsilon - bx(t)\right) dt + \alpha x(t) dB_1(t),
\end{aligned}
$$

这表明

$$
\liminf_{t \to \infty} \frac{1}{t} \int_0^t x(s)ds \geqslant \frac{a - \epsilon - \frac{\sigma^2}{2}}{b} > 0 \quad \text{a.s.}
$$

另一方面, 由于

$$
\begin{aligned}
dx(t) &= x(t)\left(a - bx(t) - \frac{cy(t)}{my(t) + x(t)}\right) dt + \alpha x(t) dB_1(t) \\
&\leqslant x(t)(a - bx(t))dt + \alpha x(t) dB_1(t),
\end{aligned}
$$

则

$$
\limsup_{t \to \infty} \frac{1}{t} \int_0^t x(s)ds \leqslant \frac{a - \frac{\sigma^2}{2}}{b} \quad \text{a.s.}
$$

从而, 由 ϵ 的任意性可得

$$
\lim_{t \to \infty} \frac{1}{t} \int_0^t x(s)ds = \frac{a - \frac{\sigma^2}{2}}{b} \quad \text{a.s.}
$$

故可得下述结论.

定理 4.3.7　设 $(x(t), y(t))$ 是系统 (4.3.1) 具有初值 $(x_0, y_0) \in \mathbb{R}_+^2$ 的解. 若 $a - \dfrac{c}{m} - \dfrac{\alpha^2}{2} > 0, f - d - \dfrac{\beta^2}{2} < 0$, 则

$$
\lim_{t \to \infty} \frac{1}{t} \int_0^t x(s)ds = \frac{a - \frac{\sigma^2}{2}}{b}, \quad \lim_{t \to \infty} y(t) = 0 \quad \text{a.s.}
$$

注记 4.3.3　Rudnicki [194] 研究了随机扰动的 Lotka-Volterra 捕食-食饵系统的动力学行为. 其模型为

$$
\begin{cases}
dX(t) = X(t)(\alpha - \beta Y(t) - \mu X(t))dt + \sigma X(t)dB(t), \\
dY(t) = Y(t)(-\gamma + \delta X(t) - \nu Y(t))dt + \rho Y(t)dB(t),
\end{cases} \tag{4.3.24}
$$

在一定条件下, 有 $\lim\limits_{t\to\infty} Y(t) = 0$, 且 $\xi(t)$ 的分布弱收敛于一测度, 其具有密度

$$f_*(x) = Ce^{\frac{2\left(\alpha - \frac{\sigma^2}{2}\right)}{\sigma^2}x - \frac{2\mu}{\sigma^2}e^x},$$

其中 $\xi(t) = \log X(t)$.

情形 (3) $f - d - \dfrac{\beta^2}{2} < 0$ 且 $a - \dfrac{\alpha^2}{2} < 0$.

此种情形下, 由情形 (1) 和情形 (2) 易得如下结论.

定理 4.3.8 设 $(x(t), y(t))$ 是系统 (4.3.1) 具有初值 $(x_0, y_0) \in \mathbb{R}_+^2$ 的解. 若 $f - d - \dfrac{\beta^2}{2} < 0$ 且 $a - \dfrac{\alpha^2}{2} < 0$, 则

$$\lim_{t\to\infty} x(t) = 0, \qquad \lim_{t\to\infty} y(t) = 0 \ \text{a.s.}$$

4.4 随机 Beddington-DeAngelis 捕食–食饵系统

考虑环境白噪声的影响, 假设系统 (4.0.9) 中食饵和捕食者的死亡率受随机扰动. 具体地,

$$a_1 \longrightarrow a_1 + \alpha \dot{B}_1(t),$$
$$a_2 \longrightarrow a_2 + \beta \dot{B}_2(t),$$

其中 $\dot{B}_1(t), \dot{B}_2(t)$ 表示白噪声, α^2, β^2 分别表示两个白噪声的强度. 于是得到如下的随机系统

$$\begin{cases} dx(t) = x(t)\left(a_1 - b_1 x(t) - \dfrac{c_1 y(t)}{m_1 + m_2 x(t) + m_3 y(t)}\right)dt + \alpha x(t)dB_1(t), \\ dy(t) = y(t)\left(-a_2 - b_2 y(t) + \dfrac{c_2 x(t)}{m_1 + m_2 x(t) + m_3 y(t)}\right)dt - \beta y(t)dB_2(t). \end{cases} \quad (4.4.1)$$

4.4.1 系统正解的存在唯一性

对于种群模型, 其解是非负的才有意义. 下面给出系统 (4.4.1) 存在唯一的正解.

引理 4.4.1 对任给的 $(x_0, y_0) \in \mathbb{R}_+^2$, 系统 (4.4.1) 存在唯一的正解 $(x(t), y(t))$, $t \in [0, \tau_e)$, 其中 τ_e 是爆破时刻.

证明 考虑初值为 $u_0 = \log x_0, v_0 = \log y_0$ 的方程

$$\begin{cases} du = \left(a_1 - \dfrac{\alpha^2}{2} - b_1 e^u - \dfrac{c_1 e^v}{m_1 + m_2 e^u + m_3 e^v}\right)dt + \alpha dB_1(t), \\ dv = \left(-a_2 - \dfrac{\beta^2}{2} - b_2 e^v + \dfrac{c_2 e^u}{m_1 + m_2 e^u + m_3 e^v}\right)dt - \beta dB_2(t). \end{cases} \quad (4.4.2)$$

显然方程 (4.4.2) 的系数满足局部 Lipschitz 条件, 则系统存在唯一局部解 $(u(t), v(t))$, $t \in [0, \tau_e)$. 于是, 由 Itô 公式容易验证 $x(t) = e^{u(t)}, y(t) = e^{v(t)}$ 是系统 (4.4.1) 具有初值 (x_0, y_0) 的正解.　　　　　　　　　　　　　　　　　　　　　　□

定理 4.4.1　任给初值 $(x_0, y_0) \in \mathbb{R}_+^2$, 系统 (4.4.1) 存在唯一正解 $(x(t), y(t))$, $t \geqslant 0$, 且解以概率 1 位于 $\mathbb{R}_+^2$ 中.

证明　引理 4.4.1 给出系统 (4.4.1) 存在局部正解 $(x(t), y(t)), t \in [0, \tau_e)$. 要证解是全局存在的, 只需证明 $\tau_e = \infty$ a.s. 设 $m_0 \geqslant 1$ 使得 x_0 和 y_0 都位于区间 $[1/m_0, m_0]$ 中. 对任给整数 $m \geqslant m_0$, 定义停时

$$\tau_m = \inf \left\{ t \in [0, \tau_e) : \min\{x(t), x(t)\} \leqslant \frac{1}{m} \text{ 或者 } \max\{x(t), y(t)\} \geqslant m \right\},$$

其中约定 $\inf \varnothing = \infty$. 显然 τ_m 关于 m 单调递增. 令 $\tau_\infty = \lim\limits_{m \to \infty} \tau_m$, 则 $\tau_\infty \leqslant \tau_e$ a.s. 若能证得 $\tau_\infty = \infty$ a.s., 则 $\tau_e = \infty$, 从而对所有 $t \geqslant 0, (x(t), y(t)) \in \mathbb{R}_+^2$ a.s. 换言之, 只需证明 $\tau_\infty = \infty$ a.s. 如若不然, 则存在 $T > 0$ 和 $\epsilon \in (0, 1)$ 使得

$$P\{\tau_\infty \leqslant T\} > \epsilon.$$

于是存在 $m_1 \geqslant m_0$ 使得对所有的 $m \geqslant m_1$, 满足

$$P\{\tau_m \leqslant T\} \geqslant \epsilon. \tag{4.4.3}$$

定义 C^2 函数 $V : \mathbb{R}_+^2 \to \bar{\mathbb{R}}_+$ 为

$$V(x, y) = c_2(x - 1 - \log x) + c_1(y - 1 - \log y).$$

由于 $u - 1 - \log u \geqslant 0, \forall u > 0$, 则易见函数是非负的. 由 Itô 公式可得

$$\begin{aligned}
dV =& c_2(x-1)\left[\left(a_1 - b_1 x - \frac{c_1 y}{m_1 + m_2 x + m_3 y}\right) dt + \alpha dB_1(t)\right] + c_2 \frac{\alpha^2}{2} dt \\
&+ c_1(y-1)\left[\left(-a_2 - b_2 y + \frac{c_2 x}{m_1 + m_2 x + m_3 y}\right) dt - \beta dB_2(t)\right] + c_1 \frac{\beta^2}{2} dt \\
:=& LV dt + c_2 \alpha(x-1) dB_1(t) - c_1 \beta(y-1) dB_2(t),
\end{aligned}$$

其中

$$\begin{aligned}
LV =& c_2\left(-a_1 + \frac{\alpha^2}{2}\right) + c_1\left(a_2 + \frac{\beta^2}{2}\right) + c_2(a_1 + b_1)x + c_1(b_2 - a_2)y \\
& - b_1 c_2 x^2 - b_2 c_1 y^2 + \frac{c_1 c_2 y}{m_1 + m_2 x + m_3 y} - \frac{c_1 c_2 x}{m_1 + m_2 x + m_3 y}
\end{aligned}$$

$$\leqslant c_2\left(-a_1+\frac{\alpha^2}{2}\right)+c_1\left(a_2+\frac{\beta^2}{2}+\frac{c_2}{m_3}\right)$$
$$+c_2(a_1+b_1)x+c_1(b_2-a_2)y-b_1c_2x^2-b_2c_1y^2$$
$$\leqslant K,$$

K 为一正常数. 于是

$$\int_0^{\tau_m\wedge T} dV(x(t),y(t))$$
$$\leqslant \int_0^{\tau_m\wedge T} Kdt+\int_0^{\tau_m\wedge T} c_2\alpha(x-1)dB_1(t)-\int_0^{\tau_m\wedge T} c_1\beta(y-1)dB_2(t),$$

从而

$$E[V(x(\tau_m\wedge T),y(\tau_m\wedge T))]\leqslant V(x(0),y(0))+E\int_0^{\tau_m\wedge T} Kdt$$
$$\leqslant V(x(0),y(0))+KT. \tag{4.4.4}$$

对 $m\geqslant m_1$, 令 $\Omega_m=\{\tau_m\leqslant T\}$, 则由 (4.4.3) 可知 $P(\Omega_m)\geqslant\epsilon$. 又由于对任意 $\omega\in\Omega_m$, 至少存在 $x(\tau_m,\omega)$ 或者 $y(\tau_m,\omega)$ 等于 m 或 $1/m$, 则

$$V(x(\tau_m),y(\tau_m))\geqslant(m-1-\log m)\wedge\left(\frac{1}{m}-1+\log m\right).$$

于是由 (4.4.3) 和 (4.4.4) 可得

$$V(x(0),y(0))+KT\geqslant E[1_{\Omega_m(\omega)}V(x(\tau_m),y(\tau_m))]$$
$$\geqslant\epsilon\left[(m-1-\log m)\wedge\left(\frac{1}{m}-1+\log m\right)\right],$$

其中 $1_{\Omega_m(\omega)}$ 是 Ω_m 的示性函数. 令 $m\to\infty$ 得矛盾 $\infty>V(x(0),y(0))+KT=\infty$. 所以必有 $\tau_\infty=\infty$ a.s. □

4.4.2 系统的遍历性

本小节给出系统 (4.4.1) 存在平稳分布, 具有遍历性.

注记 4.4.1 系统 (4.4.1) 可以写成如系统 (1.4.1) 的形式

$$d\begin{pmatrix}x(t)\\y(t)\end{pmatrix}=\begin{pmatrix}x(t)\left(a_1-b_1x(t)-\dfrac{c_1y(t)}{m_1+m_2x(t)+m_3y(t)}\right)\\y(t)\left(-a_2-b_2y(t)+\dfrac{c_2x(t)}{m_1+m_2x(t)+m_3y(t)}\right)\end{pmatrix}dt$$
$$+\begin{pmatrix}\alpha x(t)\\0\end{pmatrix}dB_1(t)+\begin{pmatrix}0\\-\beta y(t)\end{pmatrix}dB_2(t),$$

其扩散阵为

$$A = \mathrm{diag}(\alpha^2 x^2, \beta^2 y^2).$$

注记 4.4.2 类似互惠系统可得系统 (4.4.1) 的解 $(x(t), y(t))$ 是 $\mathbb{R}_+^2$ 中的自治 Markov 过程.

定理 4.4.2 若 $(c_2 - a_2 m_2)\dfrac{a_1}{b_1} > a_2 m_1, b_1 > \dfrac{a_1 m_2}{m_1 + m_2 x^*}$, 且 $\alpha > 0, \beta > 0$ 满足

$$\delta < \min\left\{ c_2\left[b_1 - (a_1 - b_1 x^*)\frac{m_2}{m_1} \right](m_1 + m_3 y^*)(x^*)^2, b_2 c_1(m_1 + m_2 x^*)(y^*)^2 \right\},$$

其中 $\delta = \dfrac{1}{2} c_2 x^* \alpha^2 + \dfrac{1}{2} c_1 y^* \beta^2, (x^*, y^*)$ 是系统 (4.0.9) 的平衡点, 则系统 (4.4.1) 存在平稳分布 $\mu(\cdot)$, 且具有遍历性.

证明 由于 $(c_2 - a_2 m_2)\dfrac{a_1}{b_1} > a_2 m_1$, 则系统 (4.0.9) 存在平衡点 (x^*, y^*), 且满足

$$
\begin{aligned}
a_1 &= b_1 x^* + \frac{c_1 y^*}{m_1 + m_2 x^* + m_3 y^*}, \\
a_2 &= \frac{c_2 x^*}{m_1 + m_2 x^* + m_3 y^*} - b_2 y^*, \\
m_1 + m_2 x^* + m_3 y^* &= \frac{c_1 y^*}{a_1 - b_1 x^*} = \frac{c_2 x^*}{a_2 + b_2 y^*}.
\end{aligned}
\tag{4.4.5}
$$

定义 C^2 函数 $V : \mathbb{R}_+^2 \longrightarrow \bar{\mathbb{R}}_+$

$$
\begin{aligned}
V(x, y) = & c_2(m_1 + m_3 y^*)\left(x - x^* - x^* \log \frac{x}{x^*} \right) \\
& + c_1(m_1 + m_2 x^*)\left(y - y^* - y^* \log \frac{y}{y^*} \right).
\end{aligned}
$$

由 Itô 公式可得

$$
\begin{aligned}
LV = & c_2(m_1 + m_3 y^*)(x - x^*)\left(a_1 - b_1 x - \frac{c_1 y}{m_1 + m_2 x + m_3 y} \right) \\
& + c_1(m_1 + m_2 x^*)(y - y^*)\left(-a_2 - b_2 y + \frac{c_2 x}{m_1 + m_2 x + m_3 y} \right) \\
& + \frac{c_2}{2}\alpha^2(m_1 + m_3 y^*)x^* + \frac{c_1}{2}\beta^2(m_1 + m_2 x^*)y^* \\
= & -b_1 c_2(m_1 + m_3 y^*)(x - x^*)^2 - b_2 c_1(m_1 + m_2 x^*)(y - y^*)^2 + \delta
\end{aligned}
$$

$$+ \frac{c_2 m_2 (a_1 - b_1 x^*)(m_1 + m_3 y^*)}{m_1 + m_2 x + m_3 y}(x - x^*)^2$$

$$- \frac{c_1 m_3 (a_2 + b_2 y^*)(m_1 + m_2 x^*)}{m_1 + m_2 x + m_3 y}(y - y^*)^2$$

$$\leqslant - c_2 \left(b_1 - \frac{m_2}{m_1}(a_1 - b_1 x^*) \right)(m_1 + m_3 y^*)(x - x^*)^2$$

$$- b_2 c_1 (m_1 + m_2 x^*)(y - y^*)^2 + \delta,$$

其中第二个等式利用了 (4.4.5), 且常数 $\delta = \frac{1}{2} c_2 x^* \alpha^2 + \frac{1}{2} c_1 y^* \beta^2$. 由于 $b > \dfrac{a_1 m_2}{m_1 + m_2 x^*}$, 则 $b_1 - (a_1 - b_1 x^*) \dfrac{m_2}{m_1} > 0$. 当

$$\delta < \min \left\{ c_2 \left[b_1 - \frac{m_2}{m_1}(a_1 - b_1 x^*) \right] (m_1 + m_3 y^*)(x^*)^2, \right.$$

$$\left. b_2 c_1 (m_1 + m_2 x^*)(y^*)^2 \right\}$$

时, 椭圆

$$- c_2 \left[b_1 - \frac{m_2}{m_1}(a_1 - b_1 x^*) \right](m_1 + m_3 y^*)(x - x^*)^2$$

$$- b_2 c_1 (m_1 + m_2 x^*)(y - y^*)^2 + \delta = 0$$

位于 $\mathbb{R}_+^2$ 中. 取 U 为包含椭圆的一邻域且 $\bar{U} \subseteq \mathbb{R}_+^2$, 则当 $x \in \mathbb{R}_+^2 \setminus U$ 时, 有 $LV \leqslant -K < 0$, 这表明定理 1.4.2 的条件 (B.2) 满足. 因此解 $(x(t), y(t))$ 在区域 U 是常返的, 结合引理 1.4.1 和注 4.4.2 可知 $(x(t), y(t))$ 在 $\mathbb{R}_+^2$ 中的任意有界区域 D 是常返的. 另一方面, 对任意的 D, 存在

$$M = \min\{\alpha^2 x^2, \beta^2 y^2, (x, y) \in \bar{D}\} > 0,$$

使得对所有的 $(x, y) \in \bar{D}, \xi \in \mathbb{R}^2$ 满足

$$\sum_{i,j=1}^{2} a_{ij} \xi_i \xi_j = \alpha^2 x^2 \xi_1^2 + \beta^2 y^2 \xi_2^2 \geqslant M|\xi|^2.$$

由此可知定理 1.4.2 的条件 (B.1) 也满足. 因此系统 (4.4.1) 存在平稳分布 $\mu(\cdot)$, 且是遍历的. $\qquad\square$

引理 4.4.2 设 $(x(t), y(t))$ 是系统 (4.4.1) 具有初值 $(x_0, y_0) \in \mathbb{R}_+^2$ 的正解, 则存在 $K_1(p)$ 和 $K_2(p)$ 满足

$$E[x^p(t)] \leqslant K_1(p), \quad E[y^p(t)] \leqslant K_2(p), \quad p \geqslant 1.$$

证明　根据 Itô 公式计算可得

$$dx^p = px^p \left(a_1 - b_1 x - \frac{c_1 y}{m_1 + m_2 x + m_3 y} \right) dt$$

$$+ p\alpha x^p dB_1(t) + \frac{\alpha^2}{2} p(p-1) x^p dt$$

$$= px^p \left(a_1 + \frac{\alpha^2}{2}(p-1) - b_1 x - \frac{c_1 y}{m_1 + m_2 x + m_3 y} \right) dt + p\alpha x^p dB_1(t)$$

$$\leqslant px^p \left(a_1 + \frac{\alpha^2}{2}(p-1) - b_1 x \right) dt + p\alpha x^p dB_1(t)$$

和

$$dy^p = py^p \left(-a_2 - b_2 y + \frac{c_2 x}{m_1 + m_2 x + m_3 y} \right) dt$$

$$- p\beta y^p dB_2(t) + \frac{\beta^2}{2} p(p-1) y^p dt$$

$$= py^p \left(-a_2 + \frac{\beta^2}{2}(p-1) - b_2 y + \frac{c_2 x}{m_1 + m_2 x + m_3 y} \right) dt - p\beta y^p dB_2(t)$$

$$\leqslant py^p \left(\frac{c_2}{m_2} - a_2 + \frac{\beta^2}{2}(p-1) - b_2 y \right) dt - p\beta y^p dB_1(t).$$

于是

$$\frac{dE[x^p(t)]}{dt} \leqslant p \left(a_1 + \frac{\alpha^2}{2}(p-1) \right) E[x^p(t)] - b_1 E[x^{p+1}(t)]$$

$$\leqslant p \left(a_1 + \frac{\alpha^2}{2}(p-1) \right) E[x^p(t)] - b_1 (E[x^p(t)])^{1+1/p},$$

$$\frac{dE[y^p(t)]}{dt} \leqslant p \left(\frac{c_2}{m_2} - a_2 + \frac{\beta^2}{2}(p-1) \right) E[y^p(t)] - b_2 E[y^{p+1}(t)]$$

$$\leqslant p \left(\left| \frac{c_2}{m_2} - a_2 \right| + \frac{\beta^2}{2}(p-1) \right) E[y^p(t)] - b_2 (E[y^p(t)])^{1+1/p}.$$

从而由比较定理可得

$$\limsup_{t \to \infty} E[x^p(t)] \leqslant \left(\frac{a_1 + (p-1)\frac{\alpha^2}{2}}{b_1} \right)^p,$$

$$\limsup_{t \to \infty} E[y^p(t)] \leqslant \left(\frac{\left| \frac{c_2}{m_2} - a_2 \right| + (p-1)\frac{\beta^2}{2}}{b_2} \right)^p.$$

再结合 $E[x^p(t)], E[y^p(t)]$ 的连续性可知存在 $K_1(p) > 0, K_2(p) > 0$ 满足

$$E[x^p(t)] \leqslant K_1(p), \quad E[y^p(t)] \leqslant K_2(p), \quad t \in [0, \infty). \qquad \Box$$

设常数 $m > 0$, 由遍历性可知

$$\lim_{t \to \infty} \frac{1}{t} \int_0^t (x^p(s) \wedge m) ds = \int_{\mathbb{R}_+^2} (z_1^p \wedge m) \mu(dz_1, dz_2) \quad \text{a.s.}$$

$$\lim_{t \to \infty} \frac{1}{t} \int_0^t (y^p(s) \wedge m) ds = \int_{\mathbb{R}_+^2} (z_2^p \wedge m) \mu(dz_1, dz_2) \quad \text{a.s.} \qquad (4.4.6)$$

另外, 由控制收敛定理有

$$E\left[\lim_{t \to \infty} \frac{1}{t} \int_0^t (x^p(s) \wedge m) ds\right] = \lim_{t \to \infty} \frac{1}{t} \int_0^t E[x^p(s) \wedge m] ds \leqslant K_1(p),$$

$$E\left[\lim_{t \to \infty} \frac{1}{t} \int_0^t (y^p(s) \wedge m) ds\right] = \lim_{t \to \infty} \frac{1}{t} \int_0^t E[y^p(s) \wedge m] ds \leqslant K_2(p).$$

结合上式和 (4.4.6) 可得

$$\int_{\mathbb{R}_+^2} (z_i^p \wedge m) \mu(dz_1, dz_2) \leqslant K_i(p), \quad i = 1, 2.$$

令 $m \to \infty$, 有

$$\int_{\mathbb{R}_+^2} z_i^p \mu(dz_1, dz_2) \leqslant K_i(p), \quad i = 1, 2.$$

这表明函数 $f_1(z_1, z_2) = z_1^p$ 和 $f_2(z_1, z_2) = z_2^p$ 关于测度 μ 是可积的. 于是

$$\lim_{t \to \infty} \frac{1}{t} \int_0^t x^p(s) ds = \int_{\mathbb{R}_+^2} z_1^p \mu(dz_1, dz_2) \quad \text{a.s.}$$

$$\lim_{t \to \infty} \frac{1}{t} \int_0^t y^p(s) ds = \int_{\mathbb{R}_+^2} z_2^p \mu(dz_1, dz_2) \quad \text{a.s.} \qquad (4.4.7)$$

此外,

$$c_2 dx + c_1 dy = (a_1 c_2 x - b_1 c_2 x^2 - a_2 c_1 y - b_2 c_1 y^2) dt$$
$$+ c_2 \alpha x dB_1(t) - c_1 \beta y dB_2(t),$$

则

$$c_2 \frac{x(t) - x_0}{t} + c_1 \frac{y(t) - y_0}{t}$$
$$= \frac{a_1 c_2}{t} \int_0^t x(s) ds - \frac{b_1 c_2}{t} \int_0^t x^2(s) ds - \frac{a_2 c_1}{t} \int_0^t y(s) ds$$
$$- \frac{b_2 c_1}{t} \int_0^t y^2(s) ds + \frac{c_2 \alpha}{t} \int_0^t x(s) dB_1(s) - \frac{c_1 \beta}{t} \int_0^t y(s) dB_2(s). \qquad (4.4.8)$$

设

$$M_1(t) = \int_0^t x(s)dB_1(s), \quad M_2(t) = \int_0^t y(s)dB_2(s),$$

则 $M_1(t), M_2(t)$ 都是初值为 0 的鞅, 且由 (4.4.7) 可得

$$\lim_{t\to\infty} \frac{\langle M_1, M_1\rangle_t}{t} = \lim_{t\to\infty} \frac{1}{t}\int_0^t x^2(s)ds = \int_{\mathbb{R}_+^2} z_1^2 \mu(dz_1, dz_2) < \infty,$$

$$\lim_{t\to\infty} \frac{\langle M_2, M_2\rangle_t}{t} = \lim_{t\to\infty} \frac{1}{t}\int_0^t y^2(s)ds = \int_{\mathbb{R}_+^2} z_2^2 \mu(dz_1, dz_2) < \infty.$$

于是由强大数定律 (定理 1.1.1) 可得

$$\lim_{t\to\infty} \frac{1}{t}\int_0^t x(s)dB_1(s) = 0, \quad \lim_{t\to\infty} \frac{1}{t}\int_0^t y(s)dB_2(s) = 0 \ \text{a.s.}$$

结合此式和 (4.4.7), (4.4.8) 有

$$\lim_{t\to\infty} \frac{c_2 x(t) + c_1 y(t)}{t}$$
$$= \int_{\mathbb{R}_+^2} \left(a_1 c_2 z_1 - b_1 c_2 z_1^2 - a_2 c_1 z_2 - b_2 c_1 z_2^2\right) \mu(dz_1, dz_2) \ \text{a.s.}$$

综合以上论证可得如下定理.

定理 4.4.3　假设定理 4.4.2 的条件成立, $p \geqslant 1$. 则

$$\lim_{t\to\infty} \frac{1}{t}\int_0^t x^p(s)ds = \int_{\mathbb{R}_+^2} z_1^p \mu(dz_1, dz_2),$$

$$\lim_{t\to\infty} \frac{1}{t}\int_0^t y^p(s)ds = \int_{\mathbb{R}_+^2} z_2^p \mu(dz_1, dz_2),$$

$$\lim_{t\to\infty} \frac{c_2 x(t) + c_1 y(t)}{t}$$
$$= \int_{\mathbb{R}_+^2} (a_1 c_2 z_1 - b_1 c_2 z_1^2 - a_2 c_1 z_2 - b_2 c_1 z_2^2)\mu(dz_1, dz_2) \ \text{a.s.}$$

由于

$$dx \leqslant x(a_1 - bx_1)dt + \alpha x dB_1(t)$$

和

$$dx \geqslant x\left(a_1 - \frac{c_1}{m_3} - b_1 x\right)dt + \alpha x dB_1(t).$$

又由引理 2.1.3 和定理 2.1.1, 以及随机比较定理可知

当 $a_1 > \dfrac{\alpha^2}{2}$ 时,

$$\limsup_{t\to\infty} \frac{\log x(t)}{t} \leqslant 0, \quad \limsup_{t\to\infty} \frac{1}{t}\int_0^t x(s)ds \leqslant \frac{a_1 - \dfrac{\alpha^2}{2}}{b_1} \quad \text{a.s.};$$

当 $a_1 > \dfrac{c_1}{m_3} + \dfrac{\alpha^2}{2}$ 时,

$$\liminf_{t\to\infty} \frac{\log x(t)}{t} \geqslant 0, \quad \liminf_{t\to\infty} \frac{1}{t}\int_0^t x(s)ds \geqslant \frac{a_1 - \dfrac{c_1}{m_3} - \dfrac{\alpha^2}{2}}{b_1} \quad \text{a.s.}$$

因此当 $a_1 > \dfrac{c_1}{m_3} + \dfrac{\alpha^2}{2}$ 时, 有

$$\lim_{t\to\infty} \frac{\log x(t)}{t} = 0 \quad \text{a.s.} \tag{4.4.9}$$

另一方面,

$$\frac{\log x(t) - \log x_0}{t} = a_1 - \frac{\alpha^2}{2} - \frac{b_1}{t}\int_0^t x(s)ds$$
$$- \frac{c_1}{t}\int_0^t \frac{y(s)}{m_1 + m_2 x(s) + m_3 y(s)}ds + \alpha\frac{B_1(t)}{t},$$

此式结合 (4.4.7), (4.4.9) 和 $\lim\limits_{t\to\infty} \dfrac{B_1(t)}{t} = 0$ a.s. 可得

$$\lim_{t\to\infty} \frac{1}{t}\int_0^t \frac{y(s)}{m_1 + m_2 x(s) + m_3 y(s)}ds = \frac{a_1 - \dfrac{\alpha^2}{2}}{c_1} - \frac{b_1}{c_1}\int_{\mathbb{R}_+^2} z_1 \mu(dz_1, dz_2) \quad \text{a.s.}$$

下面考虑 $y(t)$. 显然

$$dy \leqslant y\left(-a_2 + \frac{c_2}{m_2} - b_2 y\right)dt - \beta y dB_2(t).$$

类似地, 当 $\dfrac{c_2}{m_2} > a_2 + \dfrac{\beta^2}{2}$ 时有

$$\limsup_{t\to\infty} \frac{\log y(t)}{t} \leqslant 0, \quad \limsup_{t\to\infty} \frac{1}{t}\int_0^t y(s)ds \leqslant \frac{\dfrac{c_2}{m_2} - a_2 - \dfrac{\beta^2}{2}}{b_2} \quad \text{a.s.}$$

又由于

$$\frac{\log y(t)}{t} = \frac{\log y_0}{t} - \left(a_2 + \frac{\beta^2}{2}\right) - \frac{b_2}{t}\int_0^t y(s)ds$$
$$+ \frac{c_2}{t}\int_0^t \frac{x(s)}{m_1 + m_2 x(s) + m_3 y(s)}ds - \beta\frac{B_2(t)}{t},$$

从而

$$\liminf_{t\to\infty}\frac{1}{t}\int_0^t \frac{x(s)}{m_1 + m_2 x(s) + m_3 y(s)}ds$$
$$\geqslant \frac{a_2 + \dfrac{\beta^2}{2}}{c_2} + \frac{b_2}{c_2}\int_{\mathbb{R}_+^2} z_2\mu(dz_1, dz_2) \quad \text{a.s.}$$

因此可得下述结论.

定理 4.4.4　假设定理 4.4.2 的条件满足且

$$a_1 > \frac{c_1}{m_3} + \frac{\alpha^2}{2}, \quad \frac{c_2}{m_2} > a_2 + \frac{\beta^2}{2},$$

则

$$\lim_{t\to\infty}\frac{1}{t}\int_0^t \frac{y(s)}{m_1 + m_2 x(s) + m_3 y(s)}ds$$
$$= \frac{a_1 - \dfrac{\alpha^2}{2}}{c_1} - \frac{b_1}{c_1}\int_{\mathbb{R}_+^2} z_1\mu(dz_1, dz_2),$$
$$\liminf_{t\to\infty}\frac{1}{t}\int_0^t \frac{x(s)}{m_1 + m_2 x(s) + m_3 y(s)}ds$$
$$\geqslant \frac{a_2 + \dfrac{\beta^2}{2}}{c_2} + \frac{b_2}{c_2}\int_{\mathbb{R}_+^2} z_2\mu(dz_1, dz_2) \quad \text{a.s.}$$

例 4.4.1　利用 Higham [85] 的方法得到系统 (4.4.1) 的离散方程:

$$\begin{cases}
x_{k+1} = x_k + x_k\left(a_1 - b_1 x_k - \dfrac{c_1 y_k}{m_1 + m_2 x_k + m_3 y_k}\right)\Delta t + \alpha x_k\epsilon_{1,k}\sqrt{\Delta t} \\
\qquad + \dfrac{1}{2}\alpha^2 x_k\left(\epsilon_{1,k}^2\Delta t - \Delta t\right), \\
y_{k+1} = y_k + y_k\left(-a_2 - b_2 y_k + \dfrac{c_2 x_k}{m_1 + m_2 x_k + m_3 y_k}\right)\Delta t + \beta y_k\epsilon_{2,k}\sqrt{\Delta t} \\
\qquad + \dfrac{1}{2}\beta^2 y_k\left(\epsilon_{2,k}^2\Delta t - \Delta t\right).
\end{cases} \tag{4.4.10}$$

选取初值 $(x_0, y_0) = (0.6, 0.4)$, 步长 $\Delta t = 0.002$.

另外选取

$$a_1 = 0.4, \quad a_2 = 0.2, \quad b_1 = 0.7, \quad b_2 = 0.2,$$

$$c_1 = 0.1, \quad c_2 = 0.2, \quad m_1 = 0.1, \quad m_2 = 0.5, \quad m_3 = 0.3,$$

则

$$x^* \doteq 0.49876, \quad y^* \doteq 0.20972, \quad (c_2 - a_2 m_2)\frac{a_1}{b_1} = \frac{2}{35}, \quad a_2 m_1 = \frac{1}{50},$$

$$\frac{a_1 m_2}{m_1 + m_2 x^*} \doteq 0.57244, \quad b_2 c_1 (m_1 + m_2 x^*)(y^*)^2 \doteq 0.00031,$$

$$c_2 \left[b_1 - (a_1 - b_1 x^*)\frac{m_2}{m_1} \right] (m_1 + m_3 y^*)(x^*)^2 \doteq 0.00361.$$

于是

$$(c_2 - a_2 m_2)\frac{a_1}{b_1} > a_2 m_1, \quad b_1 > \frac{a_1 m_2}{m_1 + m_2 x^*}.$$

从而, 系统 (4.0.9) 的平衡点 $E^*(x^*, y^*)$ 是全局渐近稳定的. 又特别地取 $\alpha = 0.05, \beta = 0.07$, 使得 $c_2 x^* \dfrac{\alpha^2}{2} + c_1 y^* \dfrac{\beta^2}{2} \doteq 0.00018$, 满足条件

$$c_2 x^* \frac{\alpha^2}{2} + c_1 y^* \frac{\beta^2}{2}$$
$$< \min \left\{ c_2 \left[b_1 - (a_1 - b_1 x^*)\frac{m_2}{m_1} \right](m_1 + m_3 y^*)(x^*)^2, b_2 c_1 (m_1 + m_2 x^*)(y^*)^2 \right\}.$$

因此, 如定理 4.4.2 所说, 系统存在平稳分布 (图 4.4.1(b) 的柱状图). 此外,

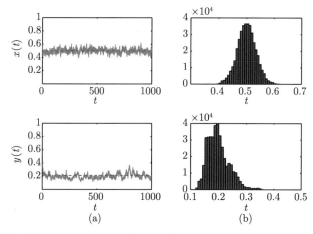

图 4.4.1 随机系统的解及其柱状图. 实线表示系统 (4.4.1) 的解, 而虚线表示相应的未扰动系统 (4.0.9) 的解. 图 (b) 是系统 (4.4.1) 的柱状图

图 4.4.1(b) (实线) 显示系统 (4.4.1) 的解围绕一个小邻域振动. 进一步地, 从图 4.4.2 可见, 95% 或者更多的样本点位于这个邻域中, 可以想象其形成一个以 $E^*(x^*, y^*)$ (图 4.4.2 中的大黑点) 为心的圆或椭圆. 所有这些意味着系统 (4.4.1) 具有随机稳定性.

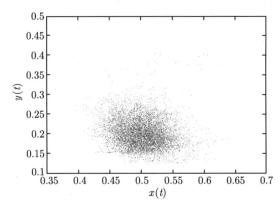

图 4.4.2　相应于图 4.4.1 的围绕 $E^*(x^*, y^*) \doteq (0.49876, 0.20972)$ 种群数量分布

4.4.3　系统的非持久性

下面考察系统 (4.4.1) 遭受较大的白噪声时的动力学行为.

定理 4.4.5　设 $(x(t), y(t))$ 是系统 (4.4.1) 的解. 则

(1) 若 $\dfrac{c_2}{m_2} < a_2 + \dfrac{\beta^2}{2}$ 和 $a_1 > \dfrac{\alpha^2}{2}$, 则

$$\lim_{t \to \infty} y(t) = 0 \text{ a.s.},$$
$$\lim_{t \to \infty} \frac{1}{t} \int_0^t x(s) ds = \frac{a_1 - \alpha^2/2}{b_1} \text{ a.s.},$$

且 $x(t)$ 弱收敛到密度函数为

$$f^*(\zeta) = C \zeta^{\frac{2(a_1 - \alpha^2/2)}{\alpha^2} - 1} e^{-\frac{2b_1 \zeta}{\alpha^2}}$$

的分布, 其中 $C = (2b_1/\alpha^2)^{2(a_1 - \alpha^2/2)/\alpha^2} / \Gamma(2(a_1 - \alpha^2/2)/\alpha^2)$.

(2) 若 $a_1 < \dfrac{\alpha^2}{2}$, 则

$$\lim_{t \to \infty} x(t) = \lim_{t \to \infty} y(t) = 0 \text{ a.s.}$$

证明 显然

$$d\log y = \left(-a_2 - \frac{\beta^2}{2} + \frac{c_2}{m_2} - b_2 y\right) dt - \beta dB_2(t)$$

$$\leqslant \left(-a_2 + \frac{c_2}{m_2} - b_2 y\right) dt - \beta dB_2(t).$$

令

$$d\Psi(t) = \left(-a_2 + \frac{c_2}{m_2} - b_2 e^{\Psi(t)}\right) dt - \beta dB_2(t),$$

则 $\log y(t) \leqslant \Psi(t)$ a.s. 另外, 当 $\frac{c_2}{m_2} < a_2 + \frac{\beta^2}{2}$ 时, 易有 $S(-\infty) > -\infty$ 和 $S(+\infty) = +\infty$. 于是由引理 1.3.2 可知 $\lim\limits_{t\to\infty} \Psi(t) = -\infty$. 因此由随机比较定理和解的正性可得

$$\lim_{t\to\infty} y(t) = 0 \quad \text{a.s.}$$

即对任意的 $\forall\, 0 < \epsilon < a_1 - \frac{\alpha^2}{2}$, 存在 $T_1 = T_1(\omega)$ 和集合 Ω_ϵ, 当 $t \geqslant T_1$ 和 $\omega \in \Omega_\epsilon$ 时, 满足 $P(\Omega_\epsilon) > 1 - \epsilon$ 和 $y(t) \leqslant \frac{m_1}{c_1}\epsilon$. 于是有

$$dx(t) \geqslant x(t)\left(a_1 - \epsilon - b_1 x(t)\right) dt + \alpha x(t) dB_1(t),$$

$$dx(t) \leqslant x\left(a_1 - b_1 x(t)\right) dt + \alpha x(t) dB_1(t)$$

和

$$d\log x(t) \geqslant \left(a_1 - \frac{\alpha^2}{2} - \epsilon - b_1 x(t)\right) dt + \alpha dB_1(t),$$

$$d\log x(t) \leqslant \left(a_1 - \frac{\alpha^2}{2} - b_1 x(t)\right) dt + \alpha dB_1(t). \tag{4.4.11}$$

考虑方程

$$d\Phi(t) = \left(a_1 - \frac{\alpha^2}{2} - b_1 e^{\Phi(t)}\right) dt + \alpha dB_1(t). \tag{4.4.12}$$

当 $a_1 > \frac{\alpha^2}{2}$ 时, 方程 (4.4.12) 有密度 $g_*(\zeta)$ 满足

$$\frac{1}{2}\alpha^2 g_*'(\zeta) = \left(a_1 - \frac{\alpha^2}{2} - b_1 e^\zeta\right) g_*(\zeta). \tag{4.4.13}$$

因此由 (4.4.11) 和 ϵ 的任意性, 可得 $\log x(t)$ 的分布弱收敛到密度 g_* 的概率测度. 因此由 (4.4.13) 可得 $x(t)$ 的分布弱收敛到概率测度, 其密度为

$$f^*(\zeta) = C_2 \zeta^{2(a_1 - \alpha^2/2)/\alpha^2 - 1} e^{-2b_1\zeta/\alpha^2},$$

其中 $C_2 = (2b_1/\alpha^2)^{2(a_1-\alpha^2/2)/\alpha^2}/\Gamma(2(a_1-\alpha^2/2)/\alpha^2)$. 另外由遍历性定理和 (4.4.13) 可得

$$\lim_{t\to\infty}\frac{1}{t}\int_0^t x(s)ds = \int_{-\infty}^{\infty} e^\zeta g_*(\zeta)d\zeta = \int_{-\infty}^{\infty}\frac{a_1-\dfrac{\alpha^2}{2}}{b_1}g_*(\zeta)d\zeta = \frac{a_1-\dfrac{\alpha^2}{2}}{b_1}\quad\text{a.s.}$$

因此情形 (1) 证得.

下面证明情形 (2).

显然

$$d\log x(t) = \left(a_1 - \frac{\alpha^2}{2} - b_1 x(t) - \frac{c_1 y(t)}{m_1 + m_2 x(t) + m_3 y(t)}\right)dt + \alpha dB_1(t)$$

$$\leqslant \left(a_1 - \frac{\alpha^2}{2}\right)dt + \alpha dB_1(t).$$

由于 $a_1 - \dfrac{\alpha^2}{2} < 0$, 则 $\lim_{t\to\infty}\log x(t) = -\infty$, 从而 $\lim_{t\to\infty} x(t) = 0$ a.s. 这表明

$$d\log y(t) = \left(-a_2 - \frac{\beta^2}{2} - b_2 y(t) - \frac{c_2 x(t)}{m_1 + m_2 x(t) + m_3 y(t)}\right)dt + \beta dB_2(t)$$

$$\leqslant -\frac{a_2}{2}dt + \beta dB_2(t).$$

综合以上论证, 由 $a_2 > 0$ 可得 $\lim_{t\to\infty} y(t) = 0$ a.s. □

注记 4.4.3　定理 4.4.5 的情形 (1) 给出了当 $\dfrac{c_2}{m_2} < a_2$ 时, 系统 (4.4.1) 中捕食者灭绝, 食饵持久的情形, 这种现象在系统 (4.0.9) 中也会发生. 但是由定理 4.4.5 情形 (1) 的条件可见, 即使 $\dfrac{c_2}{m_2} > a_2$, 系统 (4.4.1) 的现象仍会发生. 此外, 大的白噪声会使得系统 (4.4.1) 的两种群灭绝 (见定理 4.4.5 的情形 (2)), 这种现象在系统 (4.0.9) 中永远不会出现. 因此, 白噪声带来更多的渐近行为, 在实际中大的白噪声可能是恶劣的天气、严重的传染病等, 这些都可能导致种群灭绝.

例 4.4.2　除白噪声的强度以外, 系统 (4.4.10) 的参数如例 4.4.3 中选取的那样. 假设捕食者遭受大的白噪声干扰, 选取 $\alpha = 0.05, \beta = 0.7$, 则 $0.4 = \dfrac{c_2}{m_2} < a_2 + \dfrac{\beta^2}{2} = 0.445$. 如定理 4.4.5 所述, 捕食者几乎必然会灭绝 (图 4.4.2(b) 的实线), 而食饵在时间均值意义下趋于一个定值, 其为 $\dfrac{a_1-\alpha^2/2}{b_1} \doteq 0.56964$ (图 4.4.3(a) 的实线).

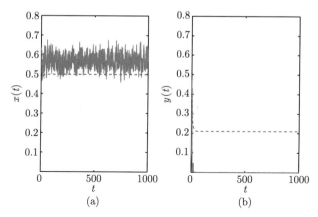

图 4.4.3 系统 (4.4.1) 中的捕食者遭受大的白噪声时系统的解, 而此时系统 (4.0.9) 存在全局渐近稳定的平衡点 $E^*(x^*, y^*)$. 实线表示系统 (4.4.1) 的解, 而虚线表示相应的未扰动系统 (4.0.9) 的解

例 4.4.3 除白噪声的强度以外, 系统 (4.4.10) 的参数如例 4.4.3 中选取的那样. 假设食饵遭受大的白噪声扰动, 选取 $\alpha = 0.9, \beta = 0.07$ 使得 $a_1 < \dfrac{\alpha^2}{2}$. 此时, 捕食者和食饵都几乎必然灭绝 (图 4.4.4 的实线).

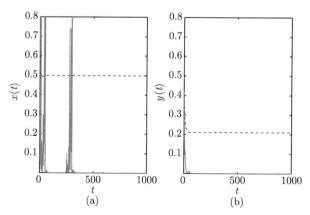

图 4.4.4 系统 (4.4.1) 中的食饵遭受大的白噪声时的解, 而此时系统 (4.0.9) 存在全局渐近稳定的平衡点 $E^*(x^*, y^*)$. 实线表示系统 (4.4.1) 的解, 而虚线表示相应的未扰动系统(4.0.9) 的解

4.5 总 结

这几章主要研究了带随机扰动的单种群模型, Lotka-Volterra 多种群竞争和互

惠模型, 以及带有不同功能反应函数的捕食-食饵模型的渐近行为, 这里的随机扰动主要是白噪声的扰动. 一些学者在种群模型中考虑随机扰动, 并研究其动力学行为 [8, 97, 172, 196]. 特别地, 王克老师在专著 [8] 中介绍了种群生态学中建立随机数学模型的方法, 并介绍了某些重要的随机数学模型和它们的主要处理方法, 以及由随机模型所得到的结论与通常的确定性模型所得到的结论有什么相同和不同之处. 后期, 一些学者在更复杂的种群模型中考虑随机因素的影响, 得到了更加丰富的动力学行为. 文献 [133, 134, 150, 163, 164, 230] 研究了带时滞的 Logistic 模型在随机扰动下的动力学行为, 在模型中除了考虑白噪声的影响, 还考虑了 Levy 噪声和 Markov 转换的影响 [150]. 此外, 另有一些学者对上述模型考虑最优捕获问题 [140, 186, 254], 也有一些研究了带随机扰动的单种群模型在污染环境中的动力学行为 [141, 218]. Lotka-Volterra 模型是很多学者研究的经典模型之一, 其在随机扰动下的渐近行为仍然得到了广泛的关注 [77, 93, 105, 132, 135, 137, 139, 142, 143, 145, 147, 177, 210, 222, 243, 255], 有的在经典的随机 Lotka-Volterra 竞争模型中引入时滞和脉冲等因素, 研究其动力学行为, 并在一定条件下考虑最优捕获问题 [105, 132, 135, 147, 177, 210, 243, 255], 有的主要研究了非自治的多种群随机 Lotka-Volterra 互惠模型周期解的存在性 [77], 还有的则探讨了带脉冲的随机 Lotka-Volterra 互惠模型的渐近行为 [222]. 另外, 一些学者考虑了 Gilpin-Ayala 型竞争模型在随机扰动下的动力学行为, 给出了种群持久和非持久的条件 [108, 146, 160, 237]. 捕食-食饵模型是生态系统中最为常见的模型, 为此很多学者在这方面做了大量的研究工作, 也取得了丰富的研究成果. 学者们考虑了具有不同功能反应函数的捕食-食饵模型在随机扰动下的渐近行为 [28, 107, 109, 138, 166, 202, 214, 238, 241, 242, 256], 探讨了种群的持久性和非持久性、系统平稳分布的存在性、依分布周期解的存在性等. 前面在研究种群的动力学行为中, 给出了系统平稳分布的存在性, 从而揭示了种群持久的条件. 后期一些学者的研究中也探讨了平稳分布的存在性, 相比于这几章平稳分布的存在性, 其常返的区域扩大了, 而条件也减弱了 [107, 257].

第 5 章　随机传染病模型

传染病历来是危害人类健康的大敌. 长期以来, 人类与各种传染病 (如天花、麻疹、疟疾、流感、艾滋病、登革热等) 进行了不屈不挠的斗争. 传染病动力学是对传染病进行理论性定量研究的一种重要方法. 它是根据种群生长的特性, 疾病的发生及在种群内的传播、发展规律, 以及与之有关的社会等因素, 建立能反映传染病动力学特性的数学模型, 通过对模型动力学性态的定性、定量分析和数值模拟, 来显示疾病的发展过程, 揭示其流行规律, 预测其变化发展规律, 分析疾病流行的原因和关键因素, 寻求对其预防和控制的最优策略, 为人们防制决策提供理论基础和数量依据.

用数学模型描述传染病的病理机制已有很长的历史. 开创性的工作是 Bernoulli 提出了通过接种疫苗预防天花 [43]. 标志性的工作见 Bailey 的著作 [29]. 20 世纪初期传染病的研究工作取得了很大的进步, 如 Hamer[76], Ross[190-193] 等的工作. 1927 年, Kermack 和 McKendrick [111] 提出了均匀混合原则——新的染病者正比于群体中的易感者和已感染者的数量, 从而建立了现在熟悉的仓室模型, 目前仍然被广泛应用, 并不断完善, 其为传染病动力学的研究做出了奠基性的贡献. 近二十多年来, 传染病的研究取得了迅速进展, 很多学者在这方面取得了很大的成果, 例如马知恩等 [6, 7] 系统地介绍了流行病动力学的建模思想、典型研究方法和主要研究成果.

Kermack 与 McKendrick 提出的 SIR 模型是传染病模型中最经典、最基本的模型, 用于描述麻疹、乙型肝炎等传染病, 其将生物群体分为易感者类 S、染病者类 I 和移出者类 R 三类 [15, 95]. 很多学者研究了 SIR 模型及其扩展形式 (如在模型中考虑时滞因素、垂直传染、年龄结构等) 的动力学行为 [37, 41, 175, 206, 209, 232]. 此外, 考虑不同的接触形式, 不同性别的数量不同, 以及所在地域的不同等因素, 建立传染病模型时, 将整个群体分成不同的小群体是更加合理的. 从而, 提出了用多群体模型描述的具有不同区域寄主的流行病动力学, 并对不同形式的多群体模型做了大量的研究 [36, 59, 73, 84, 94, 114, 125, 229].

Guo 等 [73] 提出了一个多群体的 SIR 模型, 结合图论知识, 用 Lyapunov 泛函方法, 他们得到了系统有病平衡点的全局稳定性的判据. 设 $S_k(t)$, $I_k(t)$ 和 $R_k(t)$ 分别表示第 k $(k = 1, 2, \cdots, n)$ 个群体在 t 时刻的易感者、染病者和移出者的种群数量. 若不考虑具有免疫力和接种疫苗的部分, 则模型可表示为

$$\begin{cases} \dot{S}_k = \Lambda_k - \sum_{j=1}^{n} \beta_{kj} S_k I_j - d_k^S S_k, \\[2mm] \dot{I}_k = \sum_{j=1}^{n} \beta_{kj} S_k I_j - (d_k^I + \epsilon_k + \gamma_k) I_k, \\[2mm] \dot{R}_k = \gamma_k I_k - d_k^R R_k, \quad k = 1, 2, \cdots, n. \end{cases} \tag{5.0.1}$$

模型中参数意义如下:

Λ_k:　进入第 k 个群体的种群数量;

β_{kj}:　S_k 和 I_j 之间的传染系数;

d_k^S, d_k^I, d_k^R:　分别为第 k 个群体中易感者 S、染病者 I 以及移出者 R 的死亡率;

ϵ_k:　第 k 个群体中疾病带来的死亡率;

γ_k:　第 k 个群体中染病者的恢复率.

假设系统中所有的参数值是非负的, 且 $d_k^S, d_k^I, d_k^R, \Lambda_k > 0$. 由于群体 $R_k, k = 1, 2, \cdots, n$ 的动力学行为对系统的动力学行为没有直接的影响, 故 Guo 等只分析系统 (5.0.1) 中关于 S_k 和 I_k 的 $2n$ 个方程, 即如下系统:

$$\begin{cases} \dot{S}_k = \Lambda_k - \sum_{j=1}^{n} \beta_{kj} S_k I_j - d_k^S S_k, \\[2mm] \dot{I}_k = \sum_{j=1}^{n} \beta_{kj} S_k I_j - (d_k^I + \epsilon_k + \gamma_k) I_k, \quad k = 1, 2, \cdots, n. \end{cases} \tag{5.0.2}$$

Guo 等 [73] 指出系统 (5.0.2) 总存在无病平衡点

$$P_0 = (S_1^0, 0, S_2^0, 0, \cdots, S_n^0, 0),$$

其中

$$S_k^0 = \frac{\Lambda_k}{d_k^S}, \quad k = 1, 2, \cdots, n.$$

令

$R_0 = \rho(M_0)$ 　(表示 M_0 的谱半径),

$$\Gamma = \left\{ (S_1, I_1, \cdots, S_n, I_n) \in \mathbb{R}_+^{2n} : S_k \leqslant \frac{\Lambda_k}{d_k^S}, S_k + I_k \leqslant \frac{\Lambda_k}{d_k^*}, k = 1, 2, \cdots, n \right\},$$

其中 $M_0 = M(S_1^0, S_2^0, \cdots, S_n^0) = \left(\dfrac{\beta_{kj} S_k^0}{d_k^I + \epsilon_k + \gamma_k} \right)_{n \times n}, d_k^* = \min\{d_k^S, d_k^I, d_k^R\}, k = 1, 2, \cdots, n.$ 若矩阵 $B = (\beta_{kj})_{n \times n}$ 是不可约的, 且 $R_0 \leqslant 1$, 则系统 (5.0.2) 存在唯一

平衡点 P_0, 且其在 Γ 内全局渐近稳定; 若矩阵 $B = (\beta_{kj})_{n \times n}$ 不可约, 且 $R_0 > 1$, 则系统 (5.0.2) 存在无病平衡点 P_0 和有病平衡点 P^*, 且无病平衡点 P_0 是不稳定的, 有病平衡点 P^* 在 Γ 内是全局渐近稳定的.

然而, 在实际中, 传染病系统也不可避免受到环境噪声的干扰. 越来越多的研究者在传染病建模中考虑随机因素的影响, 并研究随机传染病模型的动力学行为 [14, 39, 40, 48, 49, 52, 53, 165, 179]. 本章依次考虑系统 (5.0.1) 中不同参数受随机扰动的影响, 主要研究随机系统中疾病何时消失, 何时流行. 确定性传染病模型常常由基本再生数的值来确定系统的疾病何时流行何时消失. 当基本再生数不超过 1 时, 疾病消失; 当基本再生数大于 1, 疾病流行. 本章主要考虑传染病模型中的参数受随机扰动. 此时, 模型一般不存在无病平衡点和有病平衡点. 如何刻画随机系统中的疾病是否能够控制是一个非常有价值的问题. 本章主要探讨随机系统在相应的确定性系统的平衡点附近的动力学行为, 在一定程度上反映疾病的流行与消失. 当随机系统的扩散项是非退化的情形, 给出系统存在平稳分布, 具有遍历性.

5.1 死亡率扰动的 SIR 系统

本节主要考虑自然死亡率受随机扰动的 SIR 系统的动力学行为. 假设第 k 个群体中 S_k, I_k, R_k 的死亡率 d_k^S, d_k^I, d_k^R 不同, 其扰动为

$$d_k^S \longrightarrow d_k^S + \alpha_k \dot{B}_{1k}(t),$$
$$d_k^I \longrightarrow d_k^I + \beta_k \dot{B}_{2k}(t),$$
$$d_k^R \longrightarrow d_k^R + \sigma_k \dot{B}_{3k}(t),$$

其中 $B_{1k}(t), B_{2k}(t), B_{3k}(t), k = 1, 2, \cdots, n$ 是相互独立的标准布朗运动, 且具有初值 $B_{1k}(0) = 0, B_{2k}(0) = 0, B_{3k}(0) = 0$, 白噪声强度分别为 $\alpha_k^2 \geqslant 0, \beta_k^2 \geqslant 0, \sigma_k^2 \geqslant 0$. 为方便起见, 记 $d_k^S \triangleq d_k, d_k^I + \epsilon_k \triangleq \epsilon_k, d_k^R \triangleq \delta_k$, 于是相应于确定性系统 (5.0.1) 的随机系统具有下面的形式:

$$
\begin{cases}
dS_k(t) = \left[\Lambda_k - \displaystyle\sum_{j=1}^{n} \beta_{kj} S_k(t) I_j(t) - d_k S_k(t) \right] dt - \alpha_k S_k(t) dB_{1k}(t), \\
dI_k(t) = \left[\displaystyle\sum_{j=1}^{n} \beta_{kj} S_k(t) I_j(t) - (\epsilon_k + \gamma_k) I_k(t) \right] dt - \beta_k I_k(t) dB_{2k}(t), \\
dR_k(t) = [\gamma_k I_k(t) - \delta_k R_k(t)] dt - \sigma_k R_k(t) dB_{3k}(t), \quad k = 1, 2, \cdots, n.
\end{cases}
\tag{5.1.1}
$$

为方便起见, 本节中设 $Y_1(t) = (S_1(t), I_1(t), R_1(t), \cdots, S_n(t), I_n(t), R_n(t))$.

5.1.1　系统正解的存在唯一性

与研究种群动力学行为一样, 研究传染病的动力学行为, 也首先关心解是否全局存在且是正的. 这里主要利用 Lyapunov 分析方法 [51] 给出 (5.1.1) 存在唯一的全局正解. 对于多群体模型, 主要困难是如何选取合适的参数定义 Lyapunov 函数, 这里通过图论知识给予解决.

定理 5.1.1　若矩阵 $B = (\beta_{kj})_{n \times n}$ 是不可约的, 则对任给的初值 $Y_1(0) \in \mathbb{R}_+^{3n}$, 系统 (5.1.1) 存在唯一的解 $Y_1(t), t \geqslant 0$, 且该解以概率 1 位于 $\mathbb{R}_+^{3n}$ 中.

证明　显然系统 (5.1.1) 的系数满足局部 Lipschitz 条件, 则对任给的初值 $Y_1(0) \in \mathbb{R}_+^{3n}$, 系统 (5.1.1) 存在唯一的局部解 $Y_1(t), t \in [0, \tau_e)$, 其中 τ_e 是爆破时刻. 证明解是全局的, 只需证明 $\tau_e = \infty$ a.s. 设 $m_0 \geqslant 1$ 足够大使得 $Y_1(0)$ 的每个分量都落于区间 $[1/m_0, m_0]$ 中. 设整数 $m \geqslant m_0$, 定义停时

$$
\tau_m = \inf \left\{ t \in [0, \tau_e) : S_i(t) \notin \left(\frac{1}{m}, m\right), \text{ 或者 } I_i(t) \notin \left(\frac{1}{m}, m\right), \right.
$$
$$
\left. \text{ 或者 } R_i(t) \notin \left(\frac{1}{m}, m\right), i = 1, 2, \cdots, n \right\},
$$

其中令 $\inf \varnothing = \infty$. 显然 τ_m 关于 m 是单调递增的. 设 $\tau_\infty = \lim_{m \to \infty} \tau_m$, 则 $\tau_\infty \leqslant \tau_e$ a.s. 若能证得 $\tau_\infty = \infty$ a.s., 则 $\tau_e = \infty$, 且 $Y_1(t) \in \mathbb{R}_+^{3n}, t \geqslant 0$. 换句话说, 完成定理的证明只需证明 $\tau_\infty = \infty$ a.s. 如若不然, 存在常数 T 和 $\epsilon \in (0, 1)$ 使得

$$
P\{\tau_\infty \leqslant T\} > \epsilon.
$$

于是存在整数 $m_1 \geqslant m_0$ 使得对所有的 $m \geqslant m_1$ 满足

$$
P\{\tau_m \leqslant T\} \geqslant \epsilon. \tag{5.1.2}
$$

设 c_k 为 L_B 第 k 个对角元的余子式, 其中 L_B 是 $(\mathcal{G}, B)$ 的 Laplacian 矩阵, 见 (1.5.1). 则由引理 1.5.3 知 $c_k > 0, k = 1, 2, \cdots, n$. 定义 C^2-函数 $V : \mathbb{R}_+^{3n} \to \bar{\mathbb{R}}_+$:

$$
V(S_1, I_1, R_1, \cdots, S_n, I_n, R_n)
$$
$$
= \sum_{k=1}^{n} \left[\left(S_k - ac_k - ac_k \log \frac{S_k}{ac_k} \right) + (I_k - 1 - \log I_k) + (R_k - 1 - \log R_k) \right],
$$

其中 $a > 0$ 是待定的常数. 由于 $u - 1 - \log u \geqslant 0, \forall u > 0$, 则上述函数是非负定的. 由 Itô 公式可得

$$
dV = \sum_{k=1}^{n} \left[\left(1 - \frac{ac_k}{S_k} \right) dS_k + \frac{ac_k}{2S_k^2} (dS_k)^2 + \left(1 - \frac{1}{I_k} \right) dI_k + \frac{1}{2I_k^2} (dI_k)^2 \right]
$$

$$:=LVdt - \sum_{k=1}^{n}[\alpha_k(S_k - ac_k)dB_{1k}(t)$$

$$+ \beta_k(I_k - 1)dB_{2k}(t) + \sigma_k(R_k - 1)dB_{3k}(t)],$$

其中

$$LV = \sum_{k=1}^{n}\left[\left(1 - \frac{ac_k}{S_k}\right)\left(\Lambda_k - \sum_{j=1}^{n}\beta_{kj}S_kI_j - d_kS_k\right) + \frac{ac_k}{2}\alpha_k^2\right]$$

$$+ \sum_{k=1}^{n}\left[\left(1 - \frac{1}{I_k}\right)\left(\sum_{j=1}^{n}\beta_{kj}S_kI_j - (\gamma_k + \epsilon_k)I_k\right) + \frac{1}{2}\beta_k^2\right]$$

$$+ \sum_{k=1}^{n}\left[\left(1 - \frac{1}{R_k}\right)(\gamma_kI_k - \delta_kR_k) + \frac{1}{2}\sigma_k^2\right]$$

$$= \sum_{k=1}^{n}\left(\Lambda_k + ac_kd_k + \gamma_k + \epsilon_k + \delta_k + \frac{ac_k\alpha_k^2}{2} + \frac{\beta_k^2}{2} + \frac{\sigma_k^2}{2} - d_kS_k - \delta_kR_k\right) \quad (5.1.3)$$

$$+ \sum_{k=1}^{n}\left(ac_k\sum_{j=1}^{n}\beta_{kj}I_j - \frac{ac_k\Lambda_k}{S_k} - \sum_{j=1}^{n}\beta_{kj}S_k\frac{I_j}{I_k} - \gamma_k\frac{I_k}{R_k} - \epsilon_kI_k\right)$$

$$\leqslant \sum_{k=1}^{n}\left(\Lambda_k + ac_kd_k + \gamma_k + \epsilon_k + \delta_k + \frac{ac_k\alpha_k^2}{2} + \frac{\beta_k^2}{2} + \frac{\sigma_k^2}{2} - \epsilon_kI_k\right)$$

$$+ \sum_{k=1}^{n}ac_k\sum_{j=1}^{n}\beta_{kj}I_j.$$

由引理 1.5.3 可知

$$\sum_{k=1}^{n}\sum_{j=1}^{n}c_k\beta_{kj}I_j = \sum_{k=1}^{n}\sum_{j=1}^{n}c_k\beta_{kj}I_k,$$

代入 (5.1.3) 可得

$$LV \leqslant \sum_{k=1}^{n}\left(\Lambda_k + ac_kd_k + \gamma_k + \epsilon_k + \delta_k + \frac{ac_k\alpha_k^2}{2} + \frac{\beta_k^2}{2} + \frac{\sigma_k^2}{2}\right)$$

$$- \sum_{k=1}^{n}\left(\epsilon_k - ac_k\sum_{j=1}^{n}\beta_{kj}\right)I_k.$$

取 $a = \min\limits_{1\leqslant k\leqslant n}\left\{\dfrac{\epsilon_k}{c_k\sum\limits_{j=1}^{n}\beta_{kj}}\right\}$ 使得对每个 $k = 1, 2, \cdots, n$ 均满足 $\epsilon_k - ac_k\sum\limits_{j=1}^{n}\beta_{kj} \geqslant 0$,

则

$$LV \leqslant \sum_{k=1}^{n}\left(\Lambda_k + ac_kd_k + \gamma_k + \epsilon_k + \delta_k + \frac{ac_k\alpha_k^2}{2} + \frac{\beta_k^2}{2} + \frac{\sigma_k^2}{2}\right) := \tilde{M}.$$

于是

$$\int_0^{\tau_m \wedge T} dV(Y_1(t)) \leqslant \int_0^{\tau_m \wedge T} \tilde{M} dt$$
$$- \int_0^{\tau_m \wedge T} \sum_{k=1}^n [\alpha_k(S_k(t) - ac_k)dB_{1k}(t)$$
$$+ \beta_k(I_k(t) - 1)dB_{2k}(t) + \sigma_k(R_k(t) - 1)dB_{3k}(t)].$$

从而

$$EV(Y_1(\tau_m \wedge T)) \leqslant E\left[\int_0^{\tau_m \wedge T} \tilde{M} dt\right] \leqslant \tilde{M}T. \tag{5.1.4}$$

令 $\Omega_m = \{\tau_m \leqslant T\}, m \geqslant m_1$. 由 (5.1.2) 可知 $P(\Omega_m) \geqslant \epsilon$, 且对每个 $\omega \in \Omega_m$, 存在某个 i $(1 \leqslant i \leqslant n)$, 使得 $S_i(\tau_m, \omega)$ 或者 $I_i(\tau_m, \omega)$ 或者 $R_i(\tau_m, \omega)$ 等于 m 或者 $\dfrac{1}{m}$. 于是

$$V(Y_1(\tau_m, \omega)) \geqslant (m - 1 - \log m) \wedge \left(\frac{1}{m} - 1 + \log m\right)$$
$$\wedge \min_{1 \leqslant k \leqslant n} \left\{m - ac_k - ac_k \log \frac{m}{ac_k}\right\}$$
$$\wedge \min_{1 \leqslant k \leqslant n} \left\{\frac{1}{m} - ac_k + ac_k \log(ac_k m)\right\}$$
$$:= F(m),$$

其中 $\lim_{m \to \infty} F(m) = \infty$. 从而由 (5.1.2) 和 (5.1.4) 可得

$$\tilde{M}T \geqslant E[1_{\Omega_m} V(Y_1(\tau_m, \omega))] \geqslant \epsilon F(m),$$

其中 1_{Ω_m} 为 Ω_m 的示性函数. 上式中令 $m \to \infty$, 得 $\infty > \tilde{M}T = \infty$, 矛盾. 故必有 $\tau_\infty = \infty$ a.s. $\qquad\square$

5.1.2 系统在 $\tilde{P}_0$ 附近的渐近行为

显然 $\tilde{P}_0 = \left(\dfrac{\Lambda_1}{d_1}, 0, 0, \dfrac{\Lambda_2}{d_2}, 0, 0, \cdots, \dfrac{\Lambda_n}{d_n}, 0, 0\right)$ 是系统 (5.0.1) 的无病平衡点, 但不是系统 (5.1.1) 的平衡点. 对系统 (5.0.1), 若 $R_0 \leqslant 1$, 则其无病平衡点 $\tilde{P}_0$ 是全局稳定的, 这意味着流行病会在一段时间以后消失. 所以, 研究无病平衡点的动力学行为对控制疾病的流行是非常有意义的. 然而系统 (5.1.1) 不存在平衡点, 本小节通过研究系统的解在 P_0 附近的渐近行为, 在一定程度上反映流行病何时消失.

定理 5.1.2 假设矩阵 $B = (\beta_{kj})_{n \times n}$ 不可约. 若 $R_0 = \rho(M_0) \leqslant 1, r_{1k} \triangleq$

$d_k - \alpha_k^2 > 0, r_{2k} \triangleq \gamma_k + \epsilon_k - \dfrac{\beta_k^2}{2} > 0, r_{3k} \triangleq \delta - \dfrac{\sigma_k^2}{2} > 0 \ (k = 1, 2, \cdots, n),$ 则系统 (5.1.1) 初值为 $Y_1(0) \in \mathbb{R}_+^{3n}$ 的解 $Y_1(t)$ 具有性质

$$\limsup_{t \to \infty} \frac{1}{t} \sum_{k=1}^{n} E \int_0^t \left[r_{1k} \left(S_k(s) - S_k^0 \right)^2 + \frac{r_{2k}}{4} I_k^2(s) + \frac{m_k r_{3k}}{2} R_k^2(s) \right] ds$$

$$\leqslant \sum_{k=1}^{n} (ba_k + 1) \left(\frac{\alpha_k \Lambda_k}{d_k} \right)^2,$$

其中 $M_0 = M(S^0) = \left(\dfrac{\beta_{kj} S_k^0}{\epsilon_k + \gamma_k} \right)_{n \times n}, S_k^0 = \dfrac{\Lambda_k}{d_k}, b > 0, a_k > 0, m_k > 0, k = 1, 2, \cdots, n$ 均为定理证明中所定义的常数.

证明 令 $u_k = S_k - \dfrac{\Lambda_k}{d_k}, v_k = I_k, x_k = R_k,$ 则 $v_k \geqslant 0, x_k \geqslant 0.$ 于是系统 (5.1.1) 可写为

$$\begin{cases} du_k(t) = \left[-d_k u_k - \displaystyle\sum_{j=1}^{n} \beta_{kj} \left(u_k + \frac{\Lambda_k}{d_k} \right) v_j \right] dt - \alpha_k \left(u_k + \frac{\Lambda_k}{d_k} \right) dB_{1k}(t), \\[3mm] dv_k(t) = \left[\displaystyle\sum_{j=1}^{n} \beta_{kj} \left(u_k + \frac{\Lambda_k}{d_k} \right) v_j - (\gamma_k + \epsilon_k) v_k \right] dt - \beta_k v_k dB_{2k}(t), \\[3mm] dx_k(t) = (\gamma_k - \delta_k x_k) dt - \sigma_k x_k dB_{3k}(t), \quad k = 1, 2, \cdots, n. \end{cases} \tag{5.1.5}$$

由于矩阵 $B = (\beta_{kj})_{n \times n}$ 是不可约的, 且 $\beta_{kj} \geqslant 0, S_k^0 > 0, \epsilon_k + \gamma_k > 0, k, j = 1, 2, \cdots, n,$ 则矩阵 M_0 是非负不可约的. 所以由引理 1.5.2 可知, 存在相应于 M_0 的特征值 $\rho(M_0)$ 的左特征向量 $(\omega_1, \omega_2, \cdots, \omega_n),$ 且 $\omega_k > 0, k = 1, 2, \cdots, n,$ 即

$$(\omega_1, \omega_2, \cdots, \omega_n) \rho(M_0) = (\omega_1, \omega_2, \cdots, \omega_n) M_0. \tag{5.1.6}$$

设 $V : \mathbb{R}_+^{3n} \longrightarrow \bar{\mathbb{R}}_+$ 为

$$V(u_1, v_1, x_1, \cdots, u_n, v_n, x_n)$$

$$= \frac{1}{2} \sum_{k=1}^{n} (u_k + v_k)^2 + \frac{b}{2} \sum_{k=1}^{n} a_k u_k^2 + b \sum_{k=1}^{n} \frac{\omega_k}{\gamma_k + \epsilon_k} v_k + \frac{1}{2} \sum_{k=1}^{n} m_k x_k^2$$

$$:= V_1 + b(V_2 + V_3) + V_4,$$

其中 $b > 0, a_k > 0, m_k > 0, k = 1, 2, \cdots, n$ 是待定的常数. 利用 Itô 公式分别计算函数 V_1, V_2, V_3 和 V_4 沿着系统 (5.1.5) 的导数, 可得

$$dV_1 = -\sum_{k=1}^{n}(u_k + v_k)[d_k u_k + (\gamma_k + \epsilon_k)v_k]dt$$

$$+ \frac{1}{2}\sum_{k=1}^{n}\left[\alpha_k^2\left(u_k + \frac{\Lambda_k}{d_k}\right)^2 + \beta_k^2 v_k^2\right]dt$$

$$- \sum_{k=1}^{n}(u_k + v_k)\left[\alpha_k\left(u_k + \frac{\Lambda_k}{d_k}\right)dB_{1k}(t) + \beta_k v_k dB_{2k}(t)\right]$$

$$:= LV_1 dt - \sum_{k=1}^{n}(u_k + v_k)\left[\alpha_k\left(u_k + \frac{\Lambda_k}{d_k}\right)dB_{1k}(t) + \beta_k v_k dB_{2k}(t)\right],$$

$$dV_2 = \sum_{k=1}^{n}a_k u_k\left[-d_k u_k - \sum_{j=1}^{n}\beta_{kj}\left(u_k + \frac{\Lambda_k}{d_k}\right)v_j\right]dt$$

$$+ \frac{1}{2}\sum_{k=1}^{n}a_k\alpha_k^2\left(u_k + \frac{\Lambda_k}{d_k}\right)^2 dt - \sum_{k=1}^{n}a_k\alpha_k u_k\left(u_k + \frac{\Lambda_k}{d_k}\right)dB_{1k}(t)$$

$$:= LV_2 dt - \sum_{k=1}^{n}a_k\alpha_k u_k\left(u_k + \frac{\Lambda_k}{d_k}\right)dB_{1k}(t),$$

$$dV_3 = \sum_{k=1}^{n}\frac{\omega_k}{\gamma_k + \epsilon_k}\left[\sum_{j=1}^{n}\beta_{kj}\left(u_k + \frac{\Lambda_k}{d_k}\right)v_j - (\gamma_k + \epsilon_k)v_k\right]dt$$

$$- \sum_{k=1}^{n}\frac{\omega_k\beta_k}{\gamma_k + \epsilon_k}v_k dB_{2k}(t)$$

$$:= LV_3 dt - \sum_{k=1}^{n}\frac{\omega_k\beta_k}{\gamma_k + \epsilon_k}v_k dB_{2k}(t),$$

和

$$dV_4 = \sum_{k=1}^{n}m_k x_k[(\gamma_k - \delta_k x_k)dt - \sigma_k x_k dB_{3k}(t)] + \frac{1}{2}\sum_{k=1}^{n}m_k\sigma_k^2 x_k^2 dt$$

$$:= LV_4 dt - \sum_{k=1}^{n}m_k\sigma_k x_k^2 dB_{3k}(t),$$

其中

$$LV_1 = \sum_{k=1}^{n}(u_k + v_k)[-d_k u_k - (\gamma_k + \epsilon_k)v_k] + \frac{1}{2}\sum_{k=1}^{n}\left[\alpha_k^2\left(u_k + \frac{\Lambda_k}{d_k}\right)^2 + \beta_k^2 v_k^2\right]$$

$$\leqslant \sum_{k=1}^{n}(u_k + v_k)[-d_k u_k - (\gamma_k + \epsilon_k)v_k] + \sum_{k=1}^{n}\left(\alpha_k^2 u_k^2 + \alpha_k^2\frac{\Lambda_k^2}{d_k^2} + \frac{\beta_k^2}{2}v_k^2\right)$$

$$= -\sum_{k=1}^{n}\left[(d_k - \alpha_k^2)u_k^2 + \left(\gamma_k + \epsilon_k - \frac{\beta_k^2}{2}\right)v_k^2\right]$$

$$- \sum_{k=1}^{n} \left[(d_k + \gamma_k + \epsilon_k) u_k v_k - \frac{\alpha_k^2 \Lambda_k^2}{d_k^2} \right],$$

$$LV_2 = \sum_{k=1}^{n} a_k u_k \left[-d_k u_k - \sum_{j=1}^{n} \beta_{kj} \left(u_k + \frac{\Lambda_k}{d_k} \right) v_j \right] + \frac{1}{2} \sum_{k=1}^{n} a_k \alpha_k^2 \left(u_k + \frac{\Lambda_k}{d_k} \right)^2$$

$$\leqslant \sum_{k=1}^{n} a_k u_k \left[-d_k u_k - \sum_{j=1}^{n} \beta_{kj} \left(u_k + \frac{\Lambda_k}{d_k} \right) v_j \right] + \sum_{k=1}^{n} a_k \alpha_k^2 \left(u_k^2 + \frac{\Lambda_k^2}{d_k^2} \right)$$

$$= - \sum_{k=1}^{n} a_k \left[(d_k - \alpha_k^2) u_k^2 + \sum_{j=1}^{n} \beta_{kj} u_k^2 v_j + \sum_{j=1}^{n} \beta_{kj} \frac{\Lambda_k}{d_k} u_k v_j - \frac{\alpha_k^2 \Lambda_k^2}{d_k^2} \right]$$

$$\leqslant - \sum_{k=1}^{n} a_k \left[(d_k - \alpha_k^2) u_k^2 + \sum_{j=1}^{n} \beta_{kj} \frac{\Lambda_k}{d_k} u_k v_j - \frac{\alpha_k^2 \Lambda_k^2}{d_k^2} \right],$$

上面利用了 $u_k^2 v_j \geqslant 0 \ (k, j = 1, 2, \cdots, n)$,

$$LV_3 = \sum_{k=1}^{n} \frac{\omega_k}{\gamma_k + \epsilon_k} \left[\sum_{j=1}^{n} \beta_{kj} \left(u_k + \frac{\Lambda_k}{d_k} \right) v_j - (\gamma_k + \epsilon_k) v_k \right]$$

$$= \sum_{k=1}^{n} \sum_{j=1}^{n} \frac{\omega_k \beta_{kj}}{\gamma_k + \epsilon_k} u_k v_j - \sum_{k=1}^{n} \omega_k v_k + \sum_{k=1}^{n} \sum_{j=1}^{n} \frac{\omega_k \beta_{kj}}{\gamma_k + \epsilon_k} \frac{\Lambda_k}{d_k} v_j$$

和

$$LV_4 = \sum_{k=1}^{n} m_k x_k (\gamma_k v_k - \delta_k x_k) + \frac{1}{2} \sum_{k=1}^{n} m_k \sigma_k^2 x_k^2$$

$$= \sum_{k=1}^{n} m_k \left[\gamma_k v_k x_k - \left(\delta_k - \frac{\sigma_k^2}{2} \right) x_k^2 \right]$$

$$\leqslant \sum_{k=1}^{n} m_k \left[\frac{\gamma_k^2}{2 \left(\delta_k - \frac{\sigma_k^2}{2} \right)} v_k^2 - \frac{1}{2} \left(\delta_k - \frac{\sigma_k^2}{2} \right) x_k^2 \right].$$

由 (5.1.6) 有

$$- \sum_{k=1}^{n} \omega_k v_k + \sum_{k=1}^{n} \sum_{j=1}^{n} \frac{\omega_k \beta_{kj}}{\gamma_k + \epsilon_k} \frac{\Lambda_k}{d_k} v_j$$

$$= - (\omega_1, \omega_2, \cdots, \omega_n) \begin{pmatrix} v_1 \\ v_2 \\ \vdots \\ v_n \end{pmatrix}$$

$$+ (\omega_1, \omega_2, \cdots, \omega_n) \begin{pmatrix} \dfrac{\beta_{11}\dfrac{\Lambda_1}{d_1}}{\gamma_1 + \epsilon_1} & \dfrac{\beta_{12}\dfrac{\Lambda_1}{d_1}}{\gamma_1 + \epsilon_1} & \cdots & \dfrac{\beta_{1n}\dfrac{\Lambda_1}{d_1}}{\gamma_1 + \epsilon_1} \\ \dfrac{\beta_{21}\dfrac{\Lambda_2}{d_2}}{\gamma_2 + \epsilon_2} & \dfrac{\beta_{22}\dfrac{\Lambda_2}{d_2}}{\gamma_2 + \epsilon_2} & \cdots & \dfrac{\beta_{2n}\dfrac{\Lambda_2}{d_2}}{\gamma_2 + \epsilon_2} \\ \vdots & \vdots & & \vdots \\ \dfrac{\beta_{n1}\dfrac{\Lambda_n}{d_n}}{\gamma_n + \epsilon_n} & \dfrac{\beta_{n2}\dfrac{\Lambda_n}{d_n}}{\gamma_n + \epsilon_n} & \cdots & \dfrac{\beta_{nn}\dfrac{\Lambda_n}{d_n}}{\gamma_n + \epsilon_n} \end{pmatrix} \begin{pmatrix} v_1 \\ v_2 \\ \vdots \\ v_n \end{pmatrix}$$

$$:= -\omega v + \omega M_0 v = -\omega v + \rho(M_0)\omega v = (\rho(M_0) - 1)\omega v = (R_0 - 1)\sum_{k=1}^{n} \omega_k v_k.$$

于是当 $R_0 \leqslant 1$ 时,

$$LV_3 \leqslant \sum_{k=1}^{n}\sum_{j=1}^{n} \frac{\omega_k \beta_{kj}}{\gamma_k + \epsilon_k} u_k v_j.$$

所以

$$LV_2 + LV_3$$

$$\leqslant -\sum_{k=1}^{n} a_k \left[(d_k - \alpha_k^2)u_k^2 + \sum_{j=1}^{n} \beta_{kj}\frac{\Lambda_k}{d_k} u_k v_j - \frac{\alpha_k^2 \Lambda_k^2}{d_k^2} \right] + \sum_{k=1}^{n}\sum_{j=1}^{n} \frac{\omega_k \beta_{kj}}{\gamma_k + \epsilon_k} u_k v_j$$

$$= -\sum_{k=1}^{n} a_k \left[(d_k - \alpha_k^2)u_k^2 - \frac{\alpha_k^2 \Lambda_k^2}{d_k^2} \right] - \sum_{k=1}^{n}\sum_{j=1}^{n} \beta_{kj}\left(\frac{a_k \Lambda_k}{d_k} - \frac{\omega_k}{\gamma_k + \epsilon_k} \right) u_k v_j.$$

选取 $a_k = \dfrac{d_k \omega_k}{\Lambda_k(\gamma_k + \epsilon_k)}, k = 1, 2, \cdots, n$ 使得 $\dfrac{a_k \Lambda_k}{d_k} - \dfrac{\omega_k}{\gamma_k + \epsilon_k} = 0.$ 从而

$$LV_2 + LV_3 \leqslant -\sum_{k=1}^{n} a_k \left[(d_k - \alpha_k^2) u_k^2 - \frac{\alpha_k^2 \Lambda_k^2}{d_k^2} \right].$$

因此

$$LV_1 + b(LV_2 + LV_3)$$

$$\leqslant -\sum_{k=1}^{n} \left[(ba_k + 1)(d_k - \alpha_k^2)u_k^2 + \left(\gamma_k + \epsilon_k - \frac{\beta_k^2}{2} \right) v_k^2 \right]$$

$$- \sum_{k=1}^{n} \left[(d_k + \gamma_k + \epsilon_k)u_k v_k - (ba_k + 1)\frac{\alpha_k^2 \Lambda_k^2}{d_k^2} \right]$$

$$\leqslant -\sum_{k=1}^{n} \left[(ba_k + 1)(d_k - \alpha_k^2) - \frac{2(d_k + \gamma_k + \epsilon_k)^2}{\gamma_k + \epsilon_k - \dfrac{\beta_k^2}{2}} \right] u_k^2$$

$$-\sum_{k=1}^{n}\left[\frac{1}{2}\left(\gamma_k+\epsilon_k-\frac{\beta_k^2}{2}\right)v_k^2-(ba_k+1)\frac{\alpha_k^2\Lambda_k^2}{d_k^2}\right].$$

取 $b=\max\limits_{1\leqslant k\leqslant n}\left\{\dfrac{2(d_k+\gamma_k+\epsilon_k)}{a_k(d_k-\alpha_k^2)(\gamma_k+\epsilon_k-\beta_k^2/2)}\right\}$，则对每个 $k=1,2,\cdots,n$ 均满足

$$ba_k(d_k-\alpha_k^2)-\frac{2(d_k+\gamma_k+\epsilon_k)^2}{\gamma_k+\epsilon_k-\beta_k^2/2}\geqslant 0.$$

于是

$$LV_1+b(LV_2+LV_3)$$
$$\leqslant-\sum_{k=1}^{n}\left[(d_k-\alpha_k^2)u_k^2+\frac{1}{2}\left(\gamma_k+\epsilon_k-\frac{\beta_k^2}{2}\right)v_k^2-(ba_k+1)\frac{\alpha_k^2\Lambda_k^2}{d_k^2}\right].$$

从而

$$LV =LV_1+b(LV_2+LV_3)+LV_4$$
$$\leqslant-\sum_{k=1}^{n}\left[(d_k-\alpha_k^2)u_k^2+\frac{1}{2}\left(\gamma_k+\epsilon_k-\frac{\beta_k^2}{2}-\frac{m_k\gamma_k^2}{\delta_k-\sigma_k^2/2}\right)v_k^2\right.$$
$$\left.+\frac{m_k}{2}\left(\delta_k-\frac{\sigma_k^2}{2}\right)x_k^2-(ba_k+1)\frac{\alpha_k^2\Lambda_k^2}{d_k^2}\right].$$

取 $m_k=\dfrac{1}{2\gamma_k^2}\left(\delta_k-\dfrac{\sigma_k^2}{2}\right)\left(\gamma_k+\epsilon_k-\dfrac{\beta_k^2}{2}\right)$ 使得

$$\frac{m_k\gamma_k^2}{\delta_k-\sigma_k^2/2}=\frac{1}{2}\left(\gamma_k+\epsilon_k-\frac{\beta_k^2}{2}\right),\quad k=1,2,\cdots,n,$$

则

$$LV\leqslant-\sum_{k=1}^{n}\left[(d_k-\alpha_k^2)u_k^2+\frac{1}{4}\left(\gamma_k+\epsilon_k-\frac{\beta_k^2}{2}\right)v_k^2\right.$$
$$\left.+\frac{m_k}{2}\left(\delta_k-\frac{\sigma_k^2}{2}\right)x_k^2-(ba_k+1)\frac{\alpha_k^2\Lambda_k^2}{d_k^2}\right].$$

因而

$$dV\leqslant-\sum_{k=1}^{n}\left[(d_k-\alpha_k^2)u_k^2+\frac{1}{4}\left(\gamma_k+\epsilon_k-\frac{\beta_k^2}{2}\right)v_k^2+\frac{m_k}{2}\left(\delta_k-\frac{\sigma_k^2}{2}\right)x_k^2\right.$$
$$\left.-(ba_k+1)\frac{\alpha_k^2\Lambda_k^2}{d_k^2}\right]dt-\sum_{k=1}^{n}\alpha_k\left(u_k+\frac{\Lambda_k}{d_k}\right)[(1+ba_k)u_k+v_k]dB_{1k}$$
$$-\sum_{k=1}^{n}\beta_k v_k\left(u_k+v_k+\frac{b\omega_k}{\gamma_k+\epsilon_k}\right)dB_{2k}-\sum_{k=1}^{n}m_k\sigma_k x_k^2 dB_{3k}.$$

上式从 0 到 t 积分, 并且对等式两边取数学期望, 可得

$$
\begin{aligned}
E[V(t)] - V(0) \leqslant &-\sum_{k=1}^{n} E \int_0^t \left[(d_k - \alpha_k^2) u_k^2(s) + \frac{1}{4} \left(\gamma_k + \epsilon_k - \frac{\beta_k^2}{2} \right) v_k^2(s) \right. \\
&\left. + \frac{m_k}{2} \left(\delta_k - \frac{\sigma_k^2}{2} \right) x_k^2(s) - (ba_k + 1) \frac{\alpha_k^2 \Lambda_k^2}{d_k^2} \right] ds.
\end{aligned}
$$

因此

$$
\begin{aligned}
\limsup_{t \to \infty} \frac{1}{t} \sum_{k=1}^{n} E \int_0^t &\left[(d_k - \alpha_k^2) u_k^2(s) + \frac{1}{4} \left(\gamma_k + \epsilon_k - \frac{\beta_k^2}{2} \right) v_k^2(s) \right. \\
&\left. + \frac{m_k}{2} \left(\delta_k - \frac{\sigma_k^2}{2} \right) x_k^2(s) \right] ds \\
\leqslant \sum_{k=1}^{n} &(ba_k + 1) \frac{\alpha_k^2 \Lambda_k^2}{d_k^2}.
\end{aligned}
$$

定理 5.1.2 得证. $\qquad\qquad\qquad\qquad\qquad\qquad\qquad\qquad\qquad\qquad$ $\square$

　　注记 5.1.1　定理 5.1.2 表明在一定条件下, 系统 (5.1.1) 的解会围绕系统 (5.0.1) 的无病平衡点振动, 且振动的大小正比于白噪声 $\dot{B}_{1k}(t), k = 1, 2, \cdots, n$ 的强度 α_k^2 的大小. 从生物学角度解释, 若 S_k 受白噪声影响越小, 则系统 (5.1.1) 的解会越接近系统 (5.0.1) 的无病平衡点.

　　此外, 若 $\alpha_k = 0, k = 1, 2, \cdots, n$, 则 E_0 也是系统 (5.1.1) 的无病平衡点. 由定理 5.1.2 的证明可得

$$
LV \leqslant -\sum_{k=1}^{n} \left[(d_k - \alpha_k^2) u_k^2 + \frac{1}{4} \left(\gamma_k + \epsilon_k - \frac{\beta_k^2}{2} \right) v_k^2 + \frac{m_k}{2} \left(\delta_k - \frac{\sigma_k^2}{2} \right) x_k^2 \right].
$$

当 $d_k > \alpha_k^2, \gamma_k + \epsilon_k > \frac{\beta_k^2}{2}, \delta_k > \frac{\sigma_k^2}{2}, k = 1, 2, \cdots, n$ 时, 其为负定的. 因此根据定理 1.2.8 可得系统 (5.1.1) 的无病平衡点 E_0 是大范围随机渐近稳定的.

5.1.3　系统的遍历性

　　研究流行病动力学, 除了关心疾病何时消失, 也关心疾病何时流行, 在种群中长期存在. 对于确定性模型, 此问题常常通过给出有病平衡点是一个全局吸引子或者是全局渐近稳定的给予解决. 但是, 随机系统 (5.1.1) 不存在有病平衡点. 这里探求系统的某种弱稳定性. 本节利用 Khas'minskii [81] 的理论给出系统存在平稳分布, 反映疾病是否流行.

　　系统 (5.1.1) 可以写出如系统 (1.4.1) 的形式

$$d \begin{pmatrix} S_1(t) \\ I_1(t) \\ R_1(t) \\ \vdots \\ S_n(t) \\ I_n(t) \\ R_n(t) \end{pmatrix} = \begin{pmatrix} \Lambda_1 - \sum\limits_{j=1}^{n} \beta_{1j} S_1(t) I_j(t) - d_1 S_1(t) \\ \sum\limits_{j=1}^{n} \beta_{1j} S_1(t) I_j(t) - (\epsilon_1 + \gamma_1) I_1(t) \\ \gamma_1 I_1(t) - \delta_1 R_1(t) \\ \vdots \\ \Lambda_n - \sum\limits_{j=1}^{n} \beta_{nj} S_n(t) I_j(t) - d_n S_n(t) \\ \sum\limits_{j=1}^{n} \beta_{nj} S_n(t) I_j(t) - (\epsilon_n + \gamma_n) I_n(t) \\ \gamma_n I_n(t) - \delta_n R_n(t) \end{pmatrix} dt$$

$$+ \begin{pmatrix} -\alpha_1 S_1(t) \\ 0 \\ 0 \\ \vdots \\ 0 \\ 0 \\ 0 \end{pmatrix} dB_{11}(t) + \begin{pmatrix} 0 \\ -\beta_1 I_1(t) \\ 0 \\ \vdots \\ 0 \\ 0 \\ 0 \end{pmatrix} dB_{21}(t)$$

$$+ \begin{pmatrix} 0 \\ 0 \\ -\sigma_1 R_1(t) \\ \vdots \\ 0 \\ 0 \\ 0 \end{pmatrix} dB_{31}(t) + \cdots + \begin{pmatrix} 0 \\ 0 \\ 0 \\ \vdots \\ -\alpha_n S_n(t) \\ 0 \\ 0 \end{pmatrix} dB_{1n}(t)$$

$$+ \begin{pmatrix} 0 \\ 0 \\ 0 \\ \vdots \\ 0 \\ -\beta_n I_n(t) \\ 0 \end{pmatrix} dB_{2n}(t) + \begin{pmatrix} 0 \\ 0 \\ 0 \\ \vdots \\ 0 \\ 0 \\ -\sigma_n R_n(t) \end{pmatrix} dB_{3n}(t),$$

其相应的扩散阵为

$$A = \mathrm{diag}\left(\alpha_1^2 S_1^2, \beta_1^2 I_1^2, \sigma_1^2 R_1^2, \cdots, \alpha_n^2 S_n^2, \beta_n^2 I_n^2, \sigma_n^2 R_n^2 \right).$$

注记 5.1.2　类似互惠系统可得系统(5.1.1)的解 $Y_1(t)$ 是 $\mathbb{R}^{3n}_+$ 中的自治Markov过程.

定理 5.1.3　假设矩阵 $B = (\beta_{kj})_{n \times n}$ 是不可约的, 且 $R_0 = \rho(M_0) > 1$. 若 $0 < \alpha_k^2 < d_k, 0 < \beta_k^2 < \gamma_k + \epsilon_k, 0 < \sigma_k^2 < \delta_k \ (k = 1, 2, \cdots, n)$ 使得

$$\delta < \min_{1 \leqslant k \leqslant n} \left\{ \frac{\bar{c}_k}{2}(d_k - \alpha_k^2)S_k^*, \frac{b_k}{4}(\epsilon_k + \gamma_k - \beta_k^2)(I_k^*)^2, \frac{m_k}{2}(\delta_k - \sigma_k^2)(R_k^*)^2 \right\},$$

则对任意的初值 $Y_1(0) \in \mathbb{R}^{3n}_+$, 系统 (5.1.1) 存在不变分布 $\mu(\cdot)$, 且是遍历的, 其中

$$M_0 = M(S^0) = \left(\frac{\beta_{kj}S_k^0}{\epsilon_k + \gamma_k} \right)_{n \times n}, S_k^0 = \frac{\Lambda_k}{d_k},$$

$$\delta = \sum_{k=1}^{n} \left[\left(\frac{a+2}{2}\bar{c}_k + b_k S_k^* \right) S_k^* \alpha_k^2 + \left(\frac{a+1}{2}\bar{c}_k + b_k I_k^* \right) I_k^* \beta_k^2 + m_k (R_k^*)^2 \sigma_k^2 \right],$$

$\tilde{P}^* = (S_1^*, I_1^*, R_1^*, \cdots, S_n^*, I_n^*, R_n^*)$ 是系统 (5.0.1) 的有病平衡点, $\bar{c}_k$ 是 $L_{\bar{B}}$ 的第 k 个对角元的余子式, $\bar{B} = (\bar{\beta}_{kj})_{n \times n} = (\beta_{kj}S_k^*I_j^*)_{n \times n}, b_k > 0, m_k > 0, k = 1, 2, \cdots, n$ 如定理证明中所定义.

证明　由于 $R_0 > 1$, 则系统 (5.0.1) 存在有病平衡点 $\tilde{P}^*$ 满足

$$\begin{aligned} \sum_{j=1}^{n} \beta_{kj} S_k^* I_j^* + d_k S_k^* &= \Lambda_k, \\ \sum_{j=1}^{n} \beta_{kj} S_k^* I_j^* &= (\epsilon_k + \gamma_k) I_k^*. \end{aligned} \tag{5.1.7}$$

定义 $V : \mathbb{R}^{3n}_+ \longrightarrow \bar{\mathbb{R}}_+$ 为

$$\begin{aligned} &V(S_1, I_1, R_1, \cdots, S_n, I_n, R_n) \\ =\ & a \sum_{k=1}^{n} \bar{c}_k \left(S_k - S_k^* - S_k^* \log \frac{S_k}{S_k^*} + I_k - I_k^* - I_k^* \log \frac{I_k}{I_k^*} \right) \\ & + \sum_{k=1}^{n} \bar{c}_k \left(I_k - I_k^* - \log \frac{I_k}{I_k^*} \right) + \frac{1}{2} \sum_{k=1}^{n} b_k (S_k - S_k^* + I_k - I_k^*)^2 \\ & + \frac{1}{2} \sum_{k=1}^{n} l_k (S_k - S_k^*)^2 + \frac{1}{2} \sum_{k=1}^{n} m_k (R_k - R_k^*)^2 \\ :=\ & aV_1 + V_2 + V_3 + V_4 + V_5, \end{aligned}$$

其中 $a > 0, b_k > 0, m_k > 0, l_k > 0, k = 1, 2, \cdots, n$ 是待定的常数. 由引理 1.5.2 可知, $\bar{c}_k > 0$, 则函数 V 是正定的. 利用 Itô 公式计算

$$dV_1 = \sum_{k=1}^{n} \bar{c}_k \left(1 - \frac{S_k^*}{S_k}\right) \left[\left(\Lambda_k - \sum_{j=1}^{n} \beta_{kj} S_k I_j - d_k S_k\right) dt - \alpha_k S_k dB_{1k}(t)\right]$$

$$+ \sum_{k=1}^{n} \bar{c}_k \left(1 - \frac{I_k^*}{I_k}\right) \left[\left(\sum_{j=1}^{n} \beta_{kj} S_k I_j - (\epsilon_k + \gamma_k) I_k\right) dt - \beta_k I_k dB_{2k}(t)\right]$$

$$+ \frac{1}{2} \sum_{k=1}^{n} \bar{c}_k S_k^* \alpha_k^2 dt + \frac{1}{2} \sum_{k=1}^{n} \bar{c}_k I_k^* \beta_k^2 dt$$

$$:= LV_1 dt - \sum_{k=1}^{n} \bar{c}_k [\alpha_k (S_k - S_k^*) dB_{1k}(t) + \beta_k (I_k - I_k^*) dB_{2k}(t)],$$

$$dV_2 = \sum_{k=1}^{n} \bar{c}_k \left(1 - \frac{I_k^*}{I_k}\right) \left[\left(\sum_{j=1}^{n} \beta_{kj} S_k I_j - (\epsilon_k + \gamma_k) I_k\right) dt - \beta_k I_k dB_{2k}(t)\right]$$

$$+ \sum_{k=1}^{n} \frac{\bar{c}_k}{2} I_k^* \beta_k^2 dt$$

$$:= LV_2 dt - \sum_{k=1}^{n} \bar{c}_k \beta_k (I_k - I_k^*) dB_{2k}(t),$$

$$dV_3 = \sum_{k=1}^{n} b_k (S_k - S_k^* + I_k - I_k^*) \left[(\Lambda_k - d_k S_k - (\epsilon_k + \gamma_k) I_k) dt\right.$$

$$\left. - \alpha_k S_k dB_{1k}(t) - \beta_k I_k dB_{2k}(t)\right] + \frac{1}{2} \sum_{k=1}^{n} b_k (\alpha_k^2 S_k^2 + \beta_k^2 I_k^2)$$

$$:= LV_3 dt - \sum_{k=1}^{n} b_k (S_k - S_k^* + I_k - I_k^*)[\alpha_k S_k dB_{1k}(t) + \beta_k I_k dB_{2k}(t)],$$

$$dV_4 = \sum_{k=1}^{n} l_k (S_k - S_k^*) \left[\left(\Lambda_k - \sum_{j=1}^{n} \beta_{kj} S_k I_j - d_k S_k\right) dt - \alpha_k S_k dB_{1k}(t)\right]$$

$$+ \frac{1}{2} \sum_{k=1}^{n} l_k \alpha_k^2 S_k^2$$

$$:= LV_4 dt - \sum_{k=1}^{n} l_k \alpha_k S_k (S_k - S_k^*) dB_{1k}(t)$$

和

$$dV_5 = \sum_{k=1}^{n} m_k (R_k - R_k^*)[(\gamma_k I_k - \delta_k R_k) dt - \sigma_k R_k dB_{3k}(t)] + \frac{1}{2} \sum_{k=1}^{n} m_k \sigma_k^2 R_k^2$$

$$:= LV_5 dt - \sum_{k=1}^{n} m_k \sigma_k R_k (R_k - R_k^*) dB_{3k}(t),$$

其中

$$
\begin{aligned}
LV_1 =& \sum_{k=1}^{n} \bar{c}_k \left(1 - \frac{S_k^*}{S_k} \right) \left(\Lambda_k - \sum_{j=1}^{n} \beta_{kj} S_k I_j - d_k S_k \right) + \sum_{k=1}^{n} \frac{\bar{c}_k \alpha_k^2}{2} S_k^* \\
&+ \sum_{k=1}^{n} \bar{c}_k \left(1 - \frac{I_k^*}{I_k} \right) \left[\sum_{j=1}^{n} \beta_{kj} S_k I_j - (\epsilon_k + \gamma_k) I_k \right] + \sum_{k=1}^{n} \frac{\bar{c}_k \beta_k^2}{2} I_k^* \\
=& \sum_{k=1}^{n} \bar{c}_k \left(1 - \frac{S_k^*}{S_k} \right) \left[\sum_{j=1}^{n} \bar{\beta}_{kj} \left(1 - \frac{S_k I_j}{S_k^* I_j^*} \right) - d_k (S_k - S_k^*) \right] + \sum_{k=1}^{n} \frac{\bar{c}_k \alpha_k^2}{2} S_k^* \\
&+ \sum_{k=1}^{n} \bar{c}_k \left(1 - \frac{I_k^*}{I_k} \right) \left(\sum_{j=1}^{n} \bar{\beta}_{kj} \frac{S_k I_j}{S_k^* I_j^*} - \sum_{j=1}^{n} \bar{\beta}_{kj} \frac{I_k}{I_k^*} \right) + \sum_{k=1}^{n} \frac{\bar{c}_k \beta_k^2}{2} I_k^* \\
=& \sum_{k=1}^{n} \bar{c}_k \left[\sum_{j=1}^{n} \bar{\beta}_{kj} - \sum_{j=1}^{n} \bar{\beta}_{kj} \frac{S_k}{S_k^*} + \sum_{j=1}^{n} \bar{\beta}_{kj} \frac{I_j}{I_j^*} - d_k \frac{(S_k - S_k^*)^2}{S_k} \right] \\
&+ \sum_{k=1}^{n} \bar{c}_k \left(- \sum_{j=1}^{n} \bar{\beta}_{kj} \frac{S_k I_j I_k^*}{S_k^* I_j^* I_k} - \sum_{j=1}^{n} \bar{\beta}_{kj} \frac{I_k}{I_k^*} + \sum_{j=1}^{n} \bar{\beta}_{kj} \right) \\
&+ \sum_{k=1}^{n} \frac{\bar{c}_k \alpha_k^2}{2} S_k^* + \sum_{k=1}^{n} \frac{\bar{c}_k \beta_k^2}{2} I_k^* \\
=& \sum_{k=1}^{n} \bar{c}_k \left[- d_k \frac{(S_k - S_k^*)^2}{S_k} + \left(\sum_{j=1}^{n} \bar{\beta}_{kj} \frac{I_j}{I_j^*} - \sum_{j=1}^{n} \bar{\beta}_{kj} \frac{I_k}{I_k^*} \right) \right. \\
&\left. + \left(2 \sum_{j=1}^{n} \bar{\beta}_{kj} - \sum_{j=1}^{n} \bar{\beta}_{kj} \frac{S_k^*}{S_k} - \sum_{j=1}^{n} \bar{\beta}_{kj} \frac{S_k I_j I_k^*}{S_k^* I_j^* I_k} \right) + \frac{\alpha_k^2}{2} S_k^* + \frac{\beta_k^2}{2} I_k^* \right], \quad (5.1.8)
\end{aligned}
$$

$$
\begin{aligned}
LV_2 =& \sum_{k=1}^{n} \bar{c}_k \left(1 - \frac{I_k^*}{I_k} \right) \left(\sum_{j=1}^{n} \beta_{kj} S_k I_j - (\gamma_k + \epsilon_k) I_k \right) + \sum_{k=1}^{n} \frac{\bar{c}_k \beta_k^2}{2} I_k^* \\
=& \sum_{k=1}^{n} \bar{c}_k \left(1 - \frac{I_k^*}{I_k} \right) \left(\sum_{j=1}^{n} \bar{\beta}_{kj} \frac{S_k I_j}{S_k^* I_j^*} - \sum_{j=1}^{n} \bar{\beta}_{kj} \frac{I_k}{I_k^*} \right) + \sum_{k=1}^{n} \frac{\bar{c}_k \beta_k^2}{2} I_k^* \\
=& \sum_{k=1}^{n} \bar{c}_k \left(\sum_{j=1}^{n} \bar{\beta}_{kj} \frac{S_k I_j}{S_k^* I_j^*} - \sum_{j=1}^{n} \bar{\beta}_{kj} \frac{I_k}{I_k^*} \right. \\
&\left. - \sum_{j=1}^{n} \bar{\beta}_{kj} \frac{S_k I_j I_k^*}{S_k^* I_j^* I_k} + \sum_{j=1}^{n} \bar{\beta}_{kj} + \frac{\beta_k^2}{2} I_k^* \right), \quad (5.1.9)
\end{aligned}
$$

$$LV_3 = \sum_{k=1}^{n} b_k(S_k - S_k^* + I_k - I_k^*)[\Lambda_k - d_k S_k - (\epsilon_k + \gamma_k)I_k]$$

$$+ \sum_{k=1}^{n} b_k \left(\frac{\alpha_k^2}{2} S_k^2 + \frac{\beta_k^2}{2} I_k^2 \right)$$

$$= \sum_{k=1}^{n} b_k(S_k - S_k^* + I_k - I_k^*)[-d_k(S_k - S_k^*) - (\epsilon_k + \gamma_k)(I_k - I_k^*)]$$

$$+ \sum_{k=1}^{n} b_k \left(\frac{\alpha_k^2}{2} S_k^2 + \frac{\beta_k^2}{2} I_k^2 \right)$$

$$\leqslant - \sum_{k=1}^{n} b_k[d_k(S_k - S_k^*)^2 + (\epsilon_k + \gamma_k)(I_k - I_k^*)^2]$$

$$- \sum_{k=1}^{n} b_k(\gamma_k + d_k + \epsilon_k)(S_k - S_k^*)(I_k - I_k^*)$$

$$+ \sum_{k=1}^{n} b_k \alpha_k^2[(S_k - S_k^*)^2 + (S_k^*)^2] + \sum_{k=1}^{n} b_k \beta_k^2[(I_k - I_k^*)^2 + (I_k^*)^2]$$

$$= - \sum_{k=1}^{n} b_k[(d_k - \alpha_k^2)(S_k - S_k^*)^2 + (\epsilon_k + \gamma_k - \beta_k^2)(I_k - I_k^*)^2]$$

$$- \sum_{k=1}^{n} b_k(\gamma_k + d_k + \epsilon_k)(S_k - S_k^*)(I_k - I_k^*) + \sum_{k=1}^{n} b_k[\alpha_k^2(S_k^*)^2 + \beta_k^2(I_k^*)^2]$$

$$\leqslant - \sum_{k=1}^{n} b_k \left[d_k - \alpha_k^2 - \frac{(d_k + \gamma_k + \epsilon_k)^2}{2(\gamma_k + d_k + \epsilon_k - \beta_k^2)} \right] (S_k - S_k^*)^2$$

$$- \sum_{k=1}^{n} \frac{b_k}{2}(\epsilon_k + \gamma_k - \beta_k^2)(I_k - I_k^*)^2 + \sum_{k=1}^{n} b_k[\alpha_k^2(S_k^*)^2 + \beta_k^2(I_k^*)^2],$$

$$LV_4 = \sum_{k=1}^{n} l_k(S_k - S_k^*) \left(\Lambda_k - \sum_{j=1}^{n} \beta_{kj} S_k I_j - d_k S_k \right) + \sum_{k=1}^{n} \frac{l_k \alpha_k^2}{2} S_k^2$$

$$= \sum_{k=1}^{n} l_k(S_k - S_k^*) \left[\sum_{j=1}^{n} \beta_{kj}(S_k^* I_j^* - S_k I_j) - d_k(S_k - S_k^*) \right] + \sum_{k=1}^{n} \frac{l_k \alpha_k^2}{2} S_k^2$$

$$= - \sum_{k=1}^{n} \sum_{j=1}^{n} l_k \beta_{kj} S_k^*(S_k - S_k^*)(I_j - I_j^*) - \sum_{k=1}^{n} \sum_{j=1}^{n} l_k \beta_{kj}(S_k - S_k^*)^2 I_j$$

$$- \sum_{k=1}^{n} l_k d_k(S_k - S_k^*)^2 + \sum_{k=1}^{n} \frac{l_k \alpha_k^2}{2} S_k^2$$

$$\leqslant -\sum_{k=1}^{n}\sum_{j=1}^{n} l_k \beta_{kj} S_k^* (S_k - S_k^*)(I_j - I_j^*)$$
$$- \sum_{k=1}^{n} l_k (d_k - \alpha_k^2)(S_k - S_k^*)^2 + \sum_{k=1}^{n} l_k (S_k^*)^2 \alpha_k^2$$

和

$$LV_5 = \sum_{k=1}^{n} m_k (R_k - R_k^*)(\gamma_k I_k - \delta_k R_k) + \sum_{k=1}^{n} \frac{m_k \sigma_k^2}{2} R_k^2$$
$$= \sum_{k=1}^{n} m_k (R_k - R_k^*)[\gamma_k(I_k - I_k^*) - \delta_k(R_k - R_k^*)] + \sum_{k=1}^{n} \frac{m_k \sigma_k^2}{2} R_k^2$$
$$\leqslant \sum_{k=1}^{n} m_k \gamma_k (I_k - I_k^*)(R_k - R_k^*)$$
$$- \sum_{k=1}^{n} m_k (\delta_k - \sigma_k^2)(R_k - R_k^*)^2 + \sum_{k=1}^{n} m_k (R_k^*)^2 \sigma_k^2$$
$$\leqslant \sum_{k=1}^{n} \frac{m_k \gamma_k^2}{2(\delta_k - \sigma_k^2)}(I_k - I_k^*)^2$$
$$- \frac{1}{2} \sum_{k=1}^{n} m_k (\delta_k - \sigma_k^2)(R_k - R_k^*)^2 + \sum_{k=1}^{n} m_k (R_k^*)^2 \sigma_k^2,$$

以上利用了 (5.1.7) 和不等式 $(x+y)^2 \leqslant 2(x^2 + y^2)$. 由引理 1.5.3 可知

$$\sum_{k=1}^{n} \bar{c}_k \left(\sum_{j=1}^{n} \bar{\beta}_{kj} \frac{I_j}{I_j^*} - \sum_{j=1}^{n} \bar{\beta}_{kj} \frac{I_k}{I_k^*} \right) = 0,$$
$$\sum_{k=1}^{n} \bar{c}_k \left(\sum_{j=1}^{n} \bar{\beta}_{kj} \log \frac{I_j}{I_j^*} - \sum_{j=1}^{n} \bar{\beta}_{kj} \log \frac{I_k}{I_k^*} \right) = 0. \tag{5.1.10}$$

另外, 由于 $a - 1 - \log a \geqslant 0, \forall\, a > 0$, 则

$$\sum_{j=1}^{n} \bar{\beta}_{kj} \frac{S_k^*}{S_k} \geqslant \sum_{j=1}^{n} \bar{\beta}_{kj} \left(1 + \log \frac{S_k^*}{S_k} \right), \tag{5.1.11}$$

$$\sum_{j=1}^{n} \bar{\beta}_{kj} \frac{S_k I_j I_k^*}{S_k^* I_j^* I_k} \geqslant \sum_{j=1}^{n} \bar{\beta}_{kj} \left(1 + \log \frac{S_k I_j I_k^*}{S_k^* I_j^* I_k} \right)$$
$$= \sum_{j=1}^{n} \bar{\beta}_{kj} \left(1 + \log \frac{S_k}{S_k^*} + \log \frac{I_j}{I_j^*} + \log \frac{I_k^*}{I_k} \right). \tag{5.1.12}$$

把 (5.1.10)—(5.1.12) 代入 (5.1.8), 可得

$$LV_1 \leqslant \sum_{k=1}^{n} \bar{c}_k \left[-d_k \frac{(S_k - S_k^*)^2}{S_k} + 2 \sum_{j=1}^{n} \bar{\beta}_{kj} - \sum_{j=1}^{n} \bar{\beta}_{kj} \left(1 + \log \frac{S_k^*}{S_k} \right) \right.$$

$$\left. - \sum_{j=1}^{n} \bar{\beta}_{kj} \left(1 + \log \frac{S_k}{S_k^*} + \log \frac{I_j}{I_j^*} + \log \frac{I_k^*}{I_k} \right) + \frac{\alpha_k^2}{2} S_k^* + \frac{\beta_k^2}{2} I_k^* \right]$$

$$= \sum_{k=1}^{n} \bar{c}_k \left[-d_k \frac{(S_k - S_k^*)^2}{S_k} - \sum_{j=1}^{n} \bar{\beta}_{kj} \left(\log \frac{I_j}{I_j^*} - \log \frac{I_k}{I_k^*} \right) + \frac{\alpha_k^2}{2} S_k^* + \frac{\beta_k^2}{2} I_k^* \right]$$

$$= \sum_{k=1}^{n} \bar{c}_k \left[-d_k \frac{(S_k - S_k^*)^2}{S_k} + \frac{\alpha_k^2}{2} S_k^* + \frac{\beta_k^2}{2} I_k^* \right],$$

其中最后一个等式利用了(5.1.10). 将(5.1.12) 代入(5.1.9), 并结合(5.1.10) 和 (5.1.11) 可得

$$LV_2 \leqslant \sum_{k=1}^{n} \bar{c}_k \left[\sum_{j=1}^{n} \bar{\beta}_{kj} \frac{S_k I_j}{S_k^* I_j^*} - \sum_{j=1}^{n} \bar{\beta}_{kj} \frac{I_k}{I_k^*} \right.$$

$$\left. - \sum_{j=1}^{n} \bar{\beta}_{kj} \left(1 + \log \frac{S_k}{S_k^*} + \log \frac{I_j}{I_j^*} + \log \frac{I_k^*}{I_k} \right) + \sum_{j=1}^{n} \bar{\beta}_{kj} + \frac{\beta_k^2}{2} I_k^* \right]$$

$$= \sum_{k=1}^{n} \bar{c}_k \left(\sum_{j=1}^{n} \bar{\beta}_{kj} \frac{S_k I_j}{S_k^* I_j^*} - \sum_{j=1}^{n} \bar{\beta}_{kj} \frac{I_k}{I_k^*} + \sum_{j=1}^{n} \bar{\beta}_{kj} \log \frac{S_k^*}{S_k} + \frac{\beta_k^2}{2} I_k^* \right)$$

$$\leqslant \sum_{k=1}^{n} \bar{c}_k \left[\sum_{j=1}^{n} \bar{\beta}_{kj} \frac{S_k I_j}{S_k^* I_j^*} - \sum_{j=1}^{n} \bar{\beta}_{kj} \frac{I_k}{I_k^*} + \sum_{j=1}^{n} \bar{\beta}_{kj} \left(\frac{S_k^*}{S_k} - 1 \right) + \frac{\beta_k^2}{2} I_k^* \right].$$

由于

$$\sum_{k=1}^{n} \bar{c}_k \sum_{j=1}^{n} \bar{\beta}_{kj} \frac{S_k I_j}{S_k^* I_j^*} = \sum_{k=1}^{n} \bar{c}_k \left[\sum_{j=1}^{n} \bar{\beta}_{kj} \left(\frac{S_k}{S_k^*} - 1 \right) \left(\frac{I_j}{I_j^*} - 1 \right) \right.$$

$$\left. + \sum_{j=1}^{n} \bar{\beta}_{kj} \frac{S_k}{S_k^*} + \sum_{j=1}^{n} \bar{\beta}_{kj} \frac{I_j}{I_j^*} - \sum_{j=1}^{n} \bar{\beta}_{kj} \right], \qquad (5.1.13)$$

则

$$LV_2 \leqslant \sum_{k=1}^{n} \bar{c}_k \left[\sum_{j=1}^{n} \bar{\beta}_{kj} \left(\frac{S_k}{S_k^*} - 1 \right) \left(\frac{I_j}{I_j^*} - 1 \right) + \sum_{j=1}^{n} \bar{\beta}_{kj} \frac{S_k}{S_k^*} + \sum_{j=1}^{n} \bar{\beta}_{kj} \frac{I_j}{I_j^*} \right.$$

$$\left. - \sum_{j=1}^{n} \bar{\beta}_{kj} - \sum_{j=1}^{n} \bar{\beta}_{kj} \frac{I_k}{I_k^*} + \sum_{j=1}^{n} \bar{\beta}_{kj} \left(\frac{S_k^*}{S_k} - 1 \right) + I_k^* \frac{\beta_k^2}{2} \right]$$

$$= \sum_{k=1}^{n} \bar{c}_k \left[\sum_{j=1}^{n} \beta_{kj}(S_k - S_k^*)(I_j - I_j^*) + \sum_{j=1}^{n} \beta_{kj} I_j^* \frac{(S_k - S_k^*)^2}{S_k} + \frac{\beta_k^2}{2} I_k^* \right.$$

$$\left. + \sum_{j=1}^{n} \bar{\beta}_{kj} \frac{I_j}{I_j^*} - \sum_{j=1}^{n} \bar{\beta}_{kj} \frac{I_k}{I_k^*} \right]$$

$$= \sum_{k=1}^{n} \bar{c}_k \left[\sum_{j=1}^{n} \beta_{kj}(S_k - S_k^*)(I_j - I_j^*) + \sum_{j=1}^{n} \beta_{kj} I_j^* \frac{(S_k - S_k^*)^2}{S_k} + \frac{\beta_k^2}{2} I_k^* \right],$$

其中最后一个等式利用了 (5.1.10). 于是

$$LV_2 + LV_4$$

$$\leqslant - \sum_{k=1}^{n} \sum_{j=1}^{n} \beta_{kj}(l_k S_k^* - \bar{c}_k)(S_k - S_k^*)(I_j - I_j^*) + \sum_{k=1}^{n} \sum_{j=1}^{n} \bar{c}_k \beta_{kj} I_j^* \frac{(S_k - S_k^*)^2}{S_k}$$

$$- \sum_{k=1}^{n} l_k (d_k - \alpha_k^2)(S_k - S_k^*)^2 + \sum_{k=1}^{n} \left[\frac{\bar{c}_k \beta_k^2}{2} + l_k (S_k^*)^2 \alpha_k^2 \right].$$

取 $l_k = \dfrac{\bar{c}_k}{S_k^*}$ 使得 $l_k S_k^* - \bar{c}_k = 0$, 则

$$LV_2 + LV_4 \leqslant \sum_{k=1}^{n} \sum_{j=1}^{n} \bar{c}_k \beta_{kj} I_j^* \frac{(S_k - S_k^*)^2}{S_k} - \sum_{k=1}^{n} \frac{\bar{c}_k}{S_k^*}(d_k - \alpha_k^2)(S_k - S_k^*)^2$$

$$+ \sum_{k=1}^{n} \bar{c}_k \left(\frac{\beta_k^2}{2} I_k^* + S_k^* \alpha_k^2 \right).$$

从而

$$aLV_1 + LV_2 + LV_4$$

$$\leqslant - \sum_{k=1}^{n} \bar{c}_k \left(ad_k - \sum_{j=1}^{n} \beta_{kj} I_j^* \right) \frac{(S_k - S_k^*)^2}{S_k} - \sum_{k=1}^{n} \frac{\bar{c}_k}{S_k^*}(d_k - \alpha_k^2)(S_k - S_k^*)^2$$

$$+ \sum_{k=1}^{n} \bar{c}_k \left(\frac{a+1}{2} I_k^* \beta_k^2 + \frac{a+2}{2} S_k^* \alpha_k^2 \right).$$

取 $a = \max\limits_{1 \leqslant k \leqslant n} \left\{ \dfrac{1}{d_k} \sum\limits_{j=1}^{n} \beta_{kj} I_j^* \right\}$, 使得对每个 $k = 1, 2, \cdots, n$ 均满足 $ad_k - \sum\limits_{j=1}^{n} \beta_{kj} I_j^* \geqslant 0$, 则

$$aLV_1 + LV_2 + LV_4$$

$$\leqslant - \sum_{k=1}^{n} \frac{\bar{c}_k}{S_k^*}(d_k - \alpha_k^2)(S_k - S_k^*)^2 + \sum_{k=1}^{n} \bar{c}_k \left(\frac{a+1}{2} I_k^* \beta_k^2 + \frac{a+2}{2} S_k^* \alpha_k^2 \right).$$

于是

$$LV_3 + aLV_1 + LV_2 + LV_4$$

$$\leqslant -\sum_{k=1}^{n}\left[b_k\left(d_k - \alpha_k^2 - \frac{(d_k + \gamma_k + \epsilon_k)^2}{2(\gamma_k + d_k + \epsilon_k - \beta_k^2)}\right) + \frac{\bar{c}_k}{S_k^*}(d_k - \alpha_k^2)\right](S_k - S_k^*)^2$$

$$-\sum_{k=1}^{n}\frac{b_k}{2}(\epsilon_k + \gamma_k - \beta_k^2)(I_k - I_k^*)^2$$

$$+\sum_{k=1}^{n}\left[\left(\frac{a+2}{2}\bar{c}_k + b_k S_k^*\right)S_k^*\alpha_k^2 + \left(\frac{a+1}{2}\bar{c}_k + b_k I_k^*\right)I_k^*\beta_k^2\right].$$

取 $b_k > 0, k = 1, 2, \cdots, n$ 使得

$$b_k\left(d_k - \alpha_k^2 - \frac{(d_k + \gamma_k + \epsilon_k)^2}{2(\gamma_k + d_k + \epsilon_k - \beta_k^2)}\right) + \frac{\bar{c}_k}{S_k^*}(d_k - \alpha_k^2) \geqslant \frac{\bar{c}_k}{2S_k^*}(d_k - \alpha_k^2),$$

则

$$LV_3 + aLV_1 + LV_2 + LV_4$$

$$\leqslant -\sum_{k=1}^{n}\frac{\bar{c}_k}{2S_k^*}(d_k - \alpha_k^2)(S_k - S_k^*)^2 - \sum_{k=1}^{n}\frac{b_k}{2}(\epsilon_k + \gamma_k - \beta_k^2)(I_k - I_k^*)^2$$

$$+\sum_{k=1}^{n}\left[\left(\frac{a+2}{2}\bar{c}_k + b_k S_k^*\right)S_k^*\alpha_k^2 + \left(\frac{a+1}{2}\bar{c}_k + b_k I_k^*\right)I_k^*\beta_k^2\right].$$

从而

$$LV_3 + aLV_1 + LV_2 + LV_4 + LV_5$$

$$\leqslant -\sum_{k=1}^{n}\frac{\bar{c}_k}{2S_k^*}(d_k - \alpha_k^2)(S_k - S_k^*)^2 - \frac{1}{2}\sum_{k=1}^{n}m_k(\delta_k - \sigma_k^2)(R_k - R_k^*)^2$$

$$-\frac{1}{2}\sum_{k=1}^{n}\left[b_k(\epsilon_k + \gamma_k - \beta_k^2) - \frac{m_k\gamma_k^2}{\delta_k - \sigma_k^2}\right](I_k - I_k^*)^2$$

$$+\sum_{k=1}^{n}\left[\left(\frac{a+2}{2}\bar{c}_k + b_k S_k^*\right)S_k^*\alpha_k^2 + \left(\frac{a+1}{2}\bar{c}_k + b_k I_k^*\right)I_k^*\beta_k^2 + m_k(R_k^*)^2\sigma_k^2\right].$$

取 $m_k = \dfrac{b_k(\epsilon_k + \gamma_k - \beta_k^2)(\delta_k - \sigma_k^2)}{2\gamma_k^2}$, 使得

$$\frac{m_k\gamma_k^2}{\delta_k - \sigma_k^2} = \frac{b_k}{2}(\epsilon_k + \gamma_k - \beta_k^2), \quad k = 1, 2, \cdots, n,$$

则

$$LV_3 + aLV_1 + LV_2 + LV_4 + LV_5$$

$$\leqslant -\sum_{k=1}^{n}\left[\frac{\bar{c}_k}{2S_k^*}(d_k-\alpha_k^2)(S_k-S_k^*)^2 + \frac{b_k}{4}(\epsilon_k+\gamma_k-\beta_k^2)(I_k-I_k^*)^2\right.$$

$$\left. +\frac{m_k}{2}(\delta_k-\sigma_k^2)(R_k-R_k^*)^2\right]$$

$$+\sum_{k=1}^{n}\left[\left(\frac{a+2}{2}\bar{c}_k+b_kS_k^*\right)S_k^*\alpha_k^2 + \left(\frac{a+1}{2}\bar{c}_k+b_kI_k^*\right)I_k^*\beta_k^2 + m_k(R_k^*)^2\sigma_k^2\right]$$

$$:= -\sum_{k=1}^{n}\left[\frac{\bar{c}_k}{2S_k^*}(d_k-\alpha_k^2)(S_k-S_k^*)^2 + \frac{b_k}{4}(\epsilon_k+\gamma_k-\beta_k^2)(I_k-I_k^*)^2\right.$$

$$\left. +\frac{m_k}{2}(\delta_k-\sigma_k^2)(R_k-R_k^*)^2\right]+\delta.$$

由于

$$\delta < \min_{1\leqslant k\leqslant n}\left\{\frac{\bar{c}_k}{2}(d_k-\alpha_k^2)S_k^*, \frac{b_k}{4}(\epsilon_k+\gamma_k-\beta_k^2)(I_k^*)^2, \frac{m_k}{2}(\delta_k-\sigma_k^2)(R_k^*)^2\right\},$$

则椭圆

$$-\sum_{k=1}^{n}\frac{\bar{c}_k}{2S_k^*}(d_k-\alpha_k^2)(S_k-S_k^*)^2 - \sum_{k=1}^{n}\frac{b_k}{2}(\epsilon_k+\gamma_k-\beta_k^2)(I_k-I_k^*)^2 + \delta = 0$$

全部位于 $\mathbb{R}_+^{3n}$ 中. 取 U 为包含椭圆的邻域, 使得 $\bar{U} \subseteq \mathbb{R}_+^{3n}$, 且当 $Y_1 \in \mathbb{R}_+^{3n} \setminus U, LV \leqslant -K$ (K 是一个正常数), 这表明定理 1.4.2 中的 (B.2) 满足. 因此解 $Y_1(t)$ 在区域 U 是常返的, 结合引理 1.4.1 和注记 5.1.2 可知 $Y_1(t)$ 在 $\mathbb{R}_+^{3n}$ 中的任意有界区域 D 是常返的. 另一方面, 对任意的 D, 存在另一方面, 存在

$$M = \min_{1\leqslant i\leqslant n}\{\alpha_i^2 S_i^2, \beta_i^2 I_i^2, \sigma_i^2 R_i^2, (S_1, I_1, R_1, \cdots, S_n, I_n, R_n)\in\bar{D}\} > 0,$$

使得对所有的 $(S_1, I_1, R_1, \cdots, S_n, I_n, R_n)\in\bar{D}, \xi\in\mathbb{R}^{3n}$ 有

$$\sum_{i,j=1}^{3n}a_{ij}\xi_i\xi_j = \sum_{i=1}^{n}\alpha_i^2 S_i^2\xi_{3i-2}^2 + \sum_{i=1}^{n}\beta_i^2 I_i^2\xi_{3i-1}^2 + \sum_{i=1}^{n}\sigma_i^2 R_i^2\xi_{3i}^2 \geqslant M|\xi|^2.$$

这表明 (B.1) 满足. 因此, 随机系统 (5.1.1) 存在平稳分布 $\mu(\cdot)$, 且是遍历的.　　□

5.2　接触率系数扰动的 SIR 系统

本节主要研究接触率系数扰动的 SIR 模型的动力学行为. 为方便起见, 假设各个群体的自然死亡率均相同, 都记为 d_k.

在系统 (5.0.1) 方程中的每个方程引入白噪声. 假设白噪声的影响主要表现在参数 β_{kk} 的影响, 假设

$$\beta_{kk} \to \beta_{kk} + \sigma_k \dot{B}_k(t), \quad k = 1, 2, \cdots, n,$$

其中 $B_k(t), k = 1, 2, \cdots, n$ 是相互独立的标准布朗运动且 $B_k(0) = 0, \sigma_k^2, k = 1, 2, \cdots, n$ 表示白噪声的强度. 于是相应于确定性系统 (5.0.1) 的随机系统具有如下形式:

$$\begin{cases} dS_k(t) = \left(\Lambda_k - \sum_{j=1}^{n} \beta_{kj} S_k(t) I_j(t) - d_k S_k(t) \right) dt - \sigma_k S_k(t) I_k(t) dB_k(t), \\ dI_k(t) = \left[\sum_{j=1}^{n} \beta_{kj} S_k(t) I_j(t) - (d_k + \epsilon_k + \gamma_k) I_k(t) \right] dt \\ \qquad + \sigma_k S_k(t) I_k(t) dB_k(t), \\ dR_k(t) = [\gamma_k I_k(t) - d_k R_k(t)] dt, \quad k = 1, 2, \cdots, n. \end{cases}$$

如确定性系统, R_k 在前两组方程中没有出现, 则只需研究上述系统中关于 S_k 和 I_k 的 $2n$ 个方程, 即

$$\begin{cases} dS_k(t) = \left(\Lambda_k - \sum_{j=1}^{n} \beta_{kj} S_k(t) I_j(t) - d_k S_k(t) \right) dt - \sigma_k S_k(t) I_k(t) dB_k(t), \\ dI_k(t) = \left[\sum_{j=1}^{n} \beta_{kj} S_k(t) I_j(t) - (d_k + \epsilon_k + \gamma_k) I_k(t) \right] dt \\ \qquad + \sigma_k S_k(t) I_k(t) dB_k(t), \quad k = 1, 2, \cdots, n. \end{cases} \tag{5.2.1}$$

本节也主要研究疾病何时消失和疾病何时流行. 为了方便起见, 本节中设 $Y_2(t) = (S_1(t), I_1(t), \cdots, S_n(t), I_n(t))$.

5.2.1 系统正解的存在唯一性

定理 5.2.1 对任给的初值 $Y_2(0) \in \mathbb{R}_+^{2n}$, 系统 (5.2.1) 存在唯一的解 $Y_2(t), t \geqslant 0$, 且该解以概率 1 位于 $\mathbb{R}_+^{2n}$ 中, 即对所有的 $t \geqslant 0, Y_2(t) \in \mathbb{R}_+^{2n}$ a.s.

证明 该定理的证明类似定理 5.1.1 的证明, 这里只给出证明的主要部分.

对整数 $m \geqslant m_0$, 定义停时

$$\tau_m = \inf \left\{ t \in [0, \tau_e) : \min_{1 \leqslant k \leqslant n} \{ S_k(t), I_k(t) \} \leqslant 1/m, \right.$$

$$\left. \text{或者} \max_{1 \leqslant k \leqslant n} \{ S_k(t), I_k(t) \} \geqslant m \right\}.$$

当 $t \leqslant \tau_m$ 时, 对每个 k 有

$$d(S_k + I_k) = [\Lambda_k - d_k(S_k + I_k) - \epsilon_k I_k]dt$$
$$\leqslant [\Lambda_k - d_k(S_k + I_k)]dt.$$

于是

$$S_k(t) + I_k(t) \leqslant \begin{cases} \dfrac{\Lambda_k}{d_k}, & S_k(0) + I_k(0) \leqslant \dfrac{\Lambda_k}{d_k} \\ S_k(0) + I_k(0), & S_k(0) + I_k(0) > \dfrac{\Lambda_k}{d_k} \end{cases} := M_k.$$

定义 C^2 函数 $V : \mathbb{R}_+^{2n} \to \bar{\mathbb{R}}_+$

$$V(S_1, I_1, \cdots, S_n, I_n) = \sum_{k=1}^{n} [(S_k - 1 - \log S_k) + (I_k - 1 - \log I_k)].$$

由于 $u - 1 - \log u \geqslant 0, \forall u > 0$, 则其是非负定的. 令 L 为相应于系统 (5.2.1) 的生成元. 则

$$LV = \sum_{k=1}^{n} \left[\left(1 - \frac{1}{S_k}\right) \left(\Lambda_k - \sum_{j=1}^{n} \beta_{kj} S_k I_j - d_k S_k\right) + \frac{1}{2}\sigma_k^2 I_k^2 \right]$$
$$+ \sum_{k=1}^{n} \left[\left(1 - \frac{1}{I_k}\right) \left(\sum_{j=1}^{n} \beta_{kj} S_k I_j - (d_k + \gamma_k + \epsilon_k) I_k\right) + \frac{1}{2}\sigma_k^2 S_k^2 \right]$$
$$= \sum_{k=1}^{n} \left[\Lambda_k + 2d_k + \gamma_k + \epsilon_k - d_k S_k - (d_k + \gamma_k + \epsilon_k) I_k - \frac{\Lambda_k}{S_k} \right.$$
$$\left. + \sum_{j=1}^{n} \beta_{kj} I_j - \sum_{j=1}^{n} \beta_{kj} S_k \frac{I_j}{I_k} + \frac{\sigma_k^2}{2}(S_k^2 + I_k^2) \right]$$
$$\leqslant \sum_{k=1}^{n} \left[\Lambda_k + 2d_k + \gamma_k + \epsilon_k + \sum_{j=1}^{n} \beta_{kj} I_j + \frac{\sigma_k^2}{2}(S_k^2 + I_k^2) \right]$$
$$\leqslant \sum_{k=1}^{n} \left(\Lambda_k + 2d_k + \gamma_k + \epsilon_k + \sum_{j=1}^{n} \beta_{kj} M_k + \sigma_k^2 M_k^2 \right) := \tilde{M}.$$

$\square$

实际中, 初值 $S_k(0)$ 或者 $I_k(0)$ 可能会等于 0. 故考虑 $Y_2(0) \in \bar{\mathbb{R}}_+^{2n}$ 时的情形具有很重要的意义.

定理 5.2.2　对任意的初值 $Y_2(0) \in \bar{\mathbb{R}}_+^{2n}$, 系统 (5.2.1) 的解以概率 1 位于 $\bar{\mathbb{R}}_+^{2n}$ 中, 即对所有的 $t \geqslant 0, Y_2(t) \in \bar{\mathbb{R}}_+^{2n}$ a.s.

证明 显然

$$S_k(t) = e^{-d_k t - \int_0^t \left(\sum\limits_{j=1}^n \beta_{kj} I_j(u) + \frac{\sigma_k^2}{2} I_k^2(u) \right) du - \sigma_k \int_0^t I_k(u) dB_k(u)}$$
$$\times \left[S_k(0) + \Lambda_k \int_0^t e^{d_k u + \int_0^u \left(\sum\limits_{j=1}^n \beta_{kj} I_j(v) + \frac{\sigma_k^2}{2} I_k^2(v) \right) dv + \sigma_k \int_0^u I_k(v) dB_k(v)} du \right],$$

则不管 $S_k(0) > 0$ 还是 $S_k(0) = 0$, 均有 $S_k(t) > 0$. 下面研究感染者种群 $I_k(t)$.

$$I_k(t) = I_k(0) e^{-(d_k + \gamma_k + \epsilon_k)t + \int_0^t \left(\beta_{kk} S_k(u) - \frac{\sigma^2}{2} S_k^2(u) \right) du + \sigma_k \int_0^t S_k(u) dB_k(u)}$$
$$+ \int_0^t \sum_{k \neq j} \beta_{kj} S_k(s) I_j(s) e^{-(d_k + \gamma_k + \epsilon_k)(t-s)}$$
$$\times e^{\int_s^t \left(\beta_{kk} S_k(u) + \frac{\sigma^2}{2} S_k^2(u) \right) du + \sigma_k \int_s^t S_k(u) dB_k(u)} ds.$$

显然, 当 $I_k(0) \geqslant 0$ 时, 有 $I_k(t) \geqslant 0$ $(k = 1, 2, \cdots, n)$. □

注记 5.2.1 定理 5.2.1 和定理 5.2.2 表明对任意的初值 $Y_2(0) \in \mathbb{R}_+^{2n}$, 系统 (5.2.1) 存在唯一的全局解 $Y_2(t) \in \mathbb{R}_+^{2n}$ a.s. 于是由

$$d(S_k + I_k) \leqslant [\Lambda_k - d_k(S_k + I_k)] dt,$$

可得

$$S_k(t) + I_k(t) \leqslant \frac{\Lambda_k}{d_k} + e^{-d_k t} \left(S_k(0) + I_k(0) - \frac{\Lambda_k}{d_k} \right).$$

若 $S_k(0) + I_k(0) \leqslant \frac{\Lambda_k}{d_k}$, 则 $S_k(t) + I_k(t) \leqslant \frac{\Lambda_k}{d_k}$ a.s. 从而区域

$$\Gamma^* = \left\{ (S_1, I_1, \cdots, S_n, I_n) : S_k > 0, I_k \geqslant 0, S_k + I_k \leqslant \frac{\Lambda_k}{d_k}, k = 1, 2, \cdots, n \right\}$$

是系统 (5.2.1) 的正不变集, 这相似于系统 (5.0.1).

本节从现在开始总假设 $Y_2(0) \in \Gamma^*$.

5.2.2 系统无病平衡点的渐近稳定性

显然 $P_0 = \left(\frac{\Lambda_1}{d_1}, 0, \frac{\Lambda_2}{d_2}, 0, \cdots, \frac{\Lambda_n}{d_n}, 0 \right)$ 也是系统 (5.2.1) 的无病平衡点. 当 $R_0 \leqslant$ 1 时, 确定性系统 (5.0.1) 的无病平衡点 P_0 是全局稳定的, 这意味着疾病在一段时间以后会消失. 本小节通过选取合适的 Lyapunov 函数给出系统 (5.2.1) 的解几乎必然收敛于 P_0.

定理 5.2.3 假设矩阵 $B = (\beta_{kj})_{n \times n}$ 不可约. 若 $R_0 = \rho(M_0) \leqslant 1$, 则系统 (5.2.1) 的无病平衡点 P_0 是大范围随机渐近稳定的.

证明   设 $u_k = S_k - \dfrac{\Lambda_k}{d_k}, v_k = I_k$, 则 $-\dfrac{\Lambda_k}{d_k} \leqslant u_k \leqslant 0, v_k \geqslant 0$. 于是系统 (5.2.1)
可以写为

$$
\begin{cases}
du_k(t) = \left[-d_k u_k - \displaystyle\sum_{j=1}^{n} \beta_{kj} \left(u_k + \dfrac{\Lambda_k}{d_k} \right) v_j \right] dt - \sigma_k \left(u_k + \dfrac{\Lambda_k}{d_k} \right) v_k dB_k(t), \\[3mm]
dv_k(t) = \left[\displaystyle\sum_{j=1}^{n} \beta_{kj} \left(u_k + \dfrac{\Lambda_k}{d_k} \right) v_j - (d_k + \gamma_k + \epsilon_k) v_k \right] dt \\[3mm]
\qquad\qquad + \sigma_k \left(u_k + \dfrac{\Lambda_k}{d_k} \right) v_k dB_k(t), \quad k = 1, 2, \cdots, n.
\end{cases}
\tag{5.2.2}
$$

令 $S^0 = (S_1^0, S_2^0, \cdots, S_n^0)$, 其中 $S_k^0 = \dfrac{\Lambda_k}{d_k}$. 定义

$$
M(u) = \begin{pmatrix}
\dfrac{\beta_{11} S_1^0}{d_1 + \gamma_1 + \epsilon_1} & \dfrac{\beta_{12}(u_1 + S_1^0)}{d_1 + \gamma_1 + \epsilon_1} & \cdots & \dfrac{\beta_{1n}(u_1 + S_1^0)}{d_1 + \gamma_1 + \epsilon_1} \\[3mm]
\dfrac{\beta_{21}(u_2 + S_2^0)}{d_2 + \gamma_2 + \epsilon_2} & \dfrac{\beta_{22} S_2^0}{d_2 + \gamma_2 + \epsilon_2} & \cdots & \dfrac{\beta_{2n}(u_2 + S_2^0)}{d_2 + \gamma_2 + \epsilon_2} \\[3mm]
\vdots & \vdots & & \vdots \\[3mm]
\dfrac{\beta_{n1}(u_n + S_n^0)}{d_n + \gamma_n + \epsilon_n} & \dfrac{\beta_{n2}(u_n + S_n^0)}{d_n + \gamma_n + \epsilon_n} & \cdots & \dfrac{\beta_{nn} S_n^0}{d_n + \gamma_n + \epsilon_n}
\end{pmatrix},
$$

$$
M_0 = \begin{pmatrix}
\dfrac{\beta_{11} S_1^0}{d_1 + \gamma_1 + \epsilon_1} & \dfrac{\beta_{12} S_1^0}{d_1 + \gamma_1 + \epsilon_1} & \cdots & \dfrac{\beta_{1n} S_1^0}{d_1 + \gamma_1 + \epsilon_1} \\[3mm]
\dfrac{\beta_{21} S_2^0}{d_2 + \gamma_2 + \epsilon_2} & \dfrac{\beta_{22} S_2^0}{d_2 + \gamma_2 + \epsilon_2} & \cdots & \dfrac{\beta_{2n} S_2^0}{d_2 + \gamma_2 + \epsilon_2} \\[3mm]
\vdots & \vdots & & \vdots \\[3mm]
\dfrac{\beta_{n1} S_n^0}{d_n + \gamma_n + \epsilon_n} & \dfrac{\beta_{n2} S_n^0}{d_n + \gamma_n + \epsilon_n} & \cdots & \dfrac{\beta_{nn} S_n^0}{d_n + \gamma_n + \epsilon_n}
\end{pmatrix}.
$$

显然 M_0 是非负不可约的, 由引理 1.5.1 知, 存在相应于矩阵 M_0 的特征值 $\rho(M_0)$
的正的特征向量 $\omega = (\omega_1, \omega_2, \cdots, \omega_n)$, 满足

$$
(\omega_1, \omega_2, \cdots, \omega_n) \rho(M_0) = (\omega_1, \omega_2, \cdots, \omega_n) M_0.
\tag{5.2.3}
$$

定义 C^2 函数 $V : \mathbb{R}_+^{2n} \to \bar{\mathbb{R}}_+$

$$
\begin{aligned}
V(u_1, v_1, \cdots, u_n, v_n) &= \frac{1}{2} \sum_{k=1}^{n} a_k (u_k + v_k)^2 + \sum_{k=1}^{n} \frac{\omega_k}{d_k + \gamma_k + \epsilon_k} v_k \\
&:= V_1 + V_2,
\end{aligned}
$$

其中 $a_k, k = 1, 2, \cdots, n$ 是待定的正常数. 设 L 是相应于系统 (5.2.2) 的生成元, 则

$$LV_1 = \sum_{k=1}^{n} a_k(u_k + v_k)[-d_k u_k - (d_k + \gamma_k + \epsilon_k)v_k]$$

$$= -\sum_{k=1}^{n} a_k[d_k u_k^2 + (d_k + \gamma_k + \epsilon_k)v_k^2 + (2d_k + \gamma_k + \epsilon_k)u_k v_k],$$

$$LV_2 = \sum_{k=1}^{n} \frac{\omega_k}{d_k + \gamma_k + \epsilon_k} \left[\sum_{j=1}^{n} \beta_{kj} \left(u_k + \frac{\Lambda_k}{d_k} \right) v_j - (d_k + \gamma_k + \epsilon_k)v_k \right]$$

$$= \sum_{k=1}^{n} \sum_{j=1}^{n} \frac{\omega_k \beta_{kj}}{d_k + \gamma_k + \epsilon_k} u_k v_j - \sum_{k=1}^{n} \omega_k v_k + \sum_{k=1}^{n} \sum_{j=1}^{n} \frac{\omega_k \beta_{kj}}{d_k + \gamma_k + \epsilon_k} \frac{\Lambda_k}{d_k} v_j$$

$$= \sum_{k=1}^{n} \frac{\omega_k \beta_{kk}}{d_k + \gamma_k + \epsilon_k} u_k v_k + \sum_{k=1}^{n} \sum_{j \neq k} \frac{\omega_k \beta_{kj}}{d_k + \gamma_k + \epsilon_k} u_k v_j$$

$$- \sum_{k=1}^{n} \omega_k v_k + \sum_{k=1}^{n} \sum_{j=1}^{n} \frac{\omega_k \beta_{kj}}{d_k + \gamma_k + \epsilon_k} \frac{\Lambda_k}{d_k} v_j.$$

于是

$$LV = LV_1 + LV_2$$

$$= -\sum_{k=1}^{n} a_k[d_k u_k^2 + (d_k + \gamma_k + \epsilon_k)v_k^2]$$

$$- \sum_{k=1}^{n} \left[a_k(2d_k + \gamma_k + \epsilon_k) - \frac{\omega_k \beta_{kk}}{d_k + \gamma_k + \epsilon_k} \right] u_k v_k$$

$$+ \sum_{k=1}^{n} \sum_{j \neq k} \frac{\omega_k \beta_{kj}}{d_k + \gamma_k + \epsilon_k} u_k v_j - \sum_{k=1}^{n} \omega_k v_k + \sum_{k=1}^{n} \sum_{j=1}^{n} \frac{\omega_k \beta_{kj}}{d_k + \gamma_k + \epsilon_k} \frac{\Lambda_k}{d_k} v_j.$$

对每个 $k = 1, 2, \cdots, n$, 取 $a_k = \dfrac{\omega_k \beta_{kk}}{(2d_k + \gamma_k + \epsilon_k)(d_k + \gamma_k + \epsilon_k)}$ 使得

$$a_k(2d_k + \gamma_k + \epsilon_k) - \frac{\omega_k \beta_{kk}}{d_k + \gamma_k + \epsilon_k} = 0.$$

从而

$$LV = -\sum_{k=1}^{n} a_k[d_k u_k^2 + (d_k + \gamma_k + \epsilon_k)v_k^2] - \sum_{k=1}^{n} \omega_k v_k$$

$$+ \sum_{k=1}^{n} \sum_{j \neq k} \frac{\omega_k \beta_{kj}}{d_k + \gamma_k + \epsilon_k} u_k v_j + \sum_{k=1}^{n} \sum_{j=1}^{n} \frac{\omega_k \beta_{kj}}{d_k + \gamma_k + \epsilon_k} \frac{\Lambda_k}{d_k} v_j.$$

由于

$$\sum_{k=1}^{n}\sum_{j\neq k}\frac{\omega_k\beta_{kj}}{d_k+\gamma_k+\epsilon_k}u_kv_j+\sum_{k=1}^{n}\sum_{j=1}^{n}\frac{\omega_k\beta_{kj}}{d_k+\gamma_k+\epsilon_k}\frac{\Lambda_k}{d_k}v_j$$

$$=(\omega_1,\omega_2,\cdots,\omega_n)\begin{bmatrix}\dfrac{\beta_{11}S_1^0}{d_1+\gamma_1+\epsilon_1}&\dfrac{\beta_{12}S_1^0}{d_1+\gamma_1+\epsilon_1}&\cdots&\dfrac{\beta_{1n}S_1^0}{d_1+\gamma_1+\epsilon_1}\\\dfrac{\beta_{21}S_2^0}{d_2+\gamma_2+\epsilon_2}&\dfrac{\beta_{22}S_2^0}{d_2+\gamma_2+\epsilon_2}&\cdots&\dfrac{\beta_{2n}S_2^0}{d_2+\gamma_2+\epsilon_2}\\\vdots&\vdots&&\vdots\\\dfrac{\beta_{n1}S_n^0}{d_n+\gamma_n+\epsilon_n}&\dfrac{\beta_{n2}S_n^0}{d_n+\gamma_n+\epsilon_n}&\cdots&\dfrac{\beta_{nn}S_n^0}{d_n+\gamma_n+\epsilon_n}\end{bmatrix}\begin{bmatrix}v_1\\v_2\\\vdots\\v_n\end{bmatrix}$$

$$=\omega M_0 v,$$

则结合 (5.2.3) 和 $\rho(M_0)\leqslant 1$ 可得

$$LV=-\sum_{k=1}^{n}a_k[d_ku_k^2+(d_k+\gamma_k+\epsilon_k)v_k^2]-\sum_{k=1}^{n}\omega_kv_k+\omega M(u)v$$

$$=-\sum_{k=1}^{n}a_k[d_ku_k^2+(d_k+\gamma_k+\epsilon_k)v_k^2]+\omega[M(u)v-v]$$

$$\leqslant-\sum_{k=1}^{n}a_k[d_ku_k^2+(d_k+\gamma_k+\epsilon_k)v_k^2]+\omega[M_0v-v]$$

$$=-\sum_{k=1}^{n}a_k[d_ku_k^2+(d_k+\gamma_k+\epsilon_k)v_k^2]+[\rho(M_0)-1](\omega_1,\omega_2,\cdots,\omega_n)v$$

$$\leqslant-\sum_{k=1}^{n}a_k[d_ku_k^2+(d_k+\gamma_k+\epsilon_k)v_k^2],$$

其为负定的. 由引理 1.2.8 可知, 当 $R_0\leqslant 1$ 时, 方程 (5.2.2) 的平凡解是大范围随机渐近稳定的. 从而系统 (5.2.1) 的无病平衡点 P_0 是大范围随机渐近稳定的. □

注记 5.2.2   当 $n=2$ 时,

$$M_0=\begin{pmatrix}\dfrac{\beta_{11}\dfrac{\Lambda_1}{d_1}}{d_1+\epsilon_1+\gamma_1}&\dfrac{\beta_{12}\dfrac{\Lambda_1}{d_1}}{d_1+\epsilon_1+\gamma_1}\\\dfrac{\beta_{21}\dfrac{\Lambda_2}{d_2}}{d_2+\epsilon_2+\gamma_2}&\dfrac{\beta_{22}\dfrac{\Lambda_2}{d_2}}{d_2+\epsilon_2+\gamma_2}\end{pmatrix}:=\begin{pmatrix}\beta_{11}A_1&\beta_{12}A_1\\\beta_{21}A_2&\beta_{22}A_2\end{pmatrix},$$

$$R_0=\rho(M_0)=\frac{\beta_{11}A_1+\beta_{22}A_2+\sqrt{(\beta_{11}A_1-\beta_{22}A_2)^2+4\beta_{12}\beta_{21}A_1A_2}}{2}.$$

利用 Higham[85] 给出的 Milstein 的高阶离散方法, 可得系统 (5.2.1) $n = 2$ 时的离散方程如下:

$$
\begin{cases}
S_{i,k+1} = S_{i,k} + \left(\Lambda_i - \sum\limits_{j=1}^{2} \beta_{ij} S_{i,k} I_{j,k} - d_i S_{i,k} \right) \Delta t - \sigma_i S_{i,k} I_{i,k} \sqrt{\Delta t} \xi_{i,k} \\
\qquad + \dfrac{\sigma_i^2}{2} S_{i,k} I_{i,k}^2 (\Delta t \xi_{i,k}^2 - \Delta t), \\
I_{i,k+1} = I_{i,k} + \left[\sum\limits_{j=1}^{2} \beta_{ij} S_{i,k} I_{j,k} - (d_i + \epsilon_i + \gamma_i) I_{i,k} \right] \Delta t + \sigma_i S_{i,k} I_{i,k} \sqrt{\Delta t} \xi_{i,k} \\
\qquad + \dfrac{\sigma_i^2}{2} S_{i,k}^2 I_{i,k} (\Delta t \xi_{i,k}^2 - \Delta t),
\end{cases}
$$

其中 $\xi_{i,k}, i = 1, 2, k = 1, 2, \cdots, n$ 是相互独立的高斯随机变量, 初值为 $Y_2(0) = (0.7, 0.2, 0.5, 0.3)$, 步长 $\Delta t = 0.002$.

例 5.2.1 取参数 $\Lambda_1 = 0.5, \Lambda_2 = 0.6, d_1 = 0.4, d_2 = 0.3, \beta_{11} = 0.4, \beta_{12} = 0.2, \beta_{21} = 0.1, \beta_{22} = 0.3, \epsilon_1 = 0.1, \epsilon_2 = 0.1, \gamma_1 = 0.3, \gamma_2 = 0.5$ 使得 $R_0 = \dfrac{31 + \sqrt{161}}{48} \leqslant 1$. 如定理 5.2.3 指出, 此时系统 (5.2.1) 的无病平衡点 P_0 是随机全局渐近稳定的. 图 5.2.1 直观上例证了这点, 系统 (5.0.1) 和系统 (5.2.1) 当 $n = 2$ 时的无病平衡点是随机全局渐近稳定的.

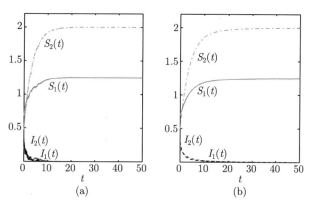

图 5.2.1 $R_0 \leqslant 1$ 时系统 (5.2.1) 和系统 (5.0.1) 当 $n = 2$ 时的解. (a) 代表系统 (5.2.1) 取 $\sigma_1 = 0.5, \sigma_2 = 0.8$ 的解, (b) 则表示相应的未扰动系统 (5.0.1) 的解

5.2.3 系统在 P^* 附近的渐近行为

由于系统 (5.2.1) 不存在有病平衡点, 但该系统是确定性系统 (5.0.1) 的参数受随机扰动所得的, 故下面通过研究系统 (5.2.1) 的解在 P^* 附近的渐近行为, 在一定程度上反映疾病是否流行.

定理 5.2.4　若 $B = (\beta_{kj})_{n \times n}$ 是不可约的, 且 $R_0 > 1$. 设 $Y_2(t)$ 是系统 (5.2.1) 初值为 $Y_2(0) \in \Gamma^*$ 的解, 则

$$
\limsup_{t \to \infty} \frac{1}{t} \sum_{k=1}^{n} \int_0^t [b_k d_k (S_k(s) - S_k^*)^2 + m_k(d_k + \epsilon_k + \gamma_k)(I_k(s) - I_k^*)^2] ds
$$

$$
\leqslant \sum_{k=1}^{n} \left[b_k \left(\frac{\Lambda_k}{d_k} \right)^4 + a \bar{c}_k \left(\frac{\Lambda_k}{d_k} \right)^3 + \bar{c}_k I_k^* \left(\frac{\Lambda_k}{d_k} \right)^2 \right] \sigma_k^2 \quad \text{a.s.,}
$$

(5.2.4)

其中 $P^* = (S_1^*, I_1^*, \cdots, S_n^*, I_n^*)$ 是系统 (5.0.1) 的有病平衡点, $\bar{c}_k, k = 1, 2, \cdots, n$ 表示 $L_{\bar{B}}$ $(\bar{B} = (\bar{\beta}_{kj})_{n \times n} = (\beta_{kj} S_k^* I_j^*)_{n \times n})$ 第 k 个对角元的余子式, $a, m_k, b_k, k = 1, 2, \cdots, n$ 为定理证明中所定义的正常数.

证明　由于 P^* 是系统 (5.0.1) 的有病平衡点, 则

$$
\sum_{j=1}^{n} \beta_{kj}(S_k^* I_j^* + d_k S_k^*) = \Lambda_k,
$$

$$
\sum_{j=1}^{n} \beta_{kj} S_k^* I_j^* = (d_k + \epsilon_k + \gamma_k) I_k^*.
$$

(5.2.5)

定义 C^2 函数 $V : \mathbb{R}_+^{2n} \longrightarrow \bar{\mathbb{R}}_+$ 为

$$
V(S_1, I_1, \cdots, S_n, I_n)
$$

$$
= a \sum_{k=1}^{n} \bar{c}_k \left(S_k - S_k^* - S_k^* \log \frac{S_k}{S_k^*} + I_k - I_k^* - I_k^* \log \frac{I_k}{I_k^*} \right)
$$

$$
+ \sum_{k=1}^{n} \bar{c}_k \left(I_k - I_k^* - I_k^* \log \frac{I_k}{I_k^*} \right)
$$

$$
+ \frac{1}{2} \sum_{k=1}^{n} m_k (S_k - S_k^* + I_k - I_k^*)^2 + \frac{1}{2} \sum_{k=1}^{n} b_k (S_k - S_k^*)^2
$$

$$
:= a V_1 + V_2 + V_3 + V_4,
$$

其中 $a > 0, m_k > 0, b_k > 0, k = 1, 2, \cdots, n$ 是待定的常数. 由引理 1.5.3 中的性质 (1) 可知 $\bar{c}_k > 0, k = 1, 2, \cdots, n$, 故函数 V 是正定的. 根据 Itô 公式计算可得

$$
dV_1 = \sum_{k=1}^{n} \bar{c}_k \left(1 - \frac{S_k^*}{S_k} \right) \left(\Lambda_k - \sum_{j=1}^{n} \beta_{kj} S_k I_j - d_k S_k \right) dt
$$

$$
+ \sum_{k=1}^{n} \bar{c}_k \left(1 - \frac{I_k^*}{I_k} \right) \left[\sum_{j=1}^{n} \beta_{kj} S_k I_j - (d_k + \epsilon_k + \gamma_k) I_k \right] dt
$$

$$-\sum_{k=1}^{n}\bar{c}_k\sigma_k S_k I_k\left(1-\frac{S_k^*}{S_k}\right)dB_k(t)+\sum_{k=1}^{n}\bar{c}_k\sigma_k S_k I_k\left(1-\frac{I_k^*}{I_k}\right)dB_k(t)$$

$$=LV_1 dt+\sum_{k=1}^{n}\bar{c}_k\sigma_k(S_k^* I_k-I_k^* S_k)dB_k(t),$$

$$dV_2=\sum_{k=1}^{n}\bar{c}_k\left(1-\frac{I_k^*}{I_k}\right)\left[\sum_{j=1}^{n}\beta_{kj}S_k I_j-(d_k+\epsilon_k+\gamma_k)I_k\right]dt$$

$$+\sum_{k=1}^{n}\bar{c}_k\sigma_k S_k I_k\left(1-\frac{I_k^*}{I_k}\right)dB_k(t)$$

$$=LV_2 dt+\sum_{k=1}^{n}\bar{c}_k\sigma_k S_k(I_k-I_k^*)dB_k(t),$$

$$dV_3=\sum_{k=1}^{n}m_k(S_k-S_k^*+I_k-I_k^*)[\Lambda_k-d_k S_k-(d_k+\epsilon_k+\gamma_k)I_k]dt$$

$$=LV_3 dt,$$

$$dV_4=\sum_{k=1}^{n}b_k(S_k-S_k^*)\left[\left(\Lambda_k-\sum_{j=1}^{n}\beta_{kj}S_k I_j-d_k S_k\right)dt-\sigma_k S_k I_k dB_k(t)\right]$$

$$=LV_4 dt-\sum_{k=1}^{n}b_k\sigma_k(S_k-S_k^*)S_k I_k dB_k(t),$$

其中

$$LV_1=\sum_{k=1}^{n}\bar{c}_k\left(1-\frac{S_k^*}{S_k}\right)\left(\Lambda_k-\sum_{j=1}^{n}\beta_{kj}S_k I_j-d_k S_k\right)+\sum_{k=1}^{n}\frac{\bar{c}_k S_k^*}{2}\sigma_k^2 I_k^2$$

$$+\sum_{k=1}^{n}\bar{c}_k\left(1-\frac{I_k^*}{I_k}\right)\left[\sum_{j=1}^{n}\beta_{kj}S_k I_j-(d_k+\epsilon_k+\gamma_k)I_k\right]+\sum_{k=1}^{n}\frac{\bar{c}_k I_k^*}{2}\sigma_k^2 S_k^2$$

$$=\sum_{k=1}^{n}\bar{c}_k\left[\Lambda_k-d_k S_k-\Lambda_k\frac{S_k^*}{S_k}+d_k S_k^*+\sum_{j=1}^{n}\beta_{kj}S_k^* I_j-(d_k+\epsilon_k+\gamma_k)I_k\right.$$

$$-\sum_{j=1}^{n}\beta_{kj}S_k I_j\frac{I_k^*}{I_k}+(d_k+\epsilon_k+\gamma_k)I_k^*+\frac{\sigma_k^2}{2}(S_k^* I_k^2+I_k^* S_k^2)\Bigg]$$

$$=\sum_{k=1}^{n}\bar{c}_k\left[-S_k^* d_k\left(\frac{S_k^*}{S_k}+\frac{S_k}{S_k^*}-2\right)+\left(\sum_{j=1}^{n}\bar{\beta}_{kj}\frac{I_j}{I_j^*}-\sum_{j=1}^{n}\bar{\beta}_{kj}\frac{I_k}{I_k^*}\right.\right.$$

$$+ 2\sum_{j=1}^{n}\bar{\beta}_{kj} - \sum_{j=1}^{n}\bar{\beta}_{kj}\frac{S_k^*}{S_k} - \sum_{j=1}^{n}\bar{\beta}_{kj}\frac{S_k I_j I_k^*}{S_k^* I_j^* I_k} + \frac{\sigma_k^2}{2}(S_k^* I_k^2 + I_k^* S_k^2)\Bigg], \tag{5.2.6}$$

$$LV_2 = \sum_{k=1}^{n}\bar{c}_k\left(1 - \frac{I_k^*}{I_k}\right)\left[\sum_{j=1}^{n}\beta_{kj}S_k I_j - (\gamma_k + d_k + \epsilon_k)I_k\right] + \sum_{k=1}^{n}\frac{\bar{c}_k I_k^*}{2}\sigma_k^2 S_k^2$$

$$= \sum_{k=1}^{n}\bar{c}_k\left[\sum_{j=1}^{n}\beta_{kj}S_k I_j - (\gamma_k + d_k + \epsilon_k)I_k\right.$$

$$\left. - \frac{I_k^*}{I_k}\sum_{j=1}^{n}\beta_{kj}S_k I_j + (\gamma_k + d_k + \epsilon_k)I_k^* + \frac{\sigma_k^2 I_k^*}{2}S_k^2\right]$$

$$= \sum_{k=1}^{n}\bar{c}_k\left(\sum_{j=1}^{n}\beta_{kj}S_k I_j - \sum_{j=1}^{n}\bar{\beta}_{kj}\frac{I_k}{I_k^*}\right.$$

$$\left. - \sum_{j=1}^{n}\bar{\beta}_{kj}\frac{S_k}{S_k^*}\frac{I_k^*}{I_k}\frac{I_j}{I_j^*} + \sum_{j=1}^{n}\bar{\beta}_{kj} + \frac{\sigma_k^2 I_k^*}{2}S_k^2\right), \tag{5.2.7}$$

$$LV_3 = \sum_{k=1}^{n}m_k(S_k - S_k^* + I_k - I_k^*)[\Lambda_k - d_k S_k - (d_k + \epsilon_k + \gamma_k)I_k]$$

$$= \sum_{k=1}^{n}m_k(S_k - S_k^* + I_k - I_k^*)[-d_k(S_k - S_k^*) - (d_k + \epsilon_k + \gamma_k)(I_k - I_k^*)]$$

$$= \sum_{k=1}^{n}m_k\left[-d_k(S_k - S_k^*)^2 - (d_k + \epsilon_k + \gamma_k)(I_k - I_k^*)^2\right.$$

$$\left. - (\gamma_k + 2d_k + \epsilon_k)(S_k - S_k^*)(I_k - I_k^*)\right]$$

$$\leqslant -\sum_{k=1}^{n}m_k\left[d_k - \frac{(\gamma_k + 2d_k + \epsilon_k)^2}{2(d_k + \epsilon_k + \gamma_k)}\right](S_k - S_k^*)^2$$

$$- \frac{1}{2}\sum_{k=1}^{n}m_k(d_k + \epsilon_k + \gamma_k)(I_k - I_k^*)^2$$

$$= \sum_{k=1}^{n}m_k\frac{(d_k + \epsilon_k + \gamma_k)^2 + d_k^2}{2(d_k + \epsilon_k + \gamma_k)}(S_k - S_k^*)^2$$

$$- \frac{1}{2}\sum_{k=1}^{n}m_k(d_k + \epsilon_k + \gamma_k)(I_k - I_k^*)^2,$$

以及

$$LV_4 = \sum_{k=1}^{n}b_k(S_k - S_k^*)\left(\Lambda_k - \sum_{j=1}^{n}\beta_{kj}S_k I_j - d_k S_k\right) + \sum_{k=1}^{n}\frac{b_k\sigma_k^2}{2}S_k^2 I_k^2$$

$$= \sum_{k=1}^{n} b_k(S_k - S_k^*) \left[\sum_{j=1}^{n} \beta_{kj}(S_k^* I_j^* - S_k I_j) - d_k(S_k - S_k^*) \right]$$

$$+ \sum_{k=1}^{n} \frac{b_k \sigma_k^2}{2} S_k^2 I_k^2$$

$$= - \sum_{k=1}^{n} b_k \left[\sum_{j=1}^{n} \beta_{kj} S_k^* (S_k - S_k^*)(I_j - I_j^*) \right.$$

$$\left. + \sum_{j=1}^{n} \beta_{kj} I_j (S_k - S_k^*)^2 + d_k(S_k - S_k^*)^2 - \frac{\sigma_k^2}{2} S_k^2 I_k^2 \right],$$

其中上述式子中利用了 (5.2.5) 和 Young 不等式. 又由引理 1.5.3 中的性质 (2) 有

$$\sum_{k=1}^{n} \bar{c}_k \left(\sum_{j=1}^{n} \bar{\beta}_{kj} \frac{I_j}{I_j^*} - \sum_{j=1}^{n} \bar{\beta}_{kj} \frac{I_k}{I_k^*} \right) = 0,$$

$$\sum_{k=1}^{n} \bar{c}_k \left(\sum_{j=1}^{n} \bar{\beta}_{kj} \log \frac{I_j}{I_j^*} - \sum_{j=1}^{n} \bar{\beta}_{kj} \log \frac{I_k}{I_k^*} \right) = 0. \tag{5.2.8}$$

另一方面, 由于 $a - 1 - \log a \geqslant 0$, $\forall\, a > 0$, 从而

$$\frac{S_k^*}{S_k} \geqslant 1 + \log \frac{S_k^*}{S_k}, \quad \frac{S_k I_j I_k^*}{S_k^* I_j^* I_k} \geqslant 1 + \log \frac{S_k I_j I_k^*}{S_k^* I_j^* I_k}. \tag{5.2.9}$$

于是由 (5.2.8) 和 (5.2.9) 可得

$$\sum_{k=1}^{n} \bar{c}_k \left(2 \sum_{j=1}^{n} \bar{\beta}_{kj} - \sum_{j=1}^{n} \bar{\beta}_{kj} \frac{S_k^*}{S_k} - \sum_{j=1}^{n} \bar{\beta}_{kj} \frac{S_k I_j I_k^*}{S_k^* I_j^* I_k} \right)$$

$$\leqslant \sum_{k=1}^{n} \bar{c}_k \left[2 \sum_{j=1}^{n} \bar{\beta}_{kj} - \sum_{j=1}^{n} \bar{\beta}_{kj} \left(1 + \log \frac{S_k^*}{S_k} \right) - \sum_{j=1}^{n} \bar{\beta}_{kj} \left(1 + \log \frac{S_k I_j I_k^*}{S_k^* I_j^* I_k} \right) \right] \tag{5.2.10}$$

$$= \sum_{k=1}^{n} \bar{c}_k \sum_{j=1}^{n} \bar{\beta}_{kj} \left(-\log \frac{I_j}{I_j^*} + \log \frac{I_k}{I_k^*} \right) = 0,$$

$$\sum_{k=1}^{n} \bar{c}_k \sum_{j=1}^{n} \bar{\beta}_{kj} \frac{S_k I_k^* I_j}{S_k^* I_k I_j^*}$$

$$\geqslant \sum_{k=1}^{n} \bar{c}_k \sum_{j=1}^{n} \bar{\beta}_{kj} \left(1 + \log \frac{S_k I_k^* I_j}{S_k^* I_k I_j^*} \right) = \sum_{k=1}^{n} \sum_{j=1}^{n} \bar{c}_k \bar{\beta}_{kj} \left(1 - \log \frac{S_k^*}{S_k} \right)$$

$$+ \sum_{k=1}^{n} \sum_{j=1}^{n} \bar{c}_k \bar{\beta}_{kj} \left(\log \frac{I_j}{I_j^*} - \log \frac{I_k}{I_k^*} \right) \geqslant \sum_{k=1}^{n} \sum_{j=1}^{n} \bar{c}_k \bar{\beta}_{kj} \left(2 - \frac{S_k^*}{S_k} \right). \tag{5.2.11}$$

把 (5.2.8) 和 (5.2.10) 代入 (5.2.3) 得

$$
LV_1 \leqslant \sum_{k=1}^{n} \bar{c}_k \left[-S_k^* d_k \left(\frac{S_k^*}{S_k} + \frac{S_k}{S_k^*} - 2 \right) + \frac{\sigma_k^2}{2} (S_k^* I_k^2 + I_k^* S_k^2) \right]
$$

$$
= -\sum_{k=1}^{n} \bar{c}_k d_k \frac{(S_k - S_k^*)^2}{S_k} + \sum_{k=1}^{n} \frac{\bar{c}_k \sigma_k^2}{2} (S_k^* I_k^2 + I_k^* S_k^2).
$$

把 (5.2.11) 代入 (5.2.7) 有

$$
LV_2 \leqslant \sum_{k=1}^{n} \bar{c}_k \left[\sum_{j=1}^{n} \beta_{kj} S_k I_j - \sum_{j=1}^{n} \bar{\beta}_{kj} \frac{I_k}{I_k^*} \right.
$$

$$
\left. - \sum_{j=1}^{n} \bar{\beta}_{kj} \left(2 - \frac{S_k^*}{S_k} \right) + \sum_{j=1}^{n} \bar{\beta}_{kj} + \frac{\sigma_k^2 I_k^*}{2} S_k^2 \right]
$$

$$
= \sum_{k=1}^{n} \bar{c}_k \left[\sum_{j=1}^{n} \beta_{kj} [(S_k - S_k^*)(I_j - I_j^*)] - \sum_{j=1}^{n} \bar{\beta}_{kj} \left(\frac{I_k}{I_k^*} - \frac{I_j}{I_j^*} \right) \right.
$$

$$
\left. - \sum_{j=1}^{n} \bar{\beta}_{kj} \left(2 - \frac{S_k^*}{S_k} - \frac{S_k}{S_k^*} \right) + \frac{\sigma_k^2 I_k^*}{2} S_k^2 \right]
$$

$$
= \sum_{k=1}^{n} \bar{c}_k \left[\sum_{j=1}^{n} \beta_{kj} \left((S_k - S_k^*)(I_j - I_j^*) + I_j^* \frac{(S_k - S_k^*)^2}{S_k} \right) + \frac{\sigma_k^2 I_k^*}{2} S_k^2 \right],
$$

其中最后一个等式利用了 (5.2.8). 于是

$$
LV = aLV_1 + LV_2 + LV_3 + LV_4
$$

$$
\leqslant -\sum_{k=1}^{n} \left[b_k d_k - m_k \frac{(d_k + \epsilon_k + \gamma_k)^2 + d_k^2}{2(d_k + \epsilon_k + \gamma_k)} \right] (S_k - S_k^*)^2
$$

$$
- \frac{1}{2} \sum_{k=1}^{n} m_k (d_k + \epsilon_k + \gamma_k)(I_k - I_k^*)^2
$$

$$
- \sum_{k=1}^{n} \bar{c}_k \left(a d_k - \sum_{j=1}^{n} \beta_{kj} I_j^* \right) \frac{(S_k - S_k^*)^2}{S_k}
$$

$$
+ \sum_{k=1}^{n} \sum_{j=1}^{n} \beta_{kj} (\bar{c}_k - b_k S_k^*)(S_k - S_k^*)(I_j - I_j^*)
$$

$$
- \sum_{k=1}^{n} \sum_{j=1}^{n} b_k \beta_{kj} I_j (S_k - S_k^*)^2 + \sum_{k=1}^{n} \frac{b_k \sigma_k^2}{2} S_k^2 I_k^2
$$

$$+ a \sum_{k=1}^{n} \frac{\bar{c}_k \sigma_k^2}{2}(S_k^* I_k^2 + I_k^* S_k^2) + \sum_{k=1}^{n} \frac{\bar{c}_k \sigma_k^2 I_k^*}{2} S_k^2$$

$$\leqslant - \sum_{k=1}^{n} \left[b_k d_k - m_k \frac{(d_k + \epsilon_k + \gamma_k)^2 + d_k^2}{2(d_k + \epsilon_k + \gamma_k)} \right] (S_k - S_k^*)^2$$

$$- \frac{1}{2} \sum_{k=1}^{n} m_k (d_k + \epsilon_k + \gamma_k)(I_k - I_k^*)^2$$

$$- \sum_{k=1}^{n} \bar{c}_k \left(a d_k - \sum_{j=1}^{n} \beta_{kj} I_j^* \right) \frac{(S_k - S_k^*)^2}{S_k}$$

$$+ \sum_{k=1}^{n} \sum_{j=1}^{n} \beta_{kj} (\bar{c}_k - b_k S_k^*)(S_k - S_k^*)(I_j - I_j^*) + \sum_{k=1}^{n} \frac{b_k \sigma_k^2}{2} S_k^2 I_k^2$$

$$+ a \sum_{k=1}^{n} \frac{\bar{c}_k \sigma_k^2}{2}(S_k^* I_k^2 + I_k^* S_k^2) + \sum_{k=1}^{n} \frac{\bar{c}_k \sigma_k^2 I_k^*}{2} S_k^2.$$

取 $a = \max\limits_{1 \leqslant k \leqslant n} \left\{ \dfrac{\sum_{j=1}^{n} \beta_{kj} I_j^*}{d_k} \right\}, b_k = \dfrac{\bar{c}_k}{S_k^*}, k = 1, 2, \cdots, n$, 则

$$LV \leqslant - \sum_{k=1}^{n} \left[b_k d_k - m_k \frac{(d_k + \epsilon_k + \gamma_k)^2 + d_k^2}{2(d_k + \epsilon_k + \gamma_k)} \right] (S_k - S_k^*)^2$$

$$- \frac{1}{2} \sum_{k=1}^{n} m_k (d_k + \epsilon_k + \gamma_k)(I_k - I_k^*)^2 + \sum_{k=1}^{n} \frac{b_k \sigma_k^2}{2} S_k^2 I_k^2$$

$$+ a \sum_{k=1}^{n} \frac{\bar{c}_k \sigma_k^2}{2}(S_k^* I_k^2 + I_k^* S_k^2) + \sum_{k=1}^{n} \frac{\bar{c}_k \sigma_k^2 I_k^*}{2} S_k^2$$

$$\leqslant - \sum_{k=1}^{n} \left[b_k d_k - m_k \frac{(d_k + \epsilon_k + \gamma_k)^2 + d_k^2}{2(d_k + \epsilon_k + \gamma_k)} \right] (S_k - S_k^*)^2$$

$$- \frac{1}{2} \sum_{k=1}^{n} m_k (d_k + \epsilon_k + \gamma_k)(I_k - I_k^*)^2$$

$$+ \frac{1}{2} \sum_{k=1}^{n} \left[b_k \left(\frac{\Lambda_k}{d_k} \right)^4 + a \bar{c}_k \left(\frac{\Lambda_k}{d_k} \right)^3 + \bar{c}_k I_k^* \left(\frac{\Lambda_k}{d_k} \right)^2 \right] \sigma_k^2.$$

取 $m_k = \dfrac{b_k d_k (d_k + \epsilon_k + \gamma_k)}{(d_k + \epsilon_k + \gamma_k)^2 + d_k^2}, k = 1, 2, \cdots, n$, 则

$$LV \leqslant - \frac{1}{2} \sum_{k=1}^{n} b_k d_k (S_k - S_k^*)^2 - \frac{1}{2} \sum_{k=1}^{n} m_k (d_k + \epsilon_k + \gamma_k)(I_k - I_k^*)^2$$

$$+ \frac{1}{2} \sum_{k=1}^{n} \left[b_k \left(\frac{\Lambda_k}{d_k} \right)^4 + a\bar{c}_k \left(\frac{\Lambda_k}{d_k} \right)^3 + \bar{c}_k I_k^* \left(\frac{\Lambda_k}{d_k} \right)^2 \right] \sigma_k^2$$

$$:= F(t).$$

因此

$$dV \leqslant F(t)dt + \sum_{k=1}^{n} a\bar{c}_k \sigma_k (S_k^* I_k - I_k^* S_k) dB_k(t)$$

$$+ \sum_{k=1}^{n} [\bar{c}_k \sigma_k S_k (I_k - I_k^*) - b_k \sigma_k (S_k - S_k^*) S_k I_k] dB_k(t).$$

上式从 0 到 t 积分, 可得

$$V(t) - V(0) \leqslant \int_0^t F(s)ds + M(t), \tag{5.2.12}$$

其中

$$M(t) := \int_0^t \sum_{k=1}^{n} a\bar{c}_k \sigma_k (S_k^* I_k - I_k^* S_k) dB_k(s)$$

$$+ \int_0^t \sum_{k=1}^{n} [\bar{c}_k \sigma_k S_k (I_k - I_k^*) - b_k \sigma_k (S_k - S_k^*) S_k I_k] dB_k(s)$$

是一连续局部鞅, $M(0) = 0$, 且

$$\limsup_{t \to \infty} \frac{\langle M, M \rangle_t}{t} \leqslant 12 \sum_{k=1}^{n} \sigma_k^2 \left[(a+1)\bar{c}_k^2 + b_k^2 \frac{\Lambda_k^2}{d_k^2} \right] \frac{\Lambda_k^4}{d_k^4} < \infty.$$

由鞅强大数定律 (定理 1.1.1) 得

$$\lim_{t \to \infty} \frac{M(t)}{t} = 0 \quad \text{a.s.},$$

上式结合 (5.2.12) 表明

$$\liminf_{t \to \infty} \frac{\int_0^t F(s)ds}{t} \geqslant 0 \quad \text{a.s.}$$

因此

$$\limsup_{t \to \infty} \frac{1}{t} \sum_{k=1}^{n} \int_0^t [b_k d_k (S_k(s) - S_k^*)^2 + m_k (d_k + \epsilon_k + \gamma_k)(I_k(s) - I_k^*)^2] ds$$

$$\leqslant \sum_{k=1}^{n} \left[b_k \left(\frac{\Lambda_k}{d_k} \right)^4 + a\bar{c}_k \left(\frac{\Lambda_k}{d_k} \right)^3 + \bar{c}_k I_k^* \left(\frac{\Lambda_k}{d_k} \right)^2 \right] \sigma_k^2 \quad \text{a.s.}$$

定理 5.2.4 得证.   □

注记 5.2.3 定理 5.2.4 给出, 一定条件下系统 (5.2.1) 的解 $Y_2(t)$ 和系统 (5.0.1) 的有病平衡点 $P^* = (S_1^*, I_1^*, \cdots, S_n^*, I_n^*)$ 之间的距离用下式表述

$$\limsup_{t\to\infty} \frac{1}{t} \int_0^t |Y_2(s) - P^*|^2 ds \leqslant C|\sigma|^2 \text{ a.s.},$$

其中 C 是一个正常数, $|\sigma|^2 = \sum_{k=1}^n \sigma_k^2$. 虽然系统 (5.2.1) 没有如确定性系统的稳定性, 但是当 $|\sigma|^2$ 充分小时, 可以认为存在近似的稳定性. 此时, 认为疾病会流行.

由定理 5.2.4 的结论可得系统 (5.2.1) 是持久的, 这也表明疾病会流行. 结合定义 3.1.1 可得如下结论.

定理 5.2.5 若 $B = (\beta_{kj})_{n\times n}$ 不可约, 且 $R_0 > 1$. 设 $Y_2(t)$ 是系统 (5.2.1) 初值为 $Y_2(0) \in \Gamma^*$ 的解. 若

$$\min\left\{ b_k d_k (S_k^*)^2, m_k(d_k + \epsilon_k + \gamma_k)(I_k^*)^2 \right\}$$
$$> \sum_{j=1}^n \left[b_j \left(\frac{\Lambda_j}{d_j}\right)^4 + a\bar{c}_j \left(\frac{\Lambda_j}{d_j}\right)^3 + \bar{c}_j I_k^* \left(\frac{\Lambda_j}{d_j}\right)^2 \right] \sigma_j^2,$$

其中正常数 a, m_k 和 $b_k, k = 1, 2, \cdots, n$ 如定理 5.2.4 中所定义, 则系统 (5.2.1) 在时间均值意义下是持久的.

证明 显然 (5.2.4) 成立. 即对每个 $k \in \{1, 2, \cdots, n\}$ 有

$$\limsup_{t\to\infty} \frac{1}{t} \int_0^t b_k d_k (S_k - S_k^*)^2 ds$$
$$\leqslant \sum_{k=1}^n \left[b_k \left(\frac{\Lambda_k}{d_k}\right)^4 + a\bar{c}_k \left(\frac{\Lambda_k}{d_k}\right)^3 + \bar{c}_k I_k^* \left(\frac{\Lambda_k}{d_k}\right)^2 \right] \sigma_k^2 \text{ a.s.},$$
$$\limsup_{t\to\infty} \frac{1}{t} \int_0^t m(d_k + \epsilon_k + \gamma_k)(I_k - I_k^*)^2 ds$$
$$\leqslant \sum_{k=1}^n \left[b_k \left(\frac{\Lambda_k}{d_k}\right)^4 + a\bar{c}_k \left(\frac{\Lambda_k}{d_k}\right)^3 + \bar{c}_k I_k^* \left(\frac{\Lambda_k}{d_k}\right)^2 \right] \sigma_k^2 \text{ a.s.},$$

$$(5.2.13)$$

其中 a, m_k 和 b_k $(k = 1, 2, \cdots, n)$ 如定理 5.2.4 所定义. 由于

$$2(S_k^*)^2 - 2S_k^* S_k = 2S_k^*(S_k^* - S_k) \leqslant (S_k^*)^2 + (S_k - S_k^*)^2,$$

即

$$S_k \geqslant \frac{S_k^*}{2} - \frac{(S_k - S_k^*)^2}{2S_k^*}.$$

由上式和 (5.2.13) 可得

$$\liminf_{t \to \infty} \frac{1}{t} \int_0^t S_k(s) ds$$

$$\geqslant \frac{S_k^*}{2} - \limsup_{t \to \infty} \frac{1}{t} \int_0^t \frac{(S_k - S_k^*)^2}{2S_k^*} ds$$

$$\geqslant \frac{S_k^*}{2} - \frac{1}{2b_k d_k S_k^*} \sum_{j=1}^n \left[b_j \left(\frac{\Lambda_j}{d_j} \right)^4 + a\bar{c}_j \left(\frac{\Lambda_j}{d_j} \right)^3 + \bar{c}_j I_k^* \left(\frac{\Lambda_j}{d_j} \right)^2 \right] \sigma_j^2 > 0 \text{ a.s.}$$

类似地, 有

$$\liminf_{t \to \infty} \frac{1}{t} \int_0^t I_k(s) ds$$

$$\geqslant \frac{I_k^*}{2} - \frac{1}{2m(d_k + \epsilon_k + \gamma_k)I_k^*}$$

$$\sum_{j=1}^n \left[b_j \left(\frac{\Lambda_j}{d_j} \right)^4 + a\bar{c}_j \left(\frac{\Lambda_j}{d_j} \right)^3 + \bar{c}_j I_k^* \left(\frac{\Lambda_j}{d_j} \right)^2 \right] \sigma_j^2 > 0 \text{ a.s.}$$

因此, 系统 (5.2.1) 是时间均值意义下是持久的. □

例 5.2.2　取参数 $\Lambda_1 = 0.4, \Lambda_2 = 0.6, d_1 = 0.2, d_2 = 0.4, \beta_{11} = 0.4, \beta_{12} = 0.2, \beta_{21} = 0.3, \beta_{22} = 0.6, \epsilon_1 = 0.2, \epsilon_2 = 0.1, \gamma_1 = 0.3, \gamma_2 = 0.2$ 使得 $R_0 = \dfrac{17 + \sqrt{73}}{7} > 1$. 于是统 (5.0.1) 存在有病平衡点 P^*, 且是全局渐近稳定的, 见图 5.2.2(b). 在图 (a) 和 (b) 中分别取 $\sigma_1 = 0.02, \sigma_2 = 0.05$ 和 $\sigma_1 = 0.01, \sigma_2 = 0.02$, 可以看出随机系统的解长时间围绕有病平衡点 P^* 振动. 另外比较这两个图可见, 当白噪声强度减小时, 随机系统围绕 P^* 的振动也随之减小.

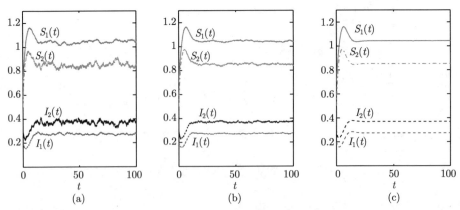

图 5.2.2　$R_0 > 1$ 时, 系统 (5.2.14) 和系统 (5.0.1) 在 $n = 2$ 时的解. (a) 和 (b) 分别表示系统(5.2.1) 取 $\sigma_1 = 0.02, \sigma_2 = 0.05$ 和 $\sigma_1 = 0.01, \sigma_2 = 0.02$ 的解, (c) 表示相应的未扰动系统(5.0.1) 的解

最后, 直观上解释为什么这里仅仅考虑参数 $\beta_{kk}, k = 1, 2, \cdots, n$ 受随机扰动, 而不考虑所有的接触率系数 $\beta_{kj}, k, j = 1, 2, \cdots, n$ 受随机扰动. 如若这样, 系统对白噪声的影响是非常敏感的. 系统可能会出现负解或是爆破解. 但是考我们希望系统的解是正的, 这样才有实际意义. 若假设系统的解是正的, 则系统具有类似系统 (5.2.1) 的性质. 下面以 $n = 2$ 为例说明所有的接触率系数 β_{kj} 受随机扰动, 其解可能是负的. 此时相应的离散方程是

$$
\begin{cases}
S_{i,k+1} = S_{i,k} + \left(\Lambda_i - \sum_{j=1}^{2} \beta_{ij} S_{i,k} I_{j,k} - d_i S_{i,k} \right) \Delta t \\
\qquad - \sum_{j=1}^{2} \sigma_{ij} S_{i,k} I_{j,k} \sqrt{\Delta t} \xi_{ij,k} + \sum_{j=1}^{2} \frac{\sigma_{ij}^2}{2} S_{i,k} I_{j,k}^2 (\Delta t \xi_{ij,k}^2 - \Delta t) \\
I_{i,k+1} = I_{i,k} + \left[\sum_{j=1}^{2} \beta_{ij} S_{i,k} I_{j,k} - (d_i + \epsilon_i + \gamma_i) I_{i,k} \right] \Delta t \\
\qquad + \sum_{j=1}^{2} \sigma_{ij} S_{i,k} I_{j,k} \sqrt{\Delta t} \xi_{ij,k} + \sum_{j=1}^{2} \frac{\sigma_{ij}^2}{2} S_{i,k} I_{j,k}^2 (\Delta t \xi_{ij,k}^2 - \Delta t),
\end{cases}
\tag{5.2.14}
$$

其中 $\xi_{ij,k}, i, j = 1, 2, k = 1, 2, \cdots, n$ 是相互独立的高斯随机变量 $N(0,1)$, $\sigma_{ij}, i, j = 1, 2$ 是相应于 $\beta_{ij}, i, j = 1, 2$ 的白噪声强度.

例 5.2.3 图 5.2.3 中除了白噪声的强度外, 其余参数的值与图 5.2.1 中的相同. 取 $\sigma_{11} = 0, \sigma_{12} = 0.9, \sigma_{21} = 0.7, \sigma_{22} = 0$, 则由图 5.2.3 可见, 解会出现负的. 事实上, 此时仅假设参数 β_{12}, β_{21} 受随机扰动, 这反映了当不同群体之间的接触率系数受随机扰动时, 系统 (5.0.1) 变得更敏感.

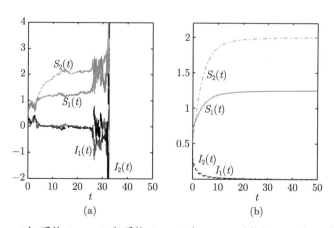

图 5.2.3 $R_0 \leqslant 1$ 时, 系统 (5.2.14) 和系统 (5.0.1) 在 $n = 2$ 时的解. (a) 表示系统 (5.2.14) 取 $\sigma_{11} = 0, \sigma_{12} = 0.9, \sigma_{21} = 0.7, \sigma_{22} = 0$ 的解, (b) 表示相应的未扰动系统 (5.0.1) 的解

图 5.2.4 中选取与图 5.2.2 中相同的参数值, 除了 $\sigma_{11} = 0, \sigma_{12} = 0.3, \sigma_{21} = 0.1, \sigma_{22} = 0$. 系统也会出现负解或爆破解.

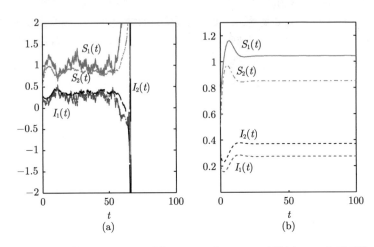

(a)　　　　　　　　　　　　(b)

图 5.2.4　$R_0 > 1$ 时, 系统 (5.2.14) 和系统 (5.0.1) 在 $n = 2$ 时的解. (a) 表示系统 (5.2.14) 取 $\sigma_{11} = 0, \sigma_{12} = 0.3, \sigma_{21} = 0.1, \sigma_{22} = 0$ 的解, (b) 表示相应的未扰动系统 (5.0.1) 的解

图 5.2.5 中, (a) 中的参数值和图 5.2.3 中的参数值相同, 而 (b) 中的和图 5.2.4 中的值相同, 除了 $\sigma_{11} = 0.5, \sigma_{12} = 0.7, \sigma_{21} = 0.6, \sigma_{22} = 0.3$. 由图 5.2.5 可见, 系统也会出现负解或爆破解.

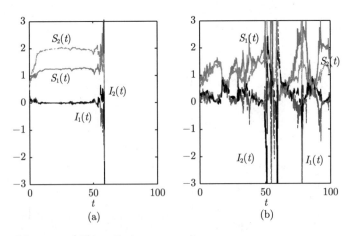

(a)　　　　　　　　　　　　(b)

图 5.2.5　系统 (5.2.14) 的解. 除了 $\sigma_{11} = 0.5, \sigma_{12} = 0.7, \sigma_{21} = 0.6, \sigma_{22} = 0.3$ 以外, (a) 和 (b) 的其他参数分别与图 5.2.3 和图 5.2.4 中的相同

5.3 疾病死亡率扰动的 SIR 系统

本节考虑疾病死亡率受随机扰动的动力学行为. 同样为方便起见, 假设各个群体的自然死亡率相同, 用 d_k 表示. 假设

$$\epsilon_k \to \epsilon_k + \sigma_k \dot{B}_k(t),$$

则相应的随机系统为

$$\begin{cases} dS_k(t) = \left[\Lambda_k - \sum_{j=1}^{n} \beta_{kj} S_k(t) I_j(t) - d_k S_k(t) \right] dt, \\ dI_k(t) = \left[\sum_{j=1}^{n} \beta_{kj} S_k(t) I_j(t) - (d_k + \epsilon_k + \gamma_k) I_k(t) \right] dt - \sigma_k I_k(t) dB_k(t), \\ dR_k(t) = [\gamma_k I_k(t) - d_k R_k(t)] dt, \quad k = 1, 2, \cdots, n. \end{cases}$$

同样由于 R_k 在关于 S_k 和 I_k 的方程中不出现, 故只需考虑关于 S_k, I_k ($k = 1, 2, \cdots, n$) 的 $2n$ 个方程, 即如下系统:

$$\begin{cases} dS_k(t) = \left[\Lambda_k - \sum_{j=1}^{n} \beta_{kj} S_k(t) I_j(t) - d_k S_k(t) \right] dt, \\ dI_k(t) = \left[\sum_{j=1}^{n} \beta_{kj} S_k(t) I_j(t) - (d_k + \epsilon_k + \gamma_k) I_k(t) \right] dt \\ \qquad\qquad - \sigma_k I_k(t) dB_k(t), \end{cases} \tag{5.3.1}$$

$k = 1, 2, \cdots, n.$ 本节中为方便起见, 设 $Y_3(t) = (S_1(t), I_1(t), \cdots, S_n(t), I_n(t)).$

5.3.1 系统正解的存在唯一性

定理 5.3.1 若 $B = (\beta_{kj})_{n \times n}$ 不可约, 则对任意初值 $Y_3(0) \in \mathbb{R}_+^{2n}$, 系统 (5.3.1) 存在唯一解 $Y_3(t), t \geqslant 0$, 且此解以概率 1 位于 $\mathbb{R}_+^{2n}$ 中.

证明 该定理的定理也类似定理 5.1.1 的证明. 这里不给出完整的证明, 只给出证明的主要部分.

定义 C^2 函数 $V : \mathbb{R}_+^{2n} \to \bar{\mathbb{R}}_+$

$$V(S_1, I_1, \cdots, S_n, I_n) = \sum_{k=1}^{n} \left[\left(S_k - ac_k - ac_k \log \frac{S_k}{ac_k} \right) + (I_k - 1 - \log I_k) \right],$$

其中 a 为待定的正常数, c_k 为 $L_B((\mathcal{G}, B)$ 的 Laplacian 矩阵) 的第 k 个对角元的余子式. 由引理 1.5.3 可知, $c_k > 0, k = 1, 2, \cdots, n.$ 利用 Itô 公式计算可得

$$dV = \sum_{k=1}^{n}\left(1 - \frac{ac_k}{S_k}\right)\left(\Lambda_k - \sum_{j=1}^{n}\beta_{kj}S_kI_j - d_kS_k\right)dt$$

$$+ \sum_{k=1}^{n}\left(1 - \frac{1}{I_k}\right)\left[\sum_{j=1}^{n}\beta_{kj}S_kI_j - (d_k + \gamma_k + \epsilon_k)I_k\right]dt$$

$$- \sum_{k=1}^{n}\left(1 - \frac{1}{I_k}\right)\sigma_kI_kdB_k(t) + \sum_{k=1}^{n}\frac{1}{2}\sigma_k^2 dt$$

$$:= LVdt - \sum_{k=1}^{n}\sigma_k(I_k - 1)dB_k(t),$$

其中

$$LV = \sum_{k=1}^{n}\left[\Lambda_k + (1 + ac_k)d_k + \gamma_k + \epsilon_k + \frac{\sigma_k^2}{2}\right]$$

$$- \sum_{k=1}^{n}\left[d_kS_k + (d_k + \gamma_k + \epsilon_k)I_k + \frac{ac_k\Lambda_k}{S_k} - ac_k\sum_{j=1}^{n}\beta_{kj}I_j + \sum_{j=1}^{n}\beta_{kj}S_k\frac{I_j}{I_k}\right]$$

$$\leqslant \sum_{k=1}^{n}\left[\Lambda_k + (1 + ac_k)d_k + \gamma_k + \epsilon_k + \frac{\sigma_k^2}{2}\right]$$

$$- \sum_{k=1}^{n}\left[(d_k + \gamma_k + \epsilon_k)I_k - ac_k\sum_{j=1}^{n}\beta_{kj}I_j\right]. \tag{5.3.2}$$

由引理 1.5.3 可知

$$\sum_{k=1}^{n}\sum_{j=1}^{n}c_k\beta_{kj}I_j = \sum_{k=1}^{n}\sum_{j=1}^{n}c_k\beta_{kj}I_k.$$

上式代入 (5.3.2) 可得

$$LV \leqslant \sum_{k=1}^{n}\left[\Lambda_k + (1 + ac_k)d_k + \gamma_k + \epsilon_k + \frac{\sigma_k^2}{2}\right]$$

$$- \sum_{k=1}^{n}\left[(d_k + \gamma_k + \epsilon_k)I_k - ac_k\sum_{j=1}^{n}\beta_{kj}I_k\right]$$

$$= \sum_{k=1}^{n}\left[\Lambda_k + (1 + ac_k)d_k + \gamma_k + \epsilon_k + \frac{\sigma_k^2}{2}\right]$$

$$- \sum_{k=1}^{n}\left[\left(d_k + \gamma_k + \epsilon_k - ac_k\sum_{j=1}^{n}\beta_{kj}\right)I_k\right].$$

取 $a = \min\limits_{1 \leqslant k \leqslant n} \left\{ \dfrac{d_k + \gamma_k + \epsilon_k}{c_k \sum_{j=1}^{n} \beta_{kj}} \right\} > 0$ 使得 $\sum\limits_{k=1}^{n} \left(d_k + \gamma_k + \epsilon_k - ac_k \sum\limits_{j=1}^{n} \beta_{kj} \right) I_k \geqslant 0$, 则

$$LV \leqslant \sum_{k=1}^{n} \left[\Lambda_k + (1 + ac_k)d_k + \gamma_k + \epsilon_k + \frac{\sigma_k^2}{2} \right] := \tilde{M}. \qquad \square$$

注记 5.3.1 对任意的初值 $Y_3(0) \in \mathbb{R}_+^n$, 系统 (5.3.1) 的解是正的. 此外由方程 (5.3.1) 可得

$$\dot{S}_k(t) \leqslant \Lambda_k - d_k S_k(t), \quad k = 1, 2, \cdots, n.$$

显然,

$$S_k(t) \leqslant \begin{cases} S_k(0), & S_k(0) \geqslant \dfrac{\Lambda_k}{d_k}, \\ \dfrac{\Lambda_k}{d_k}, & S_k(0) < \dfrac{\Lambda_k}{d_k}, \end{cases} \quad k = 1, 2, \cdots, n.$$

从现在起, 总假设 $S_k(0) \leqslant \dfrac{\Lambda_k}{d_k}, k = 1, 2, \cdots, n$, 相应地考虑系统 (5.3.1) 在

$$\Gamma = \left\{ (S_1(t), I_1(t), \cdots, S_n(t), I_n(t)) \in \mathbb{R}_+^{2n} \,\middle|\, S_k(t) \leqslant \frac{\Lambda_k}{d_k}, k = 1, 2, \cdots, n \right\}$$

上的动力学行为.

5.3.2 系统无病平衡点的渐近稳定性和指数稳定性

显然, $P_0 = \left(\dfrac{\Lambda_1}{d_1}, 0, \dfrac{\Lambda_2}{d_2}, 0, \cdots, \dfrac{\Lambda_n}{d_n}, 0 \right)$ 也是系统 (5.3.1) 的无病平衡点. 如前所述, 当 $R_0 \leqslant 1$ 时, 系统 (5.0.1) 的无病平衡点 P_0 是全局稳定的, 这表明流行病在一定时间以后会消失. 所以, 研究无病平衡点的动力学行为对于控制流行病的发生具有重要的意义. 这里主要研究系统 (5.3.1) 无病平衡点 P_0 的稳定性.

定理 5.3.2 假设 $B = (\beta_{kj})_{n \times n}$ 不可约. 若 $R_0 = \rho(M_0) \leqslant 1, \dfrac{\sigma_k^2}{2} < d_k + \gamma_k + \epsilon_k$, 其中 $S_k^0 = \dfrac{\Lambda_k}{d_k}, M_0 = M(S^0) = \left(\dfrac{\beta_{kj} S_k^0}{d_k + \epsilon_k + \gamma_k} \right)_{n \times n}, k = 1, 2, \cdots, n$, 则系统 (5.3.1) 的无病平衡点 P_0 是大范围随机渐近稳定的.

证明 令 $u_k = S_k - \dfrac{\Lambda_k}{d_k}, v_k = I_k$, 则 $u_k \leqslant 0, v_k \geqslant 0, k = 1, 2, \cdots, n$, 且系统 (5.3.1) 可写为

$$\begin{cases} du_k(t) = \left[-d_k u_k - \sum\limits_{j=1}^{n} \beta_{kj} \left(u_k + \dfrac{\Lambda_k}{d_k} \right) v_j \right] dt, \\ \\ dv_k(t) = \left[\sum\limits_{j=1}^{n} \beta_{kj} \left(u_k + \dfrac{\Lambda_k}{d_k} \right) v_j - (d_k + \gamma_k + \epsilon_k) v_k \right] dt - \sigma_k v_k dB_k(t), \end{cases} \tag{5.3.3}$$

$k = 1, 2, \cdots, n$. 由于矩阵 $B = (\beta_{kj})_{n \times n}$ 不可约, 且 $\beta_{kj} \geqslant 0$, $S_k^0 > 0$, $d_k + \epsilon_k + \gamma_k > 0$, $k, j = 1, 2, \cdots, n$, 则 M_0 也是非负不可约的. 从而由引理 1.5.2 可得, 存在相应于矩阵 M_0 的特征值 $\rho(M_0)$ 的左特征向量, 记为 $(\omega_1, \omega_2, \cdots, \omega_n)$ 且 $\omega_k > 0$, $k = 1, 2, \cdots, n$, 即

$$(\omega_1, \omega_2, \cdots, \omega_n)\rho(M_0) = (\omega_1, \omega_2, \cdots, \omega_n)M_0. \tag{5.3.4}$$

定义

$$V(u_1, v_1, \cdots, u_n, v_n) = \frac{1}{2} \sum_{k=1}^{n} a_k (u_k + v_k)^2 + \sum_{k=1}^{n} \frac{\omega_k}{d_k + \gamma_k + \epsilon_k} v_k := V_1 + V_2,$$

其中 $a_k, k = 1, 2, \cdots, n$ 是待定的正常数. 设 L 为相应于系统 (5.3.3) 的生成元, 则

$$LV_1 = \sum_{k=1}^{n} a_k (u_k + v_k)[-d_k u_k - (d_k + \gamma_k + \epsilon_k)v_k] + \frac{1}{2} \sum_{k=1}^{n} a_k \sigma_k^2 v_k^2$$

$$= -\sum_{k=1}^{n} a_k \left[d_k u_k^2 + \left(d_k + \gamma_k + \epsilon_k - \frac{\sigma_k^2}{2} \right) v_k^2 + (2d_k + \gamma_k + \epsilon_k)u_k v_k \right],$$

$$LV_2 = \sum_{k=1}^{n} \frac{\omega_k}{d_k + \gamma_k + \epsilon_k} \left[\sum_{j=1}^{n} \beta_{kj} \left(u_k + \frac{\Lambda_k}{d_k} \right) v_j - (d_k + \gamma_k + \epsilon_k)v_k \right]$$

$$= \sum_{k=1}^{n} \sum_{j=1}^{n} \frac{\omega_k \beta_{kj}}{d_k + \gamma_k + \epsilon_k} u_k v_j - \sum_{k=1}^{n} \omega_k v_k + \sum_{k=1}^{n} \sum_{j=1}^{n} \frac{\omega_k \beta_{kj}}{d_k + \gamma_k + \epsilon_k} \frac{\Lambda_k}{d_k} v_j$$

$$= \sum_{k=1}^{n} \frac{\omega_k \beta_{kk}}{d_k + \gamma_k + \epsilon_k} u_k v_k + \sum_{k=1}^{n} \sum_{j \neq k} \frac{\omega_k \beta_{kj}}{d_k + \gamma_k + \epsilon_k} u_k v_j$$

$$- \sum_{k=1}^{n} \omega_k v_k + \sum_{k=1}^{n} \sum_{j=1}^{n} \frac{\omega_k \beta_{kj}}{d_k + \gamma_k + \epsilon_k} \frac{\Lambda_k}{d_k} v_j.$$

于是

$$LV = LV_1 + LV_2$$

$$= -\sum_{k=1}^{n} a_k \left[d_k u_k^2 + \left(d_k + \gamma_k + \epsilon_k - \frac{\sigma_k^2}{2} \right) v_k^2 \right]$$

$$- \sum_{k=1}^{n} \left[a_k(2d_k + \gamma_k + \epsilon_k) - \frac{\omega_k \beta_{kk}}{d_k + \gamma_k + \epsilon_k} \right] u_k v_k - \sum_{k=1}^{n} \omega_k v_k$$

$$+ \sum_{k=1}^{n} \sum_{j \neq k} \frac{\omega_k \beta_{kj}}{d_k + \gamma_k + \epsilon_k} u_k v_j + \sum_{k=1}^{n} \sum_{j=1}^{n} \frac{\omega_k \beta_{kj}}{d_k + \gamma_k + \epsilon_k} \frac{\Lambda_k}{d_k} v_j.$$

取 $a_k = \dfrac{\omega_k \beta_{kk}}{(2d_k + \gamma_k + \epsilon_k)(d_k + \gamma_k + \epsilon_k)}$ 使得 $a_k(2d_k + \gamma_k + \epsilon_k) = \dfrac{\omega_k \beta_{kk}}{d_k + \gamma_k + \epsilon_k}$, $k =$

$1, 2, \cdots, n$, 结合 $u_k v_j \leqslant 0$ 可得

$$LV \leqslant - \sum_{k=1}^{n} a_k \left[d_k u_k^2 + \left(d_k + \gamma_k + \epsilon_k - \frac{\sigma_k^2}{2} \right) v_k^2 \right]$$
$$- \sum_{k=1}^{n} \omega_k v_k + \sum_{k=1}^{n} \sum_{j=1}^{n} \frac{\omega_k \beta_{kj}}{d_k + \gamma_k + \epsilon_k} \frac{\Lambda_k}{d_k} v_j. \tag{5.3.5}$$

由 (5.3.4) 可得

$$\sum_{k=1}^{n} \sum_{j=1}^{n} \frac{\omega_k \beta_{kj}}{d_k + \gamma_k + \epsilon_k} \frac{\Lambda_k}{d_k} v_j - \sum_{k=1}^{n} \omega_k v_k$$

$$= (\omega_1, \omega_2, \cdots, \omega_n) \begin{pmatrix} \dfrac{\beta_{11}\Lambda_1/d_1}{d_1 + \gamma_1 + \epsilon_1} & \dfrac{\beta_{12}\Lambda_1/d_1}{d_1 + \gamma_1 + \epsilon_1} & \cdots & \dfrac{\beta_{1n}\Lambda_1/d_1}{d_1 + \gamma_1 + \epsilon_1} \\ \dfrac{\beta_{21}\Lambda_2/d_2}{d_2 + \gamma_2 + \epsilon_2} & \dfrac{\beta_{22}\Lambda_2/d_2}{d_2 + \gamma_2 + \epsilon_2} & \cdots & \dfrac{\beta_{2n}\Lambda_2/d_2}{d_2 + \gamma_2 + \epsilon_2} \\ \vdots & \vdots & & \vdots \\ \dfrac{\beta_{n1}\Lambda_n/d_n}{d_n + \gamma_n + \epsilon_n} & \dfrac{\beta_{n2}\Lambda_n/d_n}{d_n + \gamma_n + \epsilon_n} & \cdots & \dfrac{\beta_{nn}\Lambda_n/d_n}{d_n + \gamma_n + \epsilon_n} \end{pmatrix} \begin{pmatrix} v_1 \\ v_2 \\ \vdots \\ v_n \end{pmatrix}$$

$$- (\omega_1, \omega_2, \cdots, \omega_n) \begin{pmatrix} v_1 \\ v_2 \\ \vdots \\ v_n \end{pmatrix}$$

$$:= \omega M_0 v - \omega v = \rho(M_0) \omega v - \omega v = (\rho(M_0) - 1) \omega v = (R_0 - 1) \sum_{k=1}^{n} \omega_k v_k.$$

上式代入 (5.3.5), 并结合 $R_0 \leqslant 1$ 可得

$$LV \leqslant - \sum_{k=1}^{n} a_k \left[d_k u_k^2 + \left(d_k + \gamma_k + \epsilon_k - \frac{\sigma_k^2}{2} \right) v_k^2 \right] + (R_0 - 1) \sum_{k=1}^{n} \omega_k v_k$$
$$\leqslant - \sum_{k=1}^{n} a_k \left[d_k u_k^2 + \left(d_k + \gamma_k + \epsilon_k - \frac{\sigma_k^2}{2} \right) v_k^2 \right]. \tag{5.3.6}$$

当 $d_k + \gamma_k + \epsilon_k > \dfrac{\sigma_k^2}{2}, k = 1, 2, \cdots, n$ 时, (5.3.6) 是负定的. 由引理 1.2.8 可得, 方程 (5.3.3) 的平凡解是大范围随机渐近稳定的. 从而系统 (5.3.1) 的无病平衡点 $P_0 = \left(\dfrac{\Lambda_1}{d_1}, 0, \dfrac{\Lambda_2}{d_2}, 0, \cdots, \dfrac{\Lambda_n}{d_n}, 0 \right)$ 是大范围随机渐近稳定的. □

下面给出无病平衡点是几乎必然指数稳定的.

定理 5.3.3 假设 $B = (\beta_{kj})_{n\times n}$ 不可约. 则系统 (5.3.1) 的无病平衡点是几乎必然指数稳定的, 若以下两条件中有一个满足:

(1) $R_0 \leqslant 1, \sigma_k > 0, k = 1, 2, \cdots, n,$

(2) $R_0 > 1, \sigma_k > 0, k = 1, 2, \cdots, n$ 且

$$\left(2\sum_{k=1}^{n}\frac{1}{\sigma_k^2}\right)^{-1} > \max_{1\leqslant k\leqslant n}\{d_k + \gamma_k + \epsilon_k\}(R_0 - 1),$$

其中 $S_k^0 = \dfrac{\Lambda_k}{d_k}, M_0 = M(S^0) = \left(\dfrac{\beta_{kj}S_k^0}{d_k + \epsilon_k + \gamma_k}\right)_{n\times n}, R_0 = \rho(M_0).$

证明 如定理 5.3.2 的证明, 定义

$$V_2(I_1, I_2, \cdots, I_n) = \sum_{k=1}^{n}\frac{\omega_k}{d_k + \gamma_k + \epsilon_k}I_k.$$

通过计算可得

$$dV_2 = \sum_{k=1}^{n}\frac{\omega_k}{d_k + \gamma_k + \epsilon_k}\left[\sum_{j=1}^{n}\beta_{kj}S_kI_j - (d_k + \gamma_k + \epsilon_k)I_k\right]dt$$

$$- \sum_{k=1}^{n}\frac{\omega_k\sigma_k}{d_k + \gamma_k + \epsilon_k}I_k dB_k(t),$$

$$d\log V_2 = \frac{1}{V_2}\sum_{k=1}^{n}\frac{\omega_k}{d_k + \gamma_k + \epsilon_k}\left[\sum_{j=1}^{n}\beta_{kj}S_kI_j - (d_k + \gamma_k + \epsilon_k)I_k\right]dt$$

$$- \frac{1}{V_2}\sum_{k=1}^{n}\frac{\omega_k\sigma_k}{d_k + \gamma_k + \epsilon_k}I_k dB_k(t) - \frac{1}{2V_2^2}\sum_{k=1}^{n}\left(\frac{\omega_k\sigma_k}{d_k + \gamma_k + \epsilon_k}I_k\right)^2 dt$$

$$= \frac{1}{V_2}\sum_{k=1}^{n}\frac{\omega_k}{d_k + \gamma_k + \epsilon_k}\left[\sum_{j=1}^{n}\beta_{kj}S_kI_j - (d_k + \gamma_k + \epsilon_k)I_k\right]dt$$

$$- \frac{1}{2V_2^2}\sum_{k=1}^{n}\left(\frac{\omega_k\sigma_k}{d_k + \gamma_k + \epsilon_k}I_k\right)^2 dt - \frac{1}{V_2}\sum_{k=1}^{n}\frac{\omega_k\sigma_k}{d_k + \gamma_k + \epsilon_k}I_k dB_k(t).$$

由 (5.3.4) 可得

$$\sum_{k=1}^{n}\frac{\omega_k}{d_k + \gamma_k + \epsilon_k}\left[\sum_{j=1}^{n}\beta_{kj}S_kI_j - (d_k + \gamma_k + \epsilon_k)I_k\right]$$

$$\leqslant \sum_{k=1}^{n}\frac{\omega_k}{d_k + \gamma_k + \epsilon_k}\left[\sum_{j=1}^{n}\beta_{kj}S_k^0I_j - (d_k + \gamma_k + \epsilon_k)I_k\right]$$

$$=(\omega M_0 I - \omega I) = (\rho(M_0) - 1) \sum_{k=1}^{n} \omega_k I_k = (R_0 - 1) \sum_{k=1}^{n} \omega_k I_k. \tag{5.3.7}$$

利用 Cauchy 不等式有

$$
\begin{aligned}
V_2^2 &= \left(\sum_{k=1}^{n} \frac{\omega_k}{d_k + \gamma_k + \epsilon_k} I_k \right)^2 \\
&= \left(\sum_{k=1}^{n} \frac{\omega_k \sigma_k I_k}{d_k + \gamma_k + \epsilon_k} \frac{1}{\sigma_k} \right)^2 \\
&\leqslant \sum_{k=1}^{n} \left(\frac{\omega_k \sigma_k}{d_k + \gamma_k + \epsilon_k} I_k \right)^2 \sum_{k=1}^{n} \frac{1}{\sigma_k^2},
\end{aligned}
$$

则

$$
\begin{aligned}
d \log V_2 &\leqslant \left[\frac{1}{V_2} (R_0 - 1) \sum_{k=1}^{n} \omega_k I_k - \frac{1}{2 \sum\limits_{k=1}^{n} \frac{1}{\sigma_k^2}} \right] dt \\
&\quad - \frac{1}{V_2} \sum_{k=1}^{n} \frac{\omega_k \sigma_k}{d_k + \gamma_k + \epsilon_k} I_k dB_k(t).
\end{aligned}
$$

于是

$$
\begin{aligned}
\log \frac{V_2(t)}{V_2(0)} &\leqslant \int_0^t \left[\frac{1}{V_2} (R_0 - 1) \sum_{k=1}^{n} \omega_k I_k - \frac{1}{2 \sum\limits_{k=1}^{n} \frac{1}{\sigma_k^2}} \right] ds \\
&\quad - \int_0^t \frac{1}{V_2} \sum_{k=1}^{n} \frac{\omega_k \sigma_k}{d_k + \gamma_k + \epsilon_k} I_k dB_k(s). \tag{5.3.8}
\end{aligned}
$$

设

$$ M(t) := \int_0^t \frac{1}{V_2} \sum_{k=1}^{n} \frac{\omega_k \sigma_k}{d_k + \gamma_k + \epsilon_k} I_k dB_k(s), $$

其为一实值连续鞅, $M(0) = 0$, 且

$$
\begin{aligned}
\frac{1}{t} \langle M, M \rangle_t &= \frac{1}{t} \int_0^t \frac{1}{V_2^2} \sum_{k=1}^{n} \left(\frac{\omega_k \sigma_k}{d_k + \gamma_k + \epsilon_k} I_k \right)^2 ds \\
&\leqslant \frac{1}{t} \int_0^t \frac{1}{V_2^2} \left(\sum_{k=1}^{n} \frac{\omega_k \sigma_k}{d_k + \gamma_k + \epsilon_k} I_k \right)^2 ds \\
&\leqslant \frac{1}{t} \max_{1 \leqslant k \leqslant n} \{\sigma_k^2\} \int_0^t \frac{1}{V_2^2} \left(\sum_{k=1}^{n} \frac{\omega_k}{d_k + \gamma_k + \epsilon_k} I_k \right)^2 ds \\
&= \max_{1 \leqslant k \leqslant n} \{\sigma_k^2\} < \infty,
\end{aligned}
$$

则由定理 1.1.1(强大数定律) 知

$$\lim_{t\to\infty} \frac{M(t)}{t} = \lim_{t\to\infty} \frac{\displaystyle\int_0^t \frac{1}{V_2} \sum_{k=1}^n \frac{\omega_k \sigma_k}{d_k + \gamma_k + \epsilon_k} I_k dB_k(s)}{t} = 0 \text{ a.s.} \tag{5.3.9}$$

此外, 当 $R_0 \leqslant 1$ 时, 有

$$\frac{1}{V_2}(R_0 - 1) \sum_{k=1}^n \omega_k I_k \leqslant \min_{1\leqslant k\leqslant n}\{d_k + \gamma_k + \epsilon_k\}(R_0 - 1). \tag{5.3.10}$$

综合 (5.3.8)—(5.3.10) 以及 $\sigma_k > 0, k = 1, 2, \cdots, n$ 可得

$$\limsup_{t\to\infty} \frac{\log V_2(t)}{t}$$
$$\leqslant \min_{1\leqslant k\leqslant n}\{d_k + \gamma_k + \epsilon_k\}(R_0 - 1) - \frac{1}{2\displaystyle\sum_{k=1}^n \frac{1}{\sigma_k^2}} < 0. \tag{5.3.11}$$

而当 $R_0 > 1$ 时, 有

$$\frac{1}{V_2}(R_0 - 1) \sum_{k=1}^n \omega_k I_k \leqslant \max_{1\leqslant k\leqslant n}\{d_k + \gamma_k + \epsilon_k\}(R_0 - 1). \tag{5.3.12}$$

类似地, 若 $\dfrac{1}{2\displaystyle\sum_{k=1}^n \frac{1}{\sigma_k^2}} > \max_{1\leqslant k\leqslant n}\{d_k + \gamma_k + \epsilon_k\}(R_0 - 1)$, 可得

$$\limsup_{t\to\infty} \frac{\log V_2(t)}{t}$$
$$\leqslant \max_{1\leqslant k\leqslant n}\{d_k + \gamma_k + \epsilon_k\}(R_0 - 1) - \frac{1}{2\displaystyle\sum_{k=1}^n \frac{1}{\sigma_k^2}} < 0. \tag{5.3.13}$$

由 (5.3.11) 和 (5.3.13) 可得, 存在 $0 < \tilde{\lambda} < 1$ 使得

$$\limsup_{t\to\infty} \frac{1}{t} \log I_k(t) \leqslant -\tilde{\lambda}, \quad k = 1, 2, \cdots, n \quad \text{a.s.}$$

这就是说, $\forall \max\{0, \tilde{\lambda} - \min_{1\leqslant k\leqslant n}\{d_k\}\} < \epsilon < \tilde{\lambda}$, 存在一个常数 $T = T(\omega) > 0$ 和一集合 Ω_ϵ 使得 $P(\Omega_\epsilon) \geqslant 1 - \epsilon$, 且当 $t > T, \omega \in \Omega_\epsilon$ 时, 有

$$\left| \frac{1}{t} \log I_k(t) + \tilde{\lambda} \right| \leqslant \epsilon, \quad k = 1, 2, \cdots, n.$$

于是

$$d\left(S_k(t) - \frac{\Lambda_k}{d_k}\right) = dS_k(t) \geqslant \left[\Lambda_k - \sum_{j=1}^{n}\beta_{kj}\frac{\Lambda_k}{d_k}e^{-(\tilde{\lambda}-\epsilon)t} - d_k S_k(t)\right]dt$$

$$= \left[-d_k\left(S_k(t) - \frac{\Lambda_k}{d_k}\right) - \sum_{j=1}^{n}\beta_{kj}\frac{\Lambda_k}{d_k}e^{-(\tilde{\lambda}-\epsilon)t}\right]dt.$$

由比较定理可得

$$S_k(t) - \frac{\Lambda_k}{d_k} \geqslant \left(S_k(T) - \frac{\Lambda_k}{d_k}\right)e^{-d_k(t-T)}$$

$$- \frac{\Lambda_k}{d_k(d_k - \tilde{\lambda} + \epsilon)}\sum_{j=1}^{n}\beta_{kj}\left[e^{-(\tilde{\lambda}-\epsilon)t} - e^{-d_k(t-T)-(\tilde{\lambda}-\epsilon)T}\right].$$

由于 $S_k(t) \leqslant \dfrac{\Lambda_k}{d_k}$, 则

$$\left|S_k(t) - \frac{\Lambda_k}{d_k}\right| = -\left(S_k(t) - \frac{\Lambda_k}{d_k}\right)$$

$$\leqslant \left(\frac{\Lambda_k}{d_k} - S_k(T)\right)e^{-d_k(t-T)}$$

$$+ \frac{\Lambda_k}{d_k(d_k - \tilde{\lambda} + \epsilon)}\sum_{j=1}^{n}\beta_{kj}\left[e^{-(\tilde{\lambda}-\epsilon)t} - e^{-d_k(t-T)-(\tilde{\lambda}-\epsilon)T}\right]$$

$$\leqslant \left(\frac{\Lambda_k}{d_k} - S_k(T)\right)e^{-d_k(t-T)} + \frac{\Lambda_k}{d_k(d_k - \tilde{\lambda} + \epsilon)}\sum_{j=1}^{n}\beta_{kj}e^{-(\tilde{\lambda}-\epsilon)t}$$

$$\leqslant \left[\frac{\Lambda_k}{d_k} - S_k(T) + \frac{\Lambda_k}{d_k(d_k - \tilde{\lambda} + \epsilon)}\sum_{j=1}^{n}\beta_{kj}\right]e^{-(\tilde{\lambda}-\epsilon)(t-T)}.$$

显然,

$$\limsup_{t\to\infty}\frac{1}{t}\log\left|S_k(t) - \frac{\Lambda_k}{d_k}\right| \leqslant -\tilde{\lambda} < 0 \text{ a.s.}$$

因此, 存在常数 $\lambda > 0$, 使得

$$\limsup_{t\to\infty}\frac{1}{t}\log\left|(S_1(t), I_1(t), \cdots, S_n(t), I_n(t)) - \left(\frac{\Lambda_1}{d_1}, 0, \cdots, \frac{\Lambda_n}{d_n}, 0\right)\right| \leqslant -\lambda \text{ a.s.,}$$

其中

$$\left|(S_1(t), I_1(t), \cdots, S_n(t), I_n(t)) - \left(\frac{\Lambda_1}{d_1}, 0, \cdots, \frac{\Lambda_n}{d_n}, 0\right)\right|$$

$$= \max\left\{\left|S_k(t) - \frac{\Lambda_k}{d_k}\right|, |I_k(t)|, k = 1, 2, \cdots, n\right\}.$$

故系统的无病平衡点是几乎必然指数稳定的.   □

注记 5.3.2　事实上, 当 $R_0 < 1$, 由 (5.3.7) 可见, 不要求 $\sigma_k > 0, k = 1, 2, \cdots, n$ 也能得到系统的无病平衡点是几乎必然指数稳定的.

上面已经指出当 $R_0 > 1$ 时, 系统 (5.0.1) 的无病平衡点是不稳定的, 此时系统存在有病平衡点, 且是全局稳定的. 这表明当 $R_0 > 1$ 时, 疾病会广泛流行. 但意想不到的是当白噪声充分大使得 $\dfrac{1}{2\sum\limits_{k=1}^{n} 1/\sigma_k^2} > \max\limits_{1 \leqslant k \leqslant n} \{d_k + \gamma_k + \epsilon_k\}(R_0 - 1)$, 随机系统 (5.3.1) 的无病平衡点是几乎必然指数稳定的. 换句话说, 环境白噪声抑制了疾病的广泛流行.

注记 5.3.3　$n = 2$ 时,

$$M_0 = \begin{pmatrix} \dfrac{\beta_{11}\Lambda_1/d_1}{d_1 + \epsilon_1 + \gamma_1} & \dfrac{\beta_{12}\Lambda_1/d_1}{d_1 + \epsilon_1 + \gamma_1} \\[2mm] \dfrac{\beta_{21}\Lambda_2/d_2}{d_2 + \epsilon_2 + \gamma_2} & \dfrac{\beta_{22}\Lambda_2/d_2}{d_2 + \epsilon_2 + \gamma_2} \end{pmatrix} := \begin{pmatrix} \beta_{11}A_1 & \beta_{12}A_1 \\ \beta_{21}A_2 & \beta_{22}A_2 \end{pmatrix},$$

且

$$R_0 = \rho(M_0) = \frac{\beta_{11}A_1 + \beta_{22}A_2 + \sqrt{(\beta_{11}A_1 - \beta_{22}A_2)^2 + 4\beta_{12}\beta_{21}A_1A_2}}{2}.$$

利用 Higham[85] 提出的Milstein 高阶离散方法离散系统(5.3.1) $n = 2$的情形:

$$\begin{cases} S_{1,k+1} = S_{1,k} + \left(\Lambda_1 - \sum\limits_{j=1}^{2} \beta_{1j} S_{1,k} I_{j,k} - d_1 S_{1,k} \right) \Delta t, \\[3mm] I_{1,k+1} = I_{1,k} + \left[\sum\limits_{j=1}^{2} \beta_{1j} S_{1,k} I_{j,k} - (d_1 + \epsilon_1 + \gamma_1) I_{1,k} \right] \Delta t - \sigma_1 I_{1,k} \sqrt{\Delta t}\, \xi_{1,k} \\[3mm] \qquad\quad + \dfrac{\sigma_1^2}{2} I_{1,k}(\Delta t \xi_{1,k}^2 - \Delta t), \\[3mm] S_{2,k+1} = S_{2,k} + \left(\Lambda_2 - \sum\limits_{j=1}^{2} \beta_{2j} S_{2,k} I_{j,k} - d_2 S_{2,k} \right) \Delta t, \\[3mm] I_{2,k+1} = I_{2,k} + \left[\sum\limits_{j=1}^{2} \beta_{2j} S_{2,k} I_{j,k} - (d_2 + \epsilon_2 + \gamma_2) I_{2,k} \right] \Delta t - \sigma_2 I_{2,k} \sqrt{\Delta t}\, \xi_{2,k} \\[3mm] \qquad\quad + \dfrac{\sigma_2^2}{2} I_{2,k}(\Delta t \xi_{2,k}^2 - \Delta t), \end{cases}$$

$$\tag{5.3.14}$$

其中 $\xi_{1,k}, \xi_{2,k},\ k = 1, 2, \cdots, n$ 是相互独立的高斯随机变量 $N(0,1)$. 选取初值 $(S_1(0),$

$I_1(0), S_2(0), I_2(0)) = (0.9, 0.2, 0.8, 0.3)$, 步长 $\Delta t = 0.02$ 以及适当的参数, 由 Matlab 可得系统的模拟图.

例 5.3.1 选取参数 $\Lambda_1 = 0.5, \Lambda_2 = 0.6, d_1 = 0.4, d_2 = 0.3, \beta_{11} = 0.4, \beta_{12} = 0.2, \beta_{21} = 0.1, \beta_{22} = 0.3, \epsilon_1 = 0.1, \epsilon_2 = 0.1, \gamma_1 = 0.3, \gamma_2 = 0.5, \sigma_1 = 0.5, \sigma_2 = 0.8$ 使得 $R_0 = \dfrac{31 + \sqrt{161}}{48} < 1$, 且 $\sigma_1^2 = 0.25 < 2(d_1 + \gamma_1 + \epsilon_1) = 1.6, \sigma_2^2 = 0.64 < 2(d_2 + \gamma_2 + \epsilon_2) = 1.8$, 满足定理 5.3.2 的条件, 则系统 (5.0.1) 和系统 (5.3.1) 的无病平衡点都是全局渐近稳定的. 由图 5.3.1 可见, 随机系统的解的动力学行为与确定性系统的非常相似.

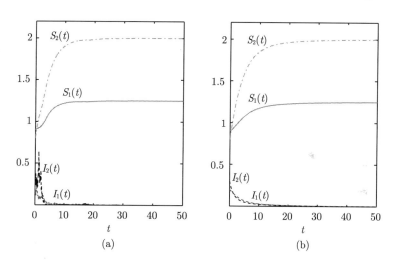

图 5.3.1 当 $R_0 \leqslant 1$ 且白噪声较小时, 系统 (5.3.1) 的形态类似系统 (5.0.1). 即系统 (5.3.1) 的无病平衡点 $P_0 = \left(\dfrac{\Lambda_1}{d_1}, 0, \dfrac{\Lambda_2}{d_2}, 0 \right)$ 也是渐近稳定的. (a) 表示随机系统的解, (b) 表示确定性系统的解

定理 5.3.3 指出当 $R_0 \leqslant 1$ 时, 系统的无病平衡点几乎必然是指数稳定的. 而当 $R_0 > 1$ 时, 强大的白噪声也会使无病平衡点几乎必然全局渐近稳定的. 下面例证这种情形.

例 5.3.2 选取参数 $\Lambda_1 = 0.4, \Lambda_2 = 0.6, d_1 = 0.2, d_2 = 0.4, \beta_{11} = 0.4, \beta_{12} = 0.2, \beta_{21} = 0.3, \beta_{22} = 0.6, \epsilon_1 = 0.2, \epsilon_2 = 0.1, \gamma_1 = 0.3, \gamma_2 = 0.2$, 使得 $R_0 = \dfrac{17 + \sqrt{73}}{14} > 1$, 则确定性系统的解趋于有病平衡点 $P^* = (S_1^*, I_1^*, S_2^*, I_2^*) \doteq (1.04, 0.27, 0.85, 0.37)$, 见图 5.3.2(b). 另外选取 $\sigma_1 = 2.6, \sigma_2 = 3.1$ 使得 $\dfrac{1}{2(1/\sigma_1^2 + 1/\sigma_2^2)} \doteq 1.98 > \max\{d_1 +$

$\gamma_1 + \epsilon_1, d_2 + \gamma_2 + \epsilon_2\}(R_0 - 1) \doteq 0.5772$, 则随机系统的解很快趋于无病平衡点, 见图 5.3.2(a).

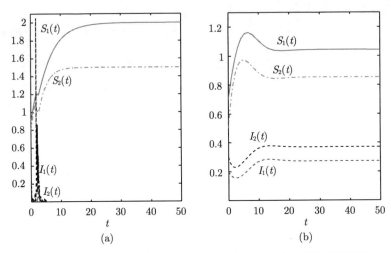

(a)　　　　　　　　　　　　(b)

图 5.3.2　$R_0 > 1$, 确定性系统的疾病会广泛流行, 强大的白噪声会使得疾病消失. (a) 表示随机系统的解, (b) 表示确定性系统的解

5.3.3　系统在 P^* 附近的渐近行为

随机系统 (5.3.1) 不存在有病平衡点. 下面研究系统 (5.3.1) 的解在 P^* 附近的动力学行为.

定理 5.3.4　假设 $B = (\beta_{kj})_{n \times n}$ 不可约. 设 $Y_3(t)$ 是系统 (5.3.1) 初值为 $Y_3(0) \in \Gamma$ 的解. 若 $R_0 > 1$ 且 $\sigma_k^2 < d_k + \epsilon_k + \gamma_k, k = 1, 2, \cdots, n$, 则

$$\limsup_{t \to \infty} \sum_{k=1}^{n} d_k(a_k + b_k)\frac{1}{t} \int_0^t E[(S_k(s) - S_k^*)^2]ds$$

$$+ \sum_{k=1}^{n} a_k(d_k + \epsilon_k + \gamma_k - \sigma_k^2)\frac{1}{t} \int_0^t E[(I_k(s) - I_k^*)^2]ds$$

$$\leqslant \sum_{k=1}^{n} I_k^* \left(a_k I_k^* + \frac{p+1}{2}\bar{c}_k \right) \sigma_k^2,$$

其中 $(S_1^*, I_1^*, \cdots, S_n^*, I_n^*)$ 是系统 (5.0.1) 的有病平衡点, $\bar{B} = (\beta_{kj}S_k^*I_j^*)_{n \times n}, \bar{c}_k > 0$ 是

$L_{\bar{B}}$ 的第 k 个对角元的余子式, $p = \max\limits_{1 \leqslant k \leqslant n} \left\{ \sum\limits_{j=1}^{n} \dfrac{\beta_{kj}}{d_k} I_j^* \right\} > 0, a_k = \dfrac{\bar{c}_k \sum\limits_{j=1}^{n} \beta_{kj}}{2(\gamma_k + 2d_k + \epsilon_k)} >$

$0, b_k = \dfrac{\bar{c}_k}{2S_k^*} > 0, k = 1, 2, \cdots, n.$

证明 由于 P^* 是系统 (5.0.1) 的有病平衡点, 则

$$\sum_{j=1}^{n} \beta_{kj} S_k^* I_j^* + d_k S_k^* = \Lambda_k,$$

$$\sum_{j=1}^{n} \beta_{kj} S_k^* I_j^* = (d_k + \epsilon_k + \gamma_k) I_k^*. \tag{5.3.15}$$

定义 C^2 函数 $\mathbb{R}_+^{2n} \longrightarrow \bar{\mathbb{R}}_+$:

$$
\begin{aligned}
V(S_1, I_1, \cdots, S_n, I_n) =& p \sum_{k=1}^{n} \bar{c}_k \left(S_k - S_k^* - S_k^* \ln \frac{S_k}{S_k^*} + I_k - I_k^* - I_k^* \ln \frac{I_k}{I_k^*} \right) \\
&+ \sum_{k=1}^{n} \bar{c}_k \left(I_k - I_k^* - I_k^* \log \frac{I_k}{I_k^*} \right) \\
&+ \frac{1}{2} \sum_{k=1}^{n} a_k (S_k - S_k^* + I_k - I_k^*)^2 + \frac{1}{2} \sum_{k=1}^{n} b_k (S_k - S_k^*)^2 \\
:=& pV_1 + V_2 + V_3 + V_4,
\end{aligned}
$$

其中 $\bar{c}_k$ 是 $L_{\bar{B}}$ 的第 k 个对角元的余子式, $p, a_k > 0, b_k > 0, k = 1, 2, \cdots, n$ 是待定的常数. 则函数 V 是正定的, 于是利用 Itô 公式计算可得

$$
\begin{aligned}
LV_1 =& \sum_{k=1}^{n} \bar{c}_k \left(1 - \frac{S_k^*}{S_k} \right) \left(\Lambda_k - \sum_{j=1}^{n} \beta_{kj} S_k I_j - d_k S_k \right) \\
&+ \sum_{k=1}^{n} \bar{c}_k \left(1 - \frac{I_k^*}{I_k} \right) \left[\sum_{j=1}^{n} \beta_{kj} S_k I_j - (d_k + \epsilon_k + \gamma_k) I_k \right] + \sum_{k=1}^{n} \frac{\bar{c}_k}{2} I_k^* \sigma_k^2 \\
=& \sum_{k=1}^{n} \bar{c}_k \left(1 - \frac{S_k^*}{S_k} \right) \left(\sum_{j=1}^{n} \bar{\beta}_{kj} - \sum_{j=1}^{n} \bar{\beta}_{kj} \frac{S_k I_j}{S_k^* I_j^*} - d_k S_k + d_k S_k^* \right) \\
&+ \sum_{k=1}^{n} \bar{c}_k \left(1 - \frac{I_k^*}{I_k} \right) \left(\sum_{j=1}^{n} \bar{\beta}_{kj} \frac{S_k I_j}{S_k^* I_j^*} - \sum_{j=1}^{n} \bar{\beta}_{kj} \frac{I_k}{I_k^*} \right) + \sum_{k=1}^{n} \frac{\bar{c}_k}{2} I_k^* \sigma_k^2 \\
=& \sum_{k=1}^{n} \bar{c}_k \left[-S_k^* d_k \left(\frac{S_k^*}{S_k} + \frac{S_k}{S_k^*} - 2 \right) + \left(\sum_{j=1}^{n} \bar{\beta}_{kj} \frac{I_j}{I_j^*} - \sum_{j=1}^{n} \bar{\beta}_{kj} \frac{I_k}{I_k^*} \right) \right. \\
&\left. + \left(2 \sum_{j=1}^{n} \bar{\beta}_{kj} - \sum_{j=1}^{n} \bar{\beta}_{kj} \frac{S_k^*}{S_k} - \sum_{j=1}^{n} \bar{\beta}_{kj} \frac{S_k I_j I_k^*}{S_k^* I_j^* I_k} \right) + \frac{1}{2} I_k^* \sigma_k^2 \right],
\end{aligned}
$$

$$LV_2 = \sum_{k=1}^{n} \bar{c}_k \left(1 - \frac{I_k^*}{I_k} \right) \left[\sum_{j=1}^{n} \beta_{kj} S_k I_j - (d_k + \epsilon_k + \gamma_k) I_k \right] + \frac{1}{2} \sum_{k=1}^{n} \bar{c}_k I_k^* \sigma_k^2$$

$$= \sum_{k=1}^{n} \bar{c}_k \left(1 - \frac{I_k^*}{I_k} \right) \left(\sum_{j=1}^{n} \bar{\beta}_{kj} \frac{S_k I_j}{S_k^* I_j^*} - \sum_{j=1}^{n} \bar{\beta}_{kj} \frac{I_k}{I_k^*} \right) + \frac{1}{2} \sum_{k=1}^{n} \bar{c}_k I_k^* \sigma_k^2$$

$$= \sum_{k=1}^{n} \bar{c}_k \left[\sum_{j=1}^{n} \bar{\beta}_{kj} \left(\frac{S_k I_j}{S_k^* I_j^*} - \frac{I_k}{I_k^*} - \frac{S_k I_j I_k^*}{S_k^* I_j^* I_k} + 1 \right) + I_k^* \frac{\sigma_k^2}{2} \right],$$

$$LV_3 = \sum_{k=1}^{n} a_k (S_k - S_k^* + I_k - I_k^*) \left[\Lambda_k - d_k S_k - (d_k + \epsilon_k + \gamma_k) I_k \right]$$

$$+ \frac{1}{2} \sum_{k=1}^{n} a_k \sigma_k^2 I_k^2$$

$$= - \sum_{k=1}^{n} a_k (S_k - S_k^* + I_k - I_k^*) \left[d_k(S_k - S_k^*) + (d_k + \epsilon_k + \gamma_k)(I_k - I_k^*) \right]$$

$$+ \frac{1}{2} \sum_{k=1}^{n} a_k \sigma_k^2 I_k^2$$

$$\leqslant - \sum_{k=1}^{n} a_k \left[d_k(S_k - S_k^*)^2 + (d_k + \epsilon_k + \gamma_k - \sigma_k^2)(I_k - I_k^*)^2 \right]$$

$$- \sum_{k=1}^{n} a_k (\gamma_k + 2d_k + \epsilon_k)(S_k - S^*)(I_k - I_k^*) + \sum_{k=1}^{n} a_k \sigma_k^2 (I_k^*)^2$$

和

$$LV_4 = \sum_{k=1}^{n} b_k (S_k - S_k^*) \left(\Lambda_k - \sum_{j=1}^{n} \beta_{kj} S_k I_j - d_k S_k \right)$$

$$= \sum_{k=1}^{n} b_k (S_k - S_k^*) \left(\sum_{j=1}^{n} \beta_{kj}(S_k^* I_j^* - S_k I_j) - d_k(S_k - S_k^*) \right)$$

$$= - \sum_{k=1}^{n} \sum_{j=1}^{n} b_k \beta_{kj} [S_k^*(S_k - S_k^*)(I_j - I_j^*) + (S_k - S_k^*)^2 I_j]$$

$$- \sum_{k=1}^{n} b_k d_k (S_k - S_k^*)^2$$

$$\leqslant - \sum_{k=1}^{n} \sum_{j=1}^{n} b_k \beta_{kj} S_k^*(S_k - S_k^*)(I_j - I_j^*) - \sum_{k=1}^{n} b_k d_k (S_k - S_k^*)^2,$$

上面式子中利用了 (5.3.15). 由引理 1.5.3 有

$$\sum_{k=1}^{n} \bar{c}_k \left(\sum_{j=1}^{n} \bar{\beta}_{kj} \frac{I_j}{I_j^*} - \sum_{j=1}^{n} \bar{\beta}_{kj} \frac{I_k}{I_k^*} \right) = 0. \tag{5.3.16}$$

另外, 由于 $a - 1 - \log a \geqslant 0,\ \forall\, a > 0$, 则

$$\sum_{k=1}^{n} \bar{c}_k \sum_{j=1}^{n} \bar{\beta}_{kj} \frac{S_k^*}{S_k} \geqslant \sum_{k=1}^{n} \bar{c}_k \sum_{j=1}^{n} \bar{\beta}_{kj} \left(1 + \log \frac{S_k^*}{S_k} \right)$$
$$= \sum_{k=1}^{n} \bar{c}_k \sum_{j=1}^{n} \bar{\beta}_{kj} \left(1 - \log \frac{S_k}{S_k^*} \right)$$

和

$$\sum_{k=1}^{n} \bar{c}_k \sum_{j=1}^{n} \bar{\beta}_{kj} \frac{S_k I_j I_k^*}{S_k^* I_j^* I_k} \geqslant \sum_{k=1}^{n} \bar{c}_k \sum_{j=1}^{n} \bar{\beta}_{kj} \left(1 + \log \frac{S_k I_j I_k^*}{S_k^* I_j^* I_k} \right)$$
$$= \sum_{k=1}^{n} \bar{c}_k \sum_{j=1}^{n} \bar{\beta}_{kj} \left(1 + \log \frac{S_k}{S_k^*} + \ln \frac{I_j}{I_j^*} + \log \frac{I_k^*}{I_k} \right)$$
$$= \sum_{k=1}^{n} \bar{c}_k \sum_{j=1}^{n} \bar{\beta}_{kj} \left(1 + \log \frac{S_k}{S_k^*} \right),$$

其中在上面最后一个等式又利用了 (5.3.16). 于是有

$$LV_1 \leqslant \sum_{k=1}^{n} \bar{c}_k \left[-S_k^* d_k \left(\frac{S_k^*}{S_k} + \frac{S_k}{S_k^*} - 2 \right) + \frac{1}{2} I_k^* \sigma_k^2 \right]$$
$$= \sum_{k=1}^{n} \bar{c}_k \left[-d_k \frac{(S_k - S_k^*)^2}{S_k} + \frac{1}{2} I_k^* \sigma_k^2 \right],$$

$$LV_2 \leqslant \sum_{k=1}^{n} \bar{c}_k \left[\sum_{j=1}^{n} \bar{\beta}_{kj} \left(\frac{S_k I_j}{S_k^* I_j^*} - \frac{I_k}{I_k^*} - \log \frac{S_k}{S_k^*} \right) + I_k^* \frac{\sigma_k^2}{2} \right]$$
$$\leqslant \sum_{k=1}^{n} \bar{c}_k \left[\sum_{j=1}^{n} \bar{\beta}_{kj} \left(\frac{S_k I_j}{S_k^* I_j^*} - \frac{I_k}{I_k^*} + \frac{S_k^*}{S_k} - 1 \right) + I_k^* \frac{\sigma_k^2}{2} \right]$$
$$= \sum_{k=1}^{n} \bar{c}_k \left[\sum_{j=1}^{n} \bar{\beta}_{kj} \left(\frac{S_k}{S_k^*} - 1 \right) \left(\frac{I_j}{I_j^*} - 1 \right) + \sum_{j=1}^{n} \bar{\beta}_{kj} \left(\frac{S_k}{S_k^*} + \frac{S_k^*}{S_k} - 2 \right) \right.$$
$$\left. + \sum_{j=1}^{n} \bar{\beta}_{kj} \left(\frac{I_j}{I_j^*} - \frac{I_k}{I_k^*} \right) + I_k^* \frac{\sigma_k^2}{2} \right]$$
$$= \sum_{k=1}^{n} \bar{c}_k \left[\sum_{j=1}^{n} \beta_{kj} (S_k - S_k^*)(I_j - I_j^*) + \sum_{j=1}^{n} \beta_{kj} I_j^* \frac{(S_k - S_k^*)^2}{S_k} + I_k^* \frac{\sigma_k^2}{2} \right],$$

最后一个等式利用了 (5.3.16). 从而

$$LV_2 + LV_3 + LV_4$$

$$\leqslant \sum_{k=1}^{n}\sum_{j=1}^{n}[\beta_{kj}(\bar{c}_k - b_k S_k^*) - a_k(\gamma_k + 2d_k + \epsilon_k)](S_k - S_k^*)(I_j - I_j^*)$$

$$+ \sum_{k=1}^{n}\sum_{j=1}^{n}\bar{c}_k\beta_{kj}I_j^*\frac{(S_k - S_k^*)^2}{S_k} - \sum_{k=1}^{n}d_k(a_k + b_k)(S_k - S_k^*)^2$$

$$- \sum_{k=1}^{n}a_k(d_k + \epsilon_k + \gamma_k - \sigma_k^2)(I_k - I_k^*)^2 + \sum_{k=1}^{n}I_k^*\left(a_k I_k^* + \frac{\bar{c}_k}{2}\right)\sigma_k^2.$$

首先, 选取 $a_k = \dfrac{\bar{c}_k \sum\limits_{j=1}^{n} \beta_{kj}}{2(\gamma_k + 2d_k + \epsilon_k)}$, 使得 $\sum\limits_{j=1}^{n}\beta_{kj}\bar{c}_k - a_k(\gamma_k + 2d_k + \epsilon_k) = \sum\limits_{j=1}^{n}\dfrac{\beta_{kj}}{2}\bar{c}_k,$

其次取 $b_k = \dfrac{\bar{c}_k}{2S_k^*}$ 使得 $\dfrac{\bar{c}_k}{2} - b_k S_k^* = 0$, 则

$$LV_2 + LV_3 + LV_4$$

$$\leqslant \sum_{k=1}^{n}\sum_{j=1}^{n}\bar{c}_k\beta_{kj}I_j^*\frac{(S_k - S_k^*)^2}{S_k} - \sum_{k=1}^{n}d_k(a_k + b_k)(S_k - S_k^*)^2$$

$$- \sum_{k=1}^{n}a_k(d_k + \epsilon_k + \gamma_k - \sigma_k^2)(I_k - I_k^*)^2 + \sum_{k=1}^{n}I_k^*\left(a_k I_k^* + \frac{\bar{c}_k}{2}\right)\sigma_k^2.$$

于是

$$pLV_1 + LV_2 + LV_3 + LV_4$$

$$\leqslant \sum_{k=1}^{n}\bar{c}_k\left(\sum_{j=1}^{n}\beta_{kj}I_j^* - pd_k\right)\frac{(S_k - S_k^*)^2}{S_k} - \sum_{k=1}^{n}d_k(a_k + b_k)(S_k - S_k^*)^2$$

$$- \sum_{k=1}^{n}a_k(d_k + \epsilon_k + \gamma_k - \sigma_k^2)(I_k - I_k^*)^2 + \sum_{k=1}^{n}I_k^*\left(a_k I_k^* + \frac{p+1}{2}\bar{c}_k\right)\sigma_k^2.$$

取 $p = \max\limits_{1\leqslant k\leqslant n}\left\{\sum\limits_{j=1}^{n}\dfrac{\beta_{kj}}{d_k}I_j^*\right\}$ 使得 $\sum\limits_{j=1}^{n}\beta_{kj}I_j^* - pd_k \leqslant 0$, 从而

$$pLV_1 + LV_2 + LV_3 + LV_4$$

$$\leqslant - \sum_{k=1}^{n}d_k(a_k + b_k)(S_k - S_k^*)^2 - \sum_{k=1}^{n}a_k(d_k + \epsilon_k + \gamma_k - \sigma_k^2)(I_k - I_k^*)^2$$

$$+ \sum_{k=1}^{n} I_k^* \left(a_k I_k^* + \frac{p+1}{2} \bar{c}_k \right) \sigma_k^2.$$

所以

$$
\begin{aligned}
dV \leqslant & \left[- \sum_{k=1}^{n} d_k (a_k + b_k)(S_k - S_k^*)^2 - \sum_{k=1}^{n} a_k (d_k + \epsilon_k + \gamma_k - \sigma_k^2)(I_k - I_k^*)^2 \right. \\
& \left. + \sum_{k=1}^{n} I_k^* \left(a_k I_k^* + \frac{p+1}{2} \bar{c}_k \right) \sigma_k^2 \right] dt \\
& + \sum_{k=1}^{n} [\bar{c}_k (p+1) + a_k I_k](I_k - I_k^*) \sigma_k dB_k.
\end{aligned}
$$

上式从 0 到 t 积分, 并取数学期望可得

$$
\begin{aligned}
E[V(t)] - E[V(0)] \leqslant & - \sum_{k=1}^{n} d_k (a_k + b_k) \int_0^t E[(S_k(s) - S_k^*)^2] ds \\
& - \sum_{k=1}^{n} a_k (d_k + \epsilon_k + \gamma_k - \sigma_k^2) \int_0^t E[(I_k(s) - I_k^*)^2] ds \\
& + \sum_{k=1}^{n} I_k^* \left[a_k I_k^* + \frac{p+1}{2} \bar{c}_k \right] \sigma_k^2 t.
\end{aligned}
$$

因此

$$
\begin{aligned}
& \limsup_{t \to \infty} \sum_{k=1}^{n} d_k (a_k + b_k) \frac{1}{t} \int_0^t E[(S_k(s) - S_k^*)^2] ds \\
& + \sum_{k=1}^{n} a_k (d_k + \epsilon_k + \gamma_k - \sigma_k^2) \frac{1}{t} \int_0^t E[(I_k(s) - I_k^*)^2] ds \\
& \leqslant \sum_{k=1}^{n} I_k^* \left(a_k I_k^* + \frac{p+1}{2} \bar{c}_k \right) \sigma_k^2.
\end{aligned}
$$

定理 5.3.4 得证. □

注记 5.3.4 定理 5.3.4 指出当 $R_0 > 1$ 且白噪声比较小满足 $\sigma_k^2 < d_k + \epsilon_k + \gamma_k, k = 1, 2, \cdots, n$, 则系统 (5.3.1) 的解在时间均值意义下围绕 P^* 振动. 此时, 可认为疾病会广泛流行.

例 5.3.3 除白噪声强度 σ_1^2, σ_2^2 以外, 其他参数与例 5.3.2 中所取参数值相同, 则 $R_0 = \dfrac{17 + \sqrt{73}}{14} > 1$, 于是确定性系统存在有病平衡点 P^*, 且渐近稳定, 见图 5.3.3, 图 5.3.4 中的实线. 选取较小的白噪声强度, 如上面定理所指, 随机系统的解围绕 P^* 振动, 且振动的大小随着白噪声的减小而减小. 图 5.3.3 中取 $\sigma_1 = 0.08, \sigma_2 =$

0.06, 图 5.3.4 中取 $\sigma_1 = 0.04, \sigma_2 = 0.03$, 均满足 $\sigma_1^2 < d_1 + \epsilon_1 + \gamma_1, \sigma_2^2 < d_2 + \epsilon_2 + \gamma_2$. 此时, 随机系统的解长时间围绕有病平衡点 P^* 振动, 见图 5.3.3, 图 5.3.4 上部分的图. 而图 5.3.3 和图 5.3.4 下部分图表明随机系统 (5.3.1) 的解的大部分路径形成一个围绕 P^* 的圆或者椭圆. 更进一步, 比较图 5.3.3 和图 5.3.4 可见, 当白噪声的强度 σ_1^2, σ_2^2 的减小时, 系统的解围绕 P^* 的振动也随之减弱.

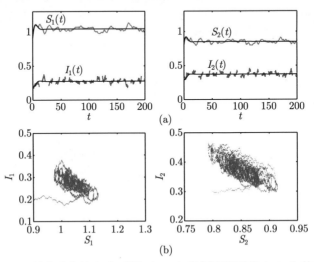

图 5.3.3　当 $R_0 > 1$ 且白噪声较小时, 系统 (5.3.1) 的解围绕系统 (5.0.1) 的有病平衡点 P^* 振动. 图中 (a) 实线表示确定性系统的解, 虚线表示随机系统的解, 图 (b) 表示随机系统的解轨道

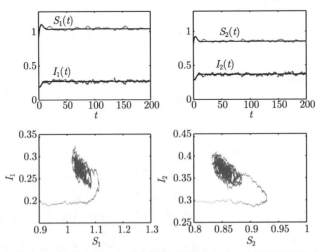

图 5.3.4　与图 5.3.3 比较可见, 当白噪声强度的减小时, 系统解的振动也随之减小

5.4 总 结

本章主要探讨了多群体 SIR 模型在不同扰动下的动力学行为, 由于扰动系统并不存在无病平衡点或有病平衡点, 并不能像确定性系统那样通过平衡点的稳定性探讨疾病的流行或消失. 本章主要通过探讨随机系统的解在确定系统平衡点附近的动力学行为, 以此反映随机系统疾病的流行或消失. 另外, 对具有非退化扩散项的随机 SIR 模型给出了系统平稳分布的存在性, 这也反映了随机系统疾病的流行. 但是, 对具有退化扩散项的随机 SIR 模型, 本章并未研究系统平稳分布的存在性. 事实上, 通过 Markov 半群理论, 结合李括号运算也能得到系统平稳分布的存在.

不同类型的传染病的传播过程有其各自不同的特点, 研究者从其传播机理建立各种模型. 除了描述麻疹、乙型肝炎等传染病的 SIR 模型, 还有描述肺结核、淋病、流感、艾滋病等常见的 SIS, SIRS, SEIR 等传染病模型. 很多学者对常见的传染病模型及其扩展形式考虑随机因素, 研究传染病的动力学行为, 取得了大量的研究成果. 除了具有标准发生率的传染病模型 [129, 156, 157, 247], 大家还研究了具有非线性发生率、饱和发生率等传染病模型在随机扰动下的渐近行为可参见文献 [46, 47, 50, 78, 118, 144, 153, 154, 161, 187, 188, 203, 207, 217, 246, 248]. 除了白噪声扰动的传染病模型 ([25, 26, 55, 57, 98, 100, 119, 120, 136, 151, 152, 155, 158, 176, 215, 220, 224, 228, 244, 245, 249]), 一些学者还研究了带 Levy 噪声、Markov 转换等其他形式的随机扰动的传染病模型的性质 ([65, 79, 181, 235, 236, 239, 240, 250, 251]). 研究不同形式的随机传染病模型, 探讨模型中解的渐近行为, 给出了模型中疾病的流行和消失的条件. 与研究确定性的传染病模型一样, 大家仍然关注决定疾病流行和消失的阈值, 称之为基本再生数. 但是, 相比于确定性模型, 随机模型中有很多不同的尺度刻画疾病的流行和消失, 从而探讨随机系统的阈值条件比确定性系统的困难多. 在后期的研究中, 通过进一步分析系统的动力学行为, 得到了度量系统疾病流行和消失更加精细的条件, 得到系统疾病流行和消失的阈值 [47, 98-100, 129, 151, 152, 203, 217, 244-246, 250, 251]. 一些学者研究了非自治的随机传染病模型的动力学行为, 通过探讨系统疾病的灭绝和依分布周期解的存在性得到系统疾病流行和消失的阈值 [130, 148, 149].

参 考 文 献

[1] 陈兰荪, 陈健. 非线性生物动力系统. 北京: 科学出版社, 1993.

[2] 龚光鲁. 随机微分方程及其应用概要. 北京: 清华大学出版社, 2008.

[3] 胡适耕, 黄乘明, 吴付科. 随机微分方程. 北京: 科学出版社, 2008.

[4] 黄志远. 随机分析学基础. 北京: 科学出版社, 2001.

[5] 匡继昌. 常用不等式. 4 版. 济南: 山东科学技术出版社, 2010.

[6] 马知恩, 周义仓, 王稳地, 靳祯. 传染病动力学的数学建模与研究. 北京: 科学出版社, 2004.

[7] 马知恩, 周义仓, 吴建宏. 传染病建模与动力学. 北京: 高等教育出版社, 2009.

[8] 王克. 随机生物数学模型. 北京: 科学出版社, 2010.

[9] 严加安. 随机分析选讲. 北京: 科学出版社, 2000.

[10] 闫理坦, 鲁立刚, 许志强. 随机积分与不等式. 北京: 科学出版社, 2005.

[11] Abrams A, Ginzburg L R. The nature of predation: prey dependent, ratio dependent or neither? Trends Ecology Evolution, 2000, 15: 337-341.

[12] Addicott J F, Freedman H I. On the structure and stability of mutualistic systems: analysis of predator-prey and competition models as modified by the action of a slow-growing mutualist. Theoretical Population Biology, 1984, 26: 320-339.

[13] Allen E J. Stochastic differential equations and persistence time for two interacting populations. Dynamics of Continuous Discrete and Impulsive Systems, 1999, 5: 271-281.

[14] Allen L J S, Burgin A M. Comparison of deterministic and stochastic SIS and SIR models in discrete time. Mathematical Biosciences, 2000, 163: 1-31.

[15] Anderson R M, May R M. Population biology of infectious diseases. Part I. Nature, 1979, 280: 361-367.

[16] Arditi R, Ginzburg L R. Coupling in predator-prey dynamics: ratio-dependence. Journal of Theoretical Biology, 1989, 139: 311-326.

[17] Arditi R, Ginzburg L R, Akcakaya H R. Variation in plankton densities among lakes: a case for ratio-dependent models. American Naturalist. 1991, 138: 1287-1296.

[18] Arditi R, Perrin N, Saiah H. Functional response and heterogeneities: an experiment test with cladocerans. Oikos, 1991, 60: 69-75.

[19] Arditi R, Saiah H. Empirical evidence of the role of heterogeneity in ratio-dependent consumption. Ecology, 1992, 73: 1544-1551.

[20] Arnold L. Stochastic Differential Equations: Theory and Applications. New York: Wiley, 1972.

[21] Arnold L, Horsthemke W, Stucki J W. The influence of external real and white noise on the Lotka-Volterra model. Biometrical Journal, 1979, 21: 451-471.

[22] Arató M. A famous nonlinear stochastic equation (Lotka-Volterra model with diffu-

sion). Mathematical and Computer Modelling, 2003, 38: 709-726.

[23] Atar R, Budhiraja A, Dupuis P. On positive recurrence of constrained diffusion processes. Annals of Probability, 2001, 29: 979-1000.

[24] Aziz-Alaoui M A, Daher Okiye M. Boundedness and global stability for a predator-prey model with modified Leslie-Gower and Holling-type II schemes. Applied Mathematics Letters, 2003, 16: 1069-1075.

[25] Bacaer N. On the stochastic SIS epidemic model in a periodic environment. Journal of Mathematical Biology, 2015, 71: 491-511.

[26] Bacaer N. The stochastic SIS epidemic model in a random environment. Journal of Mathematical Biology, 2016, 73: 847-866.

[27] Bahar A, Mao X R. Stochastic delay Lotka-Volterra model. Journal of Mathematical Analysis and Applications, 2004, 292: 364-380.

[28] Bai L, Li J S, Zhang K, et al. Analysis of a stochastic ratio-dependent predator-prey model driven by Levy noise. Applied Mathematics and Computation, 2014, 233: 480-493.

[29] Bailey N T J. The Mathematical Theory of Infectious Diseases and its Applications. 2nd ed. London: Charles Griffin and Company, 1975.

[30] Bandyopadhyay M, Chattopadhyay J. Ratio-dependent predator-prey model: effect of environmental fluctuation and stability. Nonlinearity, 2005, 18: 913-936.

[31] Bao J H, Mao X R, Yin G, Yuan C G. Competitive Lotka-Volterra population dynamics with jumps. Nonlinear Analysis Theory Methods and Applications, 2011, 74: 6601-6616.

[32] Barbalat I. Systems dequations differentielles d'osci d'oscillations nonlineaires. Revue Roumaine de Mathematiques Pures et Appliquees, 1959, 4: 267-270.

[33] Bazykin A D. Nonlinear Dynamics of Interacting Populations. Singapore: World Scientific, 1998.

[34] Beddington J R. Mutual interference between parasites or predators and its effect on searching efficiency. Journal of Animal Ecology, 1975, 44: 331-340.

[35] Beddington J R, May R M. Harvesting natural populations in a randomly fluctuating environment. Science, 1977, 197: 463-465.

[36] Beretta E, Capasso V. Global Stability Results for a Multigroup SIR Epidemic Model // Hallam T G, Gross L J, Levin S A ed. Mathematical Ecology. Singapore: Teaneck, NJ, World Scientific, 1986: 317-342.

[37] Beretta E, Takeuchi Y. Global stability of a SIR epidemic model with time delay. Journal of Mathematical Biology, 1995, 33: 250-260.

[38] Beretta E, Kuang Y. Global analysis in some delayed ratio-dependent predator-prey systems. Nonlinear Analysis Theory Methods and Applications, 1998, 32: 381-408.

[39] Beretta E, Kolmanovskii V, Shaikhet L. Stability of epidemic model with time delays

influenced by stochastic perturbations. Mathematics and Computers in Simulation, 1998, 45: 269-277.

[40] Beretta E, Carletti M, Solimano F. On the effects of environmental fluctuations in a simple model of bacteria-bacteriophage infection. Canadian Applied Mathematics Quarterly, 2000, 8: 321-366.

[41] Beretta E, Hara T, Ma W, et al. Global asymptotic stability of an SIR epidemic model with distributed time delay. Nonlinear Analysis, 2001, 47: 4107-4115.

[42] Berezovskaya F S, Karev G, Arditi R. Parametric analysis of the ratio-dependent predator-prey model. Journal of Mathematical Biology, 2001, 43: 221-246.

[43] Bernoulli D. Essai d'une nouvelle analyse de la mortalité causée par la petite vérole et des advantages de l'inoculation pour la prévenir. Mem Math Phys Acad Roy Sci, Paris, 1760: 1-45.

[44] Brauer F, Castillo-Chavez C. Mathematical Models in Population Biology and Epidemiology. New York: Springer-Verlag, 2000.

[45] Burton T A. Volterra Integral and Differential Equations. New York: Academic Press, 1983.

[46] Cai Y L, Kang Y, Wang W M. A stochastic SIRS epidemic model with nonlinear incidence rate. Applied Mathematics and Computation, 2017, 305: 221-240.

[47] Cao Z W, Cao W J, Xu X J, et al. The threshold behavior and periodic solution of stochastic SIR epidemic model with saturated incidence, Journal of Nonlinear Sciences and Applications, 2016, 9: 4909-4923.

[48] Carletti M. On the stability properties of a stochastic model for phage-bacteria interaction in open marine environment. Mathematical Biosciences, 2002, 175: 117-131.

[49] Carletti M. Mean-square stability of a stochastic model for bacteriophage infection with time delays. Mathematical Biosciences, 2017, 210: 395-414.

[50] Chang Z B, Meng X Z, Lu X. Analysis of a novel stochastic SIRS epidemic model with two different saturated incidence rates. Physica A-Statistical Mechanics and Its Applications, 2017, 472: 103-116.

[51] Dalal N, Greenhalgh D, Mao X R. A stochastic model of AIDS and condom use. Journal of Mathematical Analysis and Applications, 2007, 325: 36-53.

[52] Dalal N, Greenhalgh D, Mao X R. A stochastic model for internal HIV dynamics. Journal of Mathematical Analysis and Applications, 2008, 341: 1084-1101.

[53] Dalal N, Greenhalgh D, Mao X R. Mathematical modelling of internal HIV dynamics. Discrete and Continuous Dynamical Systems-Series B, 2009, 12: 305-321.

[54] DeAngelis D L, Goldstein R A, O'Neill R V. A model for trophic interaction. Ecology, 1975, 56: 881-892.

[55] Dieu N T, Nguyen D H, Du N H, et al. Classification of asymptotic behavior in a stochastic SIR model. SIAM Journal on Applied Dynamical Systems, 2016, 15: 1062-

1084.

[56] Du N H, Sam V H. Dynamics of a stochastic Lotka-Volterra model perturbed by white noise. Journal of Mathematical Analysis and Applications, 2016, 324: 82-97.

[57] Economoua A, Gomez-Corral A, Lopez-Garcia M. A stochastic SIS epidemic model with heterogeneous contacts. Physica A-Statistical Mechanics and Its Applications, 2015, 421: 78-97.

[58] Fan M, Wang K. Periodicity in a delayed ratio-dependent pedator-prey system. Journal of Mathematical Analysis and Applications, 2001, 262: 179-190.

[59] Feng Z L, Huang W Z, Castillo-Chavez C. Global behavior of a multi-group SIS epidemic model with age structure. Journal of Differential Equations, 2005, 218: 292-324.

[60] Freedman H I. Deterministic Mathematical Models in Population Ecology. New York: Marcel Dekker, 1980.

[61] Freedman H I, Rai B. Uniform persistence and global stability in models involving mutualism. II. Competitor-competitor-mutualist systems. Indian Journal of Mathematics, 1988, 30: 175-186.

[62] Friedman A. Stochastic Differential Equations and Their Applications. New York: Academic Press, 1976.

[63] Gard T C. Stability for multispecies population models in random environments. Nonlinear Analysis: Theory, Methods and Applications, 1986, 10: 1411-1419.

[64] Gard T C. Introduction to Stochastic Differential Equations. New York: 270 Madison Avenue, 1988.

[65] Ge Q, Ji G L, Xu J B, et al. Extinction and persistence of a stochastic nonlinear SIS epidemic model with jumps. Physica A-Statistical Mechanics and Its Applications, 2016, 462: 1120-1127.

[66] Gilpin M E, Ayala F G. Global models of growth and competition. Proceedings of the National Academy of Sciences of the United States of America, 1973, 70: 3590-3593.

[67] Globalism K. Stability and Oscillations in Delay Differential Equations of Population Dynamics. London: Kluwer Academic Publishers, 1992.

[68] Goh B S. Stability in models of mutualism. American Naturalist, 1979, 113: 261-275.

[69] Golec J, Sathananthan S. Stability analysis of a stochastic logistic model. Mathematical and Computer Modelling, 2003, 38: 585-593.

[70] Golpalsamy K. Exchange of equilibria in two-species Lotka-Volterra competition models. Journal of the Australian Mathematical Society-Series B, 1982/1983, 24: 160-170.

[71] Golpalsamy K. Global asymptotic stability in Volterra's population systems. Journal of Mathematical Biology, 1984, 19: 157-168.

[72] Gopalsamy K. Stability and Oscillation in Delay Differential Equations of Population

Dynamics. Netherlands: Kluwer Academic Publishers Group, 1992.

[73] Guo H B, Li M Y, Shuai Z S. Global stability of the endemic equilibrium of multigroup SIR epidemic models. Canadian Applied Mathematics Quarterly, 2006, 14: 259-284.

[74] Guo H B, Li M Y, Shuai Z S. A graph-theoretic approach to the method of global Lyapunov functions. Proceedings of the American Mathematical Society, 2008, 136: 2793-2802.

[75] Guo H J, Song X Y. An impulsive predator-prey system with modified Leslie-Gower and Holling type II schemes. Chaos Solitons and Fractals, 2008, 36: 1320-1331.

[76] Hamer W H. Epidemic disease in England, The Lancet, 1906, 1: 733-739.

[77] Han Q X, Jiang D Q. Periodic solution for stochastic non-autonomous multispecies Lotka-Volterra mutualism type ecosystem. Applied Mathematics and Computation, 2015, 262: 204-217.

[78] Han Q X, Chen L, Jiang D Q. A note on the stationary distribution of stochastic SEIR epidemic model with saturated incidence rate. Scientific Reports, 2017, 7: 3996.

[79] Han Z X, Zhao J D. Stochastic SIRS model under regime switching. Nonlinera Analysis-Real World Applications, 2013, 14: 352-364.

[80] Hanski I. The functional response of predator: worries about scale. Tree, 1991, 6: 141-142.

[81] Khas'minskii R Z. Stochastic Stability of Differential Equations. 2nd ed. Berlin Heidelberg: Springer-Verlag, 2012.

[82] Hastings A. Population Biology: Concepts and Models. New York: Springer-Verlag, 1997.

[83] He X Z, Gopalsamy K. Persistence, attractivity, and delay in facultative mutualism. Journal of Mathematical Analysis and Applications, 1997, 215: 154-173.

[84] Hethcote H W. An immunization model for a heterogeneous population. Theoretical Population Biology, 1979, 14: 338-349.

[85] Higham D J. An algorithmic introduction to numerical simulation of stochastic differential equations. SIAM Review, 2001, 43: 525-546.

[86] Hofbauer J, Sigmund K. The Theory of Evolution and Dynamical Systems. Mathematical Aspects of Selection. New York: Cambridge University Press, 1988.

[87] Holling C S. The components of predation as revealed by a study of small mammal predation of the European pine sawfly. Canadian Entomologist, 1959, 91: 293-320.

[88] Holling C S. The functional response of predator to prey density and its role in mimicry and population regulation. The Memoirs of the Entomological Society of Canada, 1965, 45: 1-60.

[89] Hsu S B, Hwang T W, Kuang Y. Global analysis of the Michaelis-Menten ratio-dependent predator-prey system. Journal of Mathematical Biology, 2001, 42: 489-506.

[90] Hsu S B, Hwang T W, Kuang Y. Rich dynamics of a ratio-dependent one prey two

predators model. Journal of Mathematical Biology, 2001, 43: 377-396.

[91] Hu G X, Wang K. Stability in distribution of competitive Lotka-Volterra system with Markovian switching. Applied Mathematical Modelling, 2011, 35: 3189-3200.

[92] Hu Y Z, Wu F K, Huang C M. Stochastic Lotka-Volterra models with multiple delays. Journal of Mathematical Analysis and Applications, 2011, 375: 42-57.

[93] Hu Y Z, Wu F K. Exponential extinction of a stochastic Lotka-Volterra model with expectations in coefficients. IMA Journal of Applied Mathematics, 2015, 80: 1219-1234.

[94] Huang W Z, Cooke K L, Castillo-Chavez C. Stability and bifurcation for a multiple-group model for the dynamics of HIV/AIDS transmission. SIAM Journal on Applied Mathematics, 1992, 52: 835-854.

[95] Iannelli M. Mathematical problems in the description of age structured populations. Mathematics in Biology and Medicine 1985: 19-32.

[96] Ikeda N, Wantanabe S. Stochastic Differential Equations and Diffusion Processes. New York: North-Holland Publishing Company, 1989.

[97] Imhof L A, Walcher S. Exclusion and persistence in deterministic and stochastic chemostat models. Journal Differential Equations, 2005, 217: 26-53.

[98] Ji C Y, Jiang D Q. Threshold behaviour of a stochastic SIR model. Applied Mathematical Modelling, 2014, 38: 5067-5079.

[99] Ji C Y, Jiang D Q. The threshold of a non-autonomous SIRS epidemic model with stochastic perturbations. Mathematical Methods in the Applied Sciences, 2016, 40: 1773-1782.

[100] Ji C Y, Jiang D Q. The threshold of a non-autonomous SIRS epidemic model with stochastic perturbations. Mathematical Methods in the Applied Sciences, 2017, 40: 1773-1782.

[101] Jiang G R, Lu Q S, Qian L N. Complex dynamics of a Holling type II prey-predator system with state feedback control. Chaos Solitons and Fractals, 2007, 31: 448-461.

[102] Jiang D Q, Shi N Z. A note on nonautonomous logistic equation with random perturbation. Journal of Mathematical Analysis and Applications, 2005, 303: 164-172.

[103] Jiang D Q, Shi N Z, Li X Y. Global stability and stochastic permanence of a non-autonomous logistic equation with random perturbation. Journal of Mathematical Analysis and Applications, 2008, 340: 588-597.

[104] Jiang D Q, Shi N Z, Zhao Y N. Existence, uniqueness, and global stability of positive solutions to the food-limited population model with random perturbation. Mathematical and Computer Modelling, 2005, 42: 651-658.

[105] Jiang D Q, Zhang Q M, Hayat T, et al. Periodic solution for a stochastic non-autonomous competitive Lotka-Volterra model in a polluted environment. Physica A-Statistical Mechanics and Its Applications, 2017, 471: 276-287.

[106] Jiang D Q, Zhang B X, Wang D H, Shi N Z. Existence, uniqueness and global attractivity of positive solutions and MLE of the parameters to the Logistic equation with random perturbation. Science China (Mathematics), 2007, 50: 977-986.

[107] Jiang D Q, Zuo W J, Hayat T, et al. Stationary distribution and periodic solutions for stochastic Holling-Leslie predator-prey systems. Physica A-Statistical Mechanics and Its Applications, 2016, 460: 16-28.

[108] Jovanovic M, Vasilova M. Dynamics of non-autonomous stochastic Gilpin-Ayala competition model with time-varying delays. Applied Mathematics and Computation, 2013, 219: 6946-6964.

[109] Jovanovic M, Krstic M. Extinction in stochastic predator-prey population model with Allee effect on prey. Discrete and Continuous Dynamical Systems-Series B, 2017, 22: 2651-2667.

[110] Karatzas I, Shreve S E. Brownian Motion and Stochastic Calculus. 2nd ed. New York: Springer, 1991.

[111] Kermack W O, McKendrick A G. Contributions to the mathematical theory of epicemics, part I. Proceedings of the Royal Society of London, A, 1927, 115: 700-721.

[112] Klebaner F C. Introduction to Stochastic Calculus with Applications. London: Imperial College Press, 1998.

[113] Kliemann W. Recurrence and invariant measures for degenerate diffusions. Annals of Probability, 1987, 15: 690-707.

[114] Koide C, Seno H. Sex ratio features of two-group SIR model for asymmetric transmission of heterosexual disease. Mathematical and Computer Modelling, 1996, 23: 67-91.

[115] Kuang Y. Delay Differential Equations with Applications in Population Dynamics. Boston: Academic Press, 1993.

[116] Kuang Y, Beretta E. Global qualitative analysis of a ratio-dependent predator-prey system. Journal of Mathematical Biology, 1998, 36: 389-406.

[117] Ladde G S, Sathananthan S. Stability of Lotka-Volterra model. Mathematical and Computer Modelling, 1992, 16: 99-107.

[118] Lahrouz A, Omani L. Extinction and stationary distribution of a stochastic SIRS epidemic model with non-linear incidence. Statistic and Probability Letters, 2013, 83: 960-968.

[119] Lahrouz A, Settati A. Qualitative study of a nonlinear stochastic SIRS epidemic system. Stochastic Analysis and Applications, 2014, 32: 992-1008.

[120] Lahrouz A, Settati A, Akharif A. Effects of stochastic perturbation on the SIS epidemic system. Journal of Mathematical Biology, 2017, 74: 469-498.

[121] Leslie P H. Some further notes on the use of matrices in population mathematics.

Biometrika, 1948, 35: 213-245.

[122] Leslie P H, Gower J C. The properties of a stochastic model for the predator-prey type of interaction between two species. Biometrika, 1960, 47: 219-234.

[123] Levin S A. Dispersion and population interactions. The American Naturalist, 1974, 108: 207-228.

[124] Li M Y, Shuai Z S. Global-stability problem for coupled systems of differential equations on networks. Journal of Differential Equations, 2010, 248: 1-20.

[125] Li M Y, Shuai Z S, Wang C C. Global stability of multi-group epidemic models with distributed delays. Journal of Mathematical Analysis and Applications, 2010, 361: 38-47.

[126] Li X Y, Jiang D Q, Mao X R. Population dynamical behavior of Lotka-Volterra system under regime switching. Journal of Computational and Applied Mathematics, 2009, 232: 427-448.

[127] Li X Y, Gray A, Jiang D Q, Mao X R. Sufficient and necessary conditions of stochastic permanence and extinction for stochastic logistic populations under regime switching. Journal of Mathematical Analysis and Applications, 2011, 376: 11-28.

[128] Li H Y, Takeuchi Y. Dynamics of the density dependent predator-prey system with Beddington-DeAngelis functional response. Journal of Mathematical Analysis and Applications, 2011, 374: 644-654.

[129] Lin Y G, Jiang D Q. Threshold behavior in a stochastic SIS epidemic model with standard incidence. Journal of Dynamics and Differential Equations, 2014, 26: 1079-1094.

[130] Lin Y G, Jiang D Q, Liu T H. Nontrivial periodic solution of a stochastic epidemic model with seasonal variation. Applied Mathematics Letters, 2015, 45: 103-107.

[131] Liu B, Teng Z D, Chen L S. Analysis of a predator-prey model with Holling II functional response concerning impulsive control strategy. Journal of Computational and Applied Mathematics, 2006, 193: 347-362.

[132] Liu L, Shen Y. New criteria on persistence in mean and extinction for stochastic competitive Lotka-Volterra systems with regime switching. Journal of Mathematical Analysis and Applications, 2015, 430: 306-323.

[133] Liu M, Wang K, Hong Q. Stability of a stochastic logistic model with distributed delay. Mathematical and Computer Modelling, 2013, 57: 1112-1121.

[134] Liu M, Li W X, Wang K. Persistence and extinction of a stochastic delay Logistic equation under regime switching. Applied Mathematics Letters, 2013, 26: 140-144.

[135] Liu M, Wang K. Asymptotic behavior of a stochastic nonautonomous Lotka-Volterra competitive system with impulsive perturbations. Mathematical and Computer Modelling, 2013, 57: 909-925.

[136] Liu M, Bai C Z, Wang K. Asymptotic stability of a two-group stochastic SEIR model

with infinite delays. Communications in Nonlinear Science and Numerical Simulation, 2014, 19: 3444-3453.

[137] Liu M, Wang K. Stochastic Lotka-Volterra systems with Levy noise. Journal of Mathematical Analysis and Applications, 2014, 410: 750-763.

[138] Liu M, Bai C Z. Global asymptotic stability of a stochastic delayed predator-prey model with Beddington-DeAngelis functional response. Applied Mathematics and Computation, 2014, 226: 581-588.

[139] Liu M. Global asymptotic stability of stochastic Lotka-Volterra systems with infinite delays. IMA Journal of Applied Mathematics, 2015, 80: 1431-1453.

[140] Liu M, Bai C Z. Optimal harvesting of a stochastic logistic model with time delay. Journal of Nonlinear Science, 2015, 25: 277-289.

[141] Liu M, Wang K. Survival analysis of a stochastic single-species population model with jumps in a polluted environment. International Journal of Biomathematics, 2016, 9: 1650011.

[142] Liu M, Fan M. Permanence of stochastic Lotka-Volterra systems. Journal of Nonlinear Science, 2017, 27: 425-452.

[143] Liu Q, Chen Q M, Liu Z H. Analysis on stochastic delay Lotka-Volterra systems driven by Levy noise. Applied Mathematics and Computation, 2014, 235: 261-271.

[144] Liu Q, Jiang D Q, Shi N Z, et al. Asymptotic behavior of a stochastic delayed SEIR epidemic model with nonlinear incidence. Physica A-Statistical Mechanics and Its Applications, 2016, 462: 870-882.

[145] Liu Q, Chen Q M. Dynamics of stochastic delay Lotka-Volterra systems with impulsive toxicant input and Levy noise in polluted environments. Applied Mathematics and Computation, 2015, 256: 52-67.

[146] Liu Q. Asymptotic properties of a stochastic n-species Gilpin-Ayala competitive model with Levy jumps and Markovian switching. Communications in Nonlinear Science and Numerical Simulation, 2015, 26: 1-10.

[147] Liu Q. The effects of time-dependent delays on global stability of stochastic Lotka-Volterra competitive model. Physica A-Statistical Mechanics and Its Applications, 2015, 420: 108-115.

[148] Liu Q, Jiang D Q, Shi N Z, Hayat T, Alsaedi A. Periodic solution for a stochastic nonautonomous SIR epidemic model with logistic growth. Physica A-Statistical Mechanics and Its Applications, 2016, 462: 816-826.

[149] Liu Q, Jiang D Q, Shi N Z, Hayat T, Alsaedi A. Nontrivial periodic solution of a stochastic non-autonomous SISV epidemic model. Physica A-Statistical Mechanics and Its Applications, 2016, 462: 837-845.

[150] Liu Q, Chen Q M. Analysis of a general stochastic non-autonomous logistic model with delays and Levy jumps. Journal of Mathematical Analysis and Applications,

2016, 433: 95-120.

[151] Liu Q, Jiang D Q. The threshold of a stochastic delayed SIR epidemic model with vaccination. Physica A-Statistical Mechanics and Its Applications, 2016, 461: 140-147.

[152] Liu Q, Chen Q M, Jiang D Q. The threshold of a stochastic delayed SIR epidemic model with temporary immunity. Physica A-Statistical Mechanics and Its Applications, 2016, 450: 115-125.

[153] Liu Q, Jiang D Q, Shi N Z, et al. Asymptotic behaviors of a stochastic delayed SIR epidemic model with nonlinear incidence. Communications in Nonlinear Science and Numerical Simulation, 2016, 40: 89-99.

[154] Liu Q, Chen Q M. Dynamics of a stochastic SIR epidemic model with saturated incidence. Applied Mathematics and Computation, 2016, 282: 155-166.

[155] Liu Q, Jiang D Q. Stationary distribution and extinction of a stochastic SIR model with nonlinear perturbation. Applied Mathematics Letters, 2017, 73: 8-15.

[156] Liu Q, Jiang D Q, Shi N Z, et al. Stationary distribution and extinction of a stochastic SEIR epidemic model with standard incidence. Physica A-Statistical Mechanics and Its Applications, 2017, 476: 58-69.

[157] Liu Q, Jiang D Q, Shi N Z, et al. Stationary distribution and extinction of a stochastic SIRS epidemic model with standard incidence. Physica A-Statistical Mechanics and Its Applications, 2017, 469: 510-517.

[158] Liu Q, Jiang D Q, Shi N Z, et al. Stationarity and periodicity of positive solutions to stochastic SEIR epidemic models with distributed delay. Discrete and Continuous Dynamical Systems-Series B, 2017, 22: 2479-2500.

[159] Liu X N, Chen L S. Complex dynamics of Holling type II Lotka-Volterra predator-prey system with impulsive perturbations on the predator. Chaos Solitons and Fractals, 2003, 16: 311-320.

[160] Liu Y L, Liu Q. A stochastic delay Gilpin-Ayala competition system under regime switching. Filomat, 2013, 27: 955-964.

[161] Lopez-Herrero M. Epidemic transmission on SEIR stochastic models with nonlinear incidence rate. Mathematical Methods in the Applied Sciences, 2017, 40: 2532-2541.

[162] Lotka A J. Elements of Physical Biology. Galtimore: Williams and Wilkins, 1925.

[163] Lu C, Ding X H. Persistence and extinction in general non-autonomous logistic model with delays and stochastic perturbation. Applied Mathematics and Computation, 2014, 229: 1-15.

[164] Lu C, Wu K N. The long time behavior of a stochastic logistic model with infinite delay and impulsive perturbation. Taiwanese Journal of Mathematics, 2016, 20: 921-941.

[165] Lu Q Y. Stability of SIRS system with random perturbations. Physica A-Statistical Mechanics and Its Applications, 2009, 388: 3677-3686.

[166] Mandal P S, Banerjee M. Stochastic persistence and stability analysis of a modified

Holling-Tanner model. Mathematical Methods in the Applied Sciences, 2003, 36: 1263-1280.

[167] Mao X R. Stochastic Differential Equations and Applications. New York: Horwood, 1997.

[168] Mao X R, Marion G, Renshaw E. Environmental noise suppresses explosion in population dynamics. Stochastic Processes and their Applications, 2002, 97: 95-110.

[169] Mao X R, Sabanis S, Renshaw E. Asymptotic behaviour of the stochastic Lotka-Volterra model. Journal of Mathematical Analysis and Applications, 2003, 287: 141-156.

[170] Mao X R. Delay population dynamics and environmental noise. Stochastics and Dynamics, 2005, 5: 149-162.

[171] Mao X R, Riedle M. Mean square stability of stochastic Volterra integro-differential equations. Systems and Control Letters, 2006, 55: 459-465.

[172] Mao X R, Lam J, Huang L R. Stabilisation of hybrid stochastic differential equations by delay feedback control. Systems and Control Letters, 2008, 57: 927-935.

[173] Mao X R, Li X Y. Population dynamical behavior of non-autonomous Lotka-Volterra competitive system with random perturbation. Discrete and Continuous Dynamical Systems-Series A, 2012, 24: 523-545.

[174] May R M. Stability and Complexity in Model Ecosystems. New Jersey: Princeton University Press, 2001.

[175] Meng X Z, Chen L S. The dynamics of a new SIR epidemic model concerning pulse vaccination strategy. Applied Mathematics and Computation, 2008, 197: 528-597.

[176] Meng X Z, Zhao S N, Feng T, et al. Dynamics of a novel nonlinear stochastic SIS epidemic model with double epidemic hypothesis. Journal of Mathematical Analysis and Applications, 2016, 433: 227-242.

[177] Muhammadhaji A, Teng Z D, Rehim M. On a two species stochastic Lotka-Volterra competition system. Journal of Dynamical and Control Systems, 2015, 21: 495-511.

[178] Murray J D. Mathematical Biology. New York: Springer, 1993.

[179] Nåsell I. The quasi-stationary distribution of the closed endemic SIS model. Advances in Applied Probability, 1996, 28: 895-932.

[180] Nåsell I. On the quasi-stationary distribution of the stochastic logistic epidemic. Mathematical Biosciences, 1999, 156: 21-40.

[181] Nguyen H D, Nguyen N N. Permanence and extinction of certain stochastic SIR models perturbed by a complex type of noises. Applied Mathematics Letters, 2017, 64: 223-230.

[182] Nie L R, Mei D C. Noise and time delay: suppressed population explosion of the mutualism system. Europhysics Letters Association, 2007, 79: 20005.

[183] Nindjin A F, Aziz-Alaoui M A, Cadivel M. Analysis of a predator-prey model with

modified Leslie-Gower and Holling-type II schemes with time delay. Nonlinear Analysis Real World Applications, 2006, 7: 1104-1118.

[184] Øksendal B. Stochastic Differential Equations. Singapore: World Scientific, 2003.

[185] Pielou E C. An Introduction to Mathematical Ecology. New York: Wiley-Interscience, 1969.

[186] Qiu H, Deng W M. Optimal harvesting of a stochastic delay logistic model with Levy jumps. Journal of Physics A-Mathematical and Theoretical, 2016, 49: 405601.

[187] Rifhat R, Ge Q, Teng Z D. The dynamical behaviors in a stochastic SIS epidemic model with nonlinear incidence. Computational and Mathematical Methods in Medicine, 2016: 5218163.

[188] Rifhat R, Wang L, Teng Z D. Dynamics for a class of stochastic SIS epidemic models with nonlinear incidence and periodic coefficients. Physica A-Statistical Mechanics and Its Applications, 2017, 481: 176-190.

[189] Rosenzweig M L, Macarthur R H. Graphical representation and stability conditions of predator-prey interactions. American Naturalist, 1963, 97: 209-223.

[190] Ross R. The Prevention of Malaria, 2nd ed. London: Murray, 1911.

[191] Ross R. An application of the theory of probabilities to the study of a priori pathometry, I. Proceedings of the Royal Society of London, 1916, A 92: 204-211.

[192] Ross R, Hudson H P. An application of the theory of probabilities to the study of a priori pathometry, II. Proceedings of the Royal Society of London, 1917, A 93: 212-225.

[193] Ross R, Hudson H P. An application of the theory of probabilities to the study of a priori pathometry, III. Proceedings of the Royal Society of London, 1917, A 93: 225-238.

[194] Rudnicki R. Long-time behaviour of a stochastic prey-predator model. Stochastic Processes and their Applications, 2003, 108: 93-107.

[195] Rudnicki R, Pichór K. Influence of stochastic perturbation on prey-predator systems. Mathematical Biosciences, 2007, 206: 108-119.

[196] Saha T, Bandyopadhyay M. Dynamical analysis of a delayed ratio-dependent prey-predator model within fluctuating environment. Applied Mathematics and Computation, 2008, 196: 458-478.

[197] Soboleva T K, Pleasants A B. Population growth as a nonlinear stochastic process. Mathematical and Computer Modelling, 2003, 38: 1437-1442.

[198] Song Y L, Yuan S L. Bifurcation analysis for a regulated logistic growth model. Applied Mathematical Modelling, 2007, 31: 1729-1738.

[199] Strang G. Linear Algebra and Its Applications. Singapore: Thomson Learning, 1988.

[200] Sun X P, Wang Y J. Stability analysis of a stochastic logistic model with nonlinear diffusion term. Applied Mathematical Modelling, 2008, 32: 2067-2075.

[201]   Sun X P, Wang Y J. Stability analysis of a stochastic logistic model with nonlinear diffusion term. Applied Mathematical Modelling, 2008, 32: 2067-2075.

[202]   Suvinthra M, Balachandran K. Large deviations for the stochastic predator-prey model with nonlinear functional response. Journal of Applied Probability, 2017, 54: 507-521.

[203]   Tang T T, Teng Z D, Li Z M. Threshold behavior in a class of stochastic SIRS epidemic models with nonlinear incidence. Stochastic Analysis and Applications, 2015, 33: 994-1019.

[204]   Tapan S, Malay B. Dynamical analysis of a delayed ratio-dependent prey-predator model within fluctuating environment. Applied Mathematics and Computation, 2008, 196: 458-478.

[205]   Tapaswi P K, Mukhopadhyay A. Effects of environmental fluctuation on plankton Allelopathy. Journal of Mathematical Biology, 1999, 39: 39-58.

[206]   Tchuenche J M, Nwagwo A, Levins R. Global behaviour of an SIR epidemic model with time delay. Mathematical Methods in the Applied Sciences, 2007, 30: 733-749.

[207]   Teng Z D, Wang L. Persistence and extinction for a class of stochastic SIS epidemic models with nonlinear incidence rate. Physica A-Statistical Mechanics and Its Applications, 2016, 451: 507-518.

[208]   Thieme H R. Mathematics in Population Biology. Princeton: Princeton University Press, 2003.

[209]   Tornatore E, Buccellato S M, Vetro P P. Stability of a stochastic SIR system. Physica A-Statistical Mechanics and Its Applications, 2005, 354: 111-126.

[210]   Tran K, Yin G. Optimal harvesting strategies for stochastic competitive Lotka-Volterra ecosystems. Automatica, 2015, 55: 236-246.

[211]   Turelli M. Random environments and stochastic calculus. Theoretical Population Biology, 1978, 12: 140-170.

[212]   Upadhyay R K, Rai V. Crisis-limited chaotic dynamics in ecological systems. Chaos Solitons and Fractals, 2001, 12: 205-218.

[213]   Upadhyay R K, Iyengar S R K. Effect of seasonality on the dynamics of 2 and 3 species prey-predator systems. Nonlinear Analysis Real World Applications, 2005, 6: 509-530.

[214]   Vasilova M. Asymptotic behavior of a stochastic Gilpin-Ayala predator-prey system with time-dependent delay. Mathematical and Computer Modelling, 2013, 57: 764-781.

[215]   Vlasic A, Day T. Modeling stochastic anomalies in an SIS system. Stochastic Analysis and Applications, 2017, 35: 27-39.

[216]   Volterra V. Variazioni e fluttuazioni del numero d'individui in specie animali conviventi. Mem R Accad Naz dei Lincei, 1926, 2: 31-113.

[217] Wang L, Teng Z D, Tang T T, et al. Threshold dynamics in stochastic SIRS epidemic models with nonlinear incidence and vaccination. Computational and Mathematical Methods in Medicine, 2017: 7294761.

[218] Wei F Y, Geritz S A H, Cai J Y. A stochastic single-species population model with partial pollution tolerance in a polluted environment. Applied Mathematics Letters, 2017, 63: 130-136.

[219] West D B. Introduction to Graph Theory. Prentice Hall, Upper Saddle River, 1996.

[220] Witbooi P J. Stability of an SEIR epidemic model with independent stochastic perturbations. Physica A-Statistical Mechanics and Its Applications, 2013, 392: 4928-4936.

[221] Wu H H, Xia Y H, Lin M R. Existence of positive periodic solution of mutualism system with several delays. Chaos Solitons and Fractals, 2008, 36: 487-493.

[222] Wu R H, Zou X L, Wang K. Asymptotic properties of a stochastic Lotka-Volterra cooperative system with impulsive perturbations. Nonlinear Dynamics, 2014, 77: 807-817.

[223] Xia Y H. Existence of positive periodic solutions of mutualism systems with several delays. Advances in Dynamical Systems and Applications, 2006, 1: 209-217.

[224] Xu C. Global threshold dynamics of a stochastic differential equation SIS model. Journal of Mathematical Analysis and Applications, 2017, 447: 736-757.

[225] Xu R, Chen L S. Persistence and stability for a two-species ratio-dependent predator-prey system with time delay in a two-patch environment. Computers and Mathematics with Applications, 2000, 40: 577-588.

[226] Xu R, Chen L S. Persistence and global stability for n-species ratio-dependent predator-prey system with time delays. Journal of Mathematical Analysis and Applications, 2002, 275: 27-43.

[227] Yang F, Jiang D Q. Global attractivity of the positive periodic solution of a facultative mutualism system with several delays. Acta Mathematica Scientia, 2002, 22: 518-524.

[228] Yang Q S, Mao X R. Extinction and recurrence of multi-group SEIR epidemic models with stochastic perturbations. Nonlinear Analysis-Real World Applications, 2013, 14: 1434-1456.

[229] Yu J J, Jiang D Q, Shi N Z. Global stability of two-group SIR model with random perturbation. Journal of Mathematical Analysis and Applications, 2009, 360: 235-244.

[230] Yuan S L, Ji X H, Zhu H P. Asymptotic behavior of a delayed stochastic logistic model with impulsive perturbations. Mathematical Biosciences and Engineering, 2017, 14: 1477-1498.

[231] Zeng C H, Zhang G Q, Zhou X F. Dynamical properties of a mutualism system in the presence of noise and time delay. Brazilian Journal of Physics, 2009, 39: 256-259.

[232] Zhang F P, Li Z Z, Zhang F. Global stability of an SIR epidemic model with constant infectious period. Applied Mathematics and Computation, 2008, 199: 285-

291.

[233] Zhang S W, Chen L S. A Holling II functional response food chain model with impulsive perturbations. Chaos Solitons and Fractals, 2005, 24: 1269-1278.

[234] Zhang S W, Tan D J, Chen L S. Chaos in periodically forced Holling type II predator-prey system with impulsive perturbations. Chaos Solitons and Fractals, 2006, 28: 367-376.

[235] Zhang X H, Wang K. Stochastic SIR model with jumps. Applied Mathematics Letters, 2013, 26: 867-874.

[236] Zhang X H, Wang K. Stochastic SEIR model with jumps. Applied Mathematics and Computation, 2014, 239: 133-143.

[237] Zhang X H, Wang K. Asymptotic behavior of non-autonomous stochastic Gilpin-Ayala competition model with jumps. Applicable Analysis, 2015, 94: 2588-2604.

[238] Zhang X H, Zou X L, Wang K. Dynamics of stochastic Holling II predator-prey under Markovian-switching with jumps. Filomat, 2015, 29: 1925-1940.

[239] Zhang X H, Jiang D Q, Alsaedi A, et al. Stationary distribution of stochastic SIS epidemic model with vaccination under regime switching. Applied Mathematics Letters, 2016, 59: 87-93.

[240] Zhang X H, Jiang D Q, Hayat T, et al. Dynamics of a stochastic SIS model with double epidemic diseases driven by Levy jumps. Physica A-Statistical Mechanics and Its Applications, 2017, 471: 767-777.

[241] Zhang Y, Zhang Q L, Yan X G. Complex dynamics in a singular Leslie-Gower predator-prey bioeconomic model with time delay and stochastic fluctuations. Physica A-Statistical Mechanics and Its Applications, 2014, 404: 180-191.

[242] Zhao D L, Yuan S L. Dynamics of the stochastic Leslie-Gower predator-prey system with randomized intrinsic growth rate. Physica A-Statistical Mechanics and Its Applications, 2016, 461: 419-428.

[243] Zhao Y, Yuan S L. Stability in distribution of a stochastic hybrid competitive Lotka-Volterra model with Levy jumps. Chaos Solitons and Fractals, 2016, 85: 98-109.

[244] Zhao Y N, Jiang D Q, O'Regan D. The extinction and persistence of the stochastic SIS epidemic model with vaccination. Physica A-Statistical Mechanics and Its Applications, 2013, 392: 4916-4927.

[245] Zhao Y N, Jiang D Q. The threshold of a stochastic SIS epidemic model with vaccination. Applied Mathematics and Computation, 2014, 243: 718-727.

[246] Zhao Y N, Jiang D Q. The threshold of a stochastic SIRS epidemic model with saturated incidence. Applied Mathematics Letters, 2014, 34: 90-93.

[247] Zhao Y N, Lin Y G, Jiang D Q, et al. Stationary distribution of stochastic SIRS epidemic model with standard incidence. Discrete and Continuous Dynamical Systems-Series B, 2016, 21: 2363-2378.

[248] Zhong X Y, Guo S J, Peng M F. Stability of stochastic SIRS epidemic models with saturated incidence rates and delay. Stochastic Analysis and Applications, 2017, 35: 1-26.

[249] Zhou Y L, Zhang W G, Yuan S L. Survival and stationary distribution of a SIR epidemic model with stochastic perturbations. Applied Mathematics and Computation, 2014, 244: 118-131.

[250] Zhou Y L, Zhang W G. Threshold of a stochastic SIR epidemic model with Levy jumps. Physica A-Statistical Mechanics and Its Applications, 2016, 446: 204-216.

[251] Zhou Y L, Yuan S L, Zhao D L. Threshold behavior of a stochastic SIS model with Levy jumps. Applied Mathematics and Computation, 2016, 275: 255-267.

[252] Zhu C, Yin G. Asymptotic properties of hybrid diffusion systems. SIAM Journal on Control and Optimization, 2007, 46: 1155-1179.

[253] Zhu C, Yin G. On competitive Lotka-Volterra model in random environments. Journal of Mathematical Analysis and Applications, 2009, 357: 154-170.

[254] Zou X L, Wang K. Optimal harvesting for a stochastic regime-switching logistic diffusion system with jumps. Nonlinear Analysis-Hybrid Systems, 2014, 13: 32-44.

[255] Zou X L, Wang K. Optimal harvesting for a stochastic n-dimensional competitive Lotka-Volterra model with jumps. Discrete and Continuous Dynamical Systems-Series B, 2015, 20: 683-701.

[256] Zuo W J, Jiang D Q. Periodic solutions for a stochastic non-autonomous Holling-Tanner predator-prey system with impulses. Nonlinear Analysis-Hybrid Systems, 2016, 22: 191-201.

[257] Zuo W J, Jiang D Q. Stationary distribution and periodic solution for stochastic predator-prey systems with nonlinear predator harvesting. Communications in Nonlinear Science and Numerical Simulation, 2016, 36: 65-80.

索　引